知らなきゃ損する

新 農家の相続税

藤崎幸子
高久　悟　著

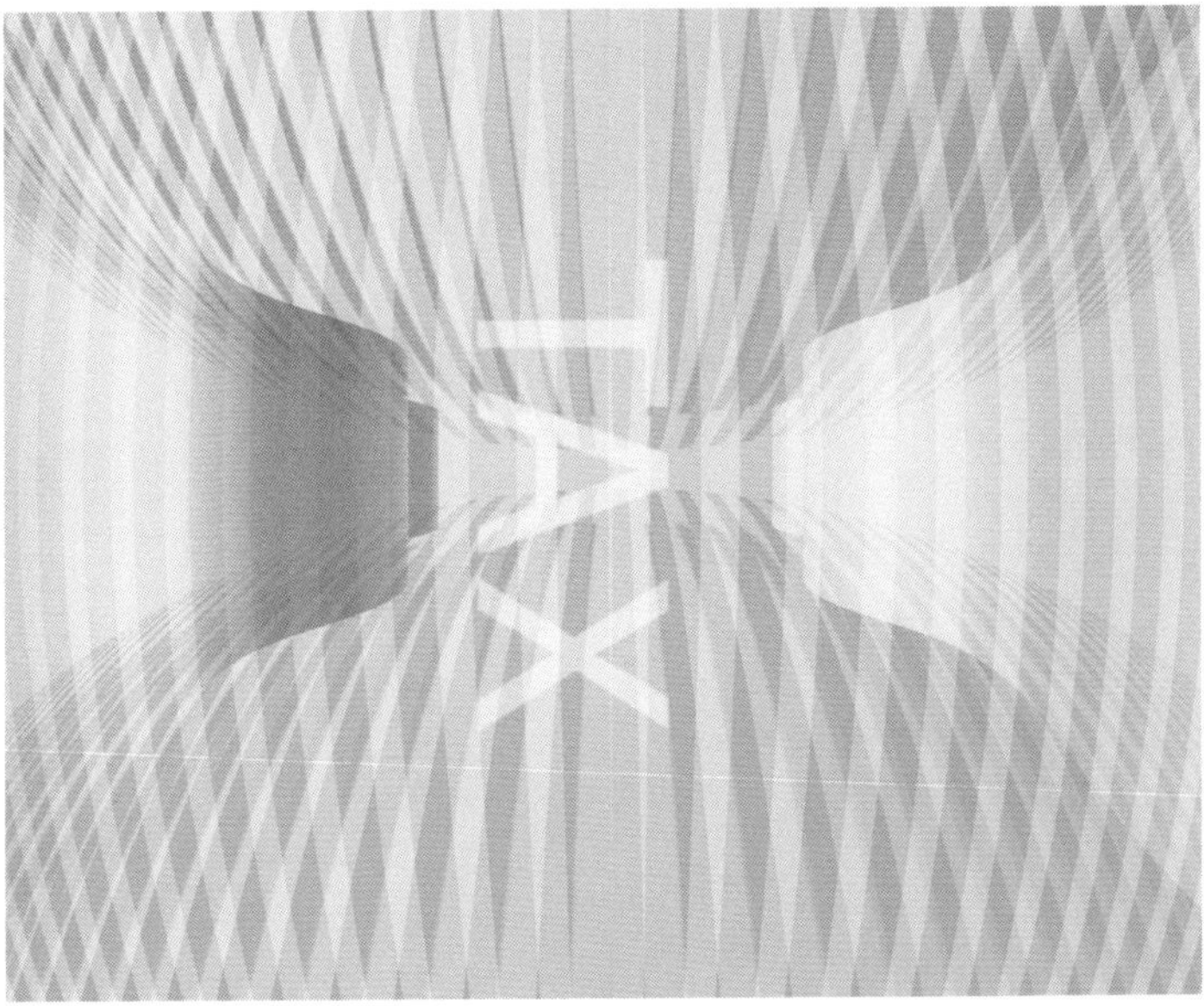

農文協

まえがき

平成30年7月に、民法の相続について規定した部分の「相続法」が改正されました。つまり、人が死亡したばあいに、その人（被相続人）の財産がどのように承継されるかなどに関する基本的なルールが、昭和55年の「相続法」改正以来、38年ぶりに大きく見直されたのです。

今回、「第8章　民法（相続法）改正」を新たに設けて、①民法改正の概要、②配偶者短期居住権の新設および配偶者居住権の新設、③自宅の生前贈与が遺産分割の対象外になること、④遺産の分割前に被相続人名義の預貯金が一部払戻し可能になること、⑤法務局で自筆証書による遺言書が保管可能になること、⑥遺留分の減殺請求は金銭で支払うことになること、⑦被相続人の介護や看病に貢献した親族は金銭請求が可能になること等を詳細に説明しています。

一方、令和4年に、生産緑地地区の最初の指定から30年が経過し、該当する農家の方々は、農業を継続するか、それとも農地を宅地化するかの判断を迫まられます。いわゆる「生産緑地2022年問題」が待ったなしに到来するわけです。平成30年度税制改正では、「特定生産緑地」指定を受けた農地も、引き続き、相続税の納税猶予を受けることができることとされました。

本書ではこれら最新の税制を織り込み、農家の皆さんが安心して相続対策をおこなえるよう相続税と贈与税の全体を、基礎・基本から上手な節税対策までわかりやすく解説、紹介しました。図解や事例も豊富です。

わが家で相続が発生したら相続税はかかるのか否か、かかるとすればどのくらいなのか、税金を安くするために相続が始まる前（できれば何年も前）から打つべき手と相続が始まってから打つべき手は、相続を〝争族〟にしない知恵や気配りは、などなど農家の状況に即しながらまとめています。

健全な精神（心）は健全な身体に宿り、健全な身体は健全な食でつくられ、食は大地によって育まれます。この大地の上で働く農業、農家こそ社会の土台です。そんな農家の方々が、専兼問わず安心して暮らしと農業を続けていけるために本書がお役に立てれば幸いです。

令和2年8月
農山漁村文化協会編集局

＊税制の改正などがあったばあいは弊会ＨＰの「農文協図書更新コーナー」にて可及的速やかに紹介します。無料で閲覧できますのでどうぞご利用ください。

目次

相続税計算の基礎

第3章 誰にでもできる相続税の計算のしかた

第4章 相続税を軽くする上手な贈与

第5章 遺産（財産）評価の正しいやり方

第6章 事例でみる農家の節税作戦

第7章　相続税の申告と納め方

第8章 民法（相続法）改正

第1章

絵とき早わかり
相続対策と相続税　初歩の初歩

この章では最も基礎的なことを図解で紹介し、相続税の全体像をわかりやすく解説しました。詳しくは第2章以降で解説します。

相続放棄の理由
先祖の供養をたのむ
結婚費用を!
学資を…
ハンコ代を…
農地を一括相続
兄妹

●くずれてきた伝統的な相続

昔から農家のばあい、相続といえば農地も家屋敷も、家に残ったあととりが引き継ぐというのがこれまでの慣習でした。

家を出る兄弟姉妹には、親から結婚の費用や学費を出してもらい、いくばくかのハンコ代をもらって相続を放棄し、あととりに農地を一括相続させる。こういう形がごくふつうでした。

しかし最近は、自分の権利を強く主張する傾向も少なくなく、伝統的な相続のやり方がくずれ始めてきています。

農地を一人だけに相続させることの不平等感を強め、あととり以外からの分割要求が出るようになりました。そのため、地価の高いところでは相続税の支払いや高いハンコ代を工面するため農地や山林を切り売りせざるを得なくなってきています。

●元気なうちに親子で知恵を出し合う

こうなると、あと継ぎに残る農地が少なくなり、農業を続けるのが困難になることも少なくありません。

さらに深刻なのは、誰がどう遺産を引き継ぐのか遺産分割の協議がまとまらないことです。今の法律によれば、都会に出たサラリーマンの次男や、嫁に行った姉や妹にも長男と同じだけの相続分が認められていますから、その相続分に応じた遺産分けを主張することができます。

農家として、これからも農業を続けていくとすれば、遺産は農地として残し、先祖からの田畑は減らさないこと、農業後継者に農地や施設を一括して継がせることが必要でしょう。

この願いを実現するには親子で知恵を出し合わないとスンナリとはいきません。

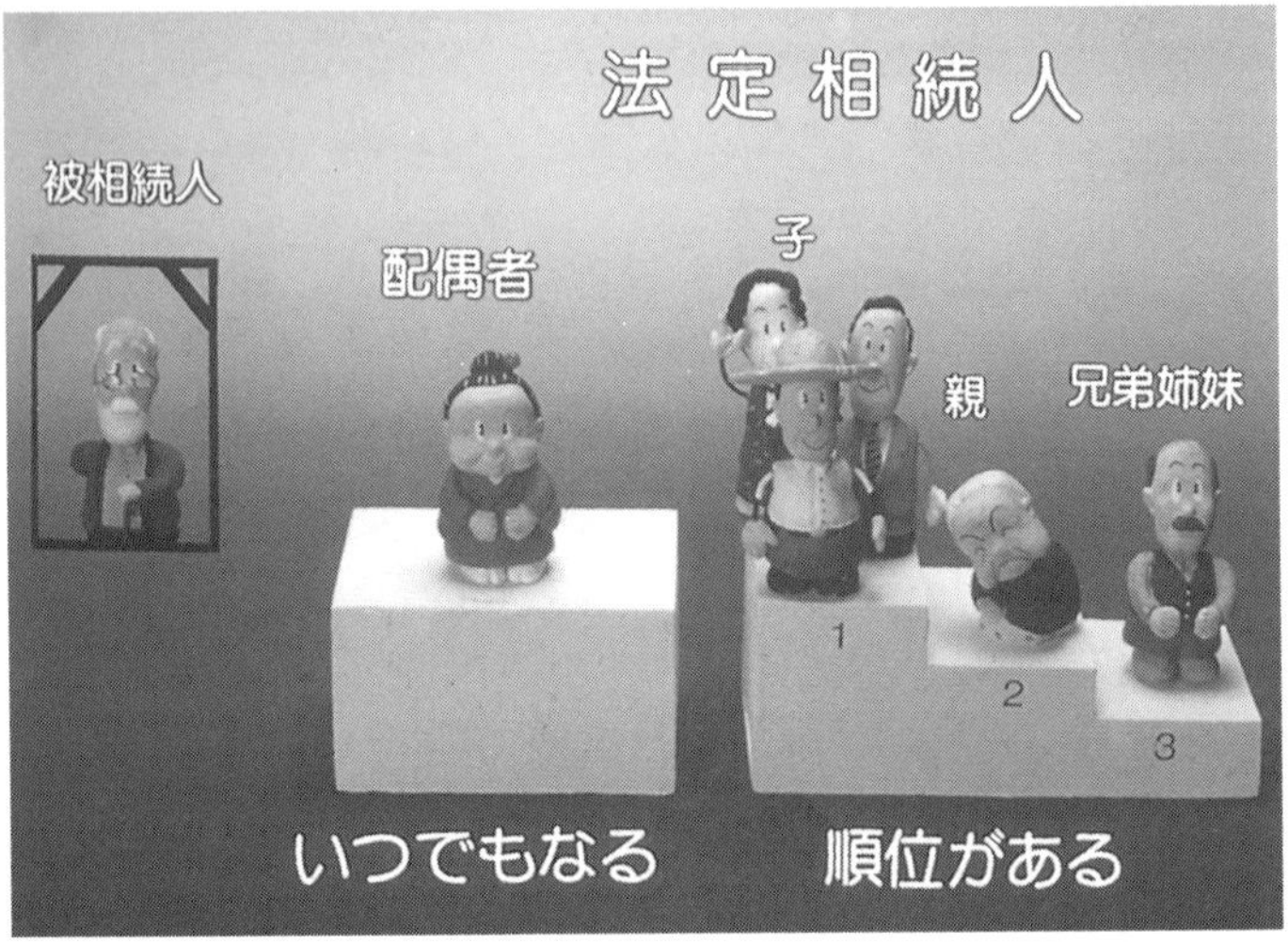

●法定相続人とその順位

また、仮に農地などを切り売りして遺産分けするにも、もめごとを防ぐための事前の対策がいろいろ必要です。

残された遺産は、相続人同士で納得ずくであれば、どんなふうに分けてもかまわないのが原則です。ただし争いを防ぐ意味から、相続人には誰がなれるのか、また相続する権利はどれだけあるのか、その権利が法律で定められています。

まず、被相続人（亡くなった人）の配偶者は、いつでも相続人になる権利があります。次に、血族の相続人には順位があり、順位が上の人がいれば、下の人は法定相続人になれないのです。第一順位は子。子がいないばあいは、第二順位の親が相続人となり、子も親もいない時は第三順位の兄弟姉妹が相続人にくり上がるのです（いずれも被相続人の）。

●法定相続人のいろいろなケースと法定相続分

一般的な家庭では、配偶者である妻と子が相続人となるケースが多いはずです。このばあいの法定相続分は、上の図の左のように、妻が２分の１、子全体で２分の１となります。

もし、子が４人いれば、右のように、子は平等に２分の１÷４＝８分の１ずつが法定相続分となるわけです。

ついでに別のケースを二つ紹介しますと、子がいないばあいは、妻のほかに被相続人の親が相続人となり、このばあいは妻の分が３分の２、親が３分の１。

子も親もいないばあいは、被相続人の兄弟姉妹が相続人にくり上がり、妻が４分の３、兄弟が４分の１となります。

こうみると、妻の権利が大きいことがわかります。

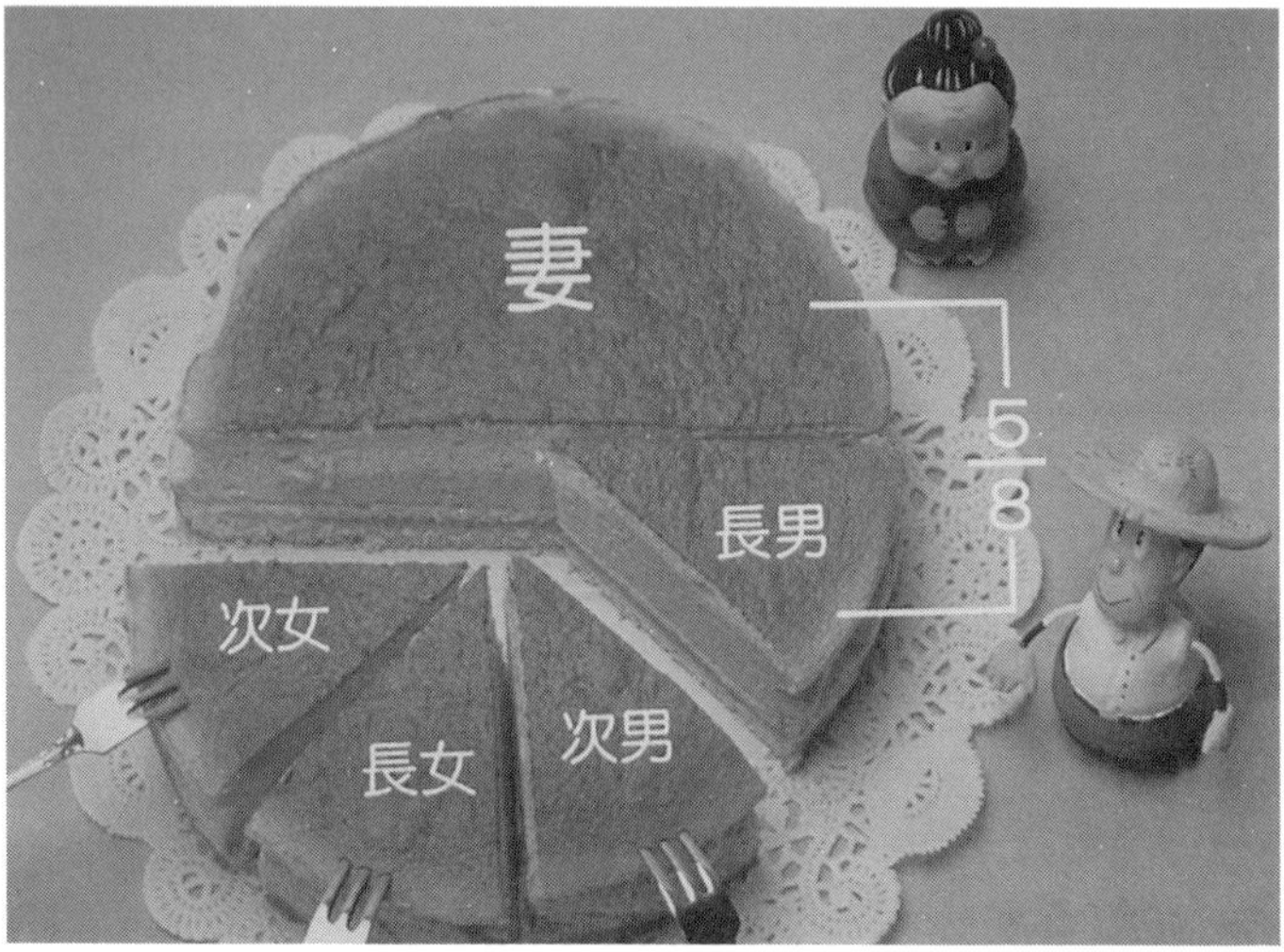

●農業後継者に農地を全部継がせるには

相続人が妻と子というばあいは、妻が、長男に遺産の全部を継がせたいと思えば、自分の分を長男に譲り、長男は合わせて8分の5を引き継ぐことができるわけです。ただし、残りの8分の3は、ほかの子たちの気持ちしだいということになります。

「相続分として農地を分けてほしい」兄弟にそういわれても農地はわたしたくない。そんなばあい、あらかじめどんな手だてが、考えられるでしょうか。

相続対策として手っとり早いのは、親が生きているうちに、後継者へ農地の所有名義を移す、つまり後継者に所有権を移転すればよいわけです。

ところが、これは親から子への農地の贈与ということになり、贈与税がどっさりかかってきます。

ならば、この方法は無理かというと、贈与税を払わなくてすむ方法が一つあるのです。

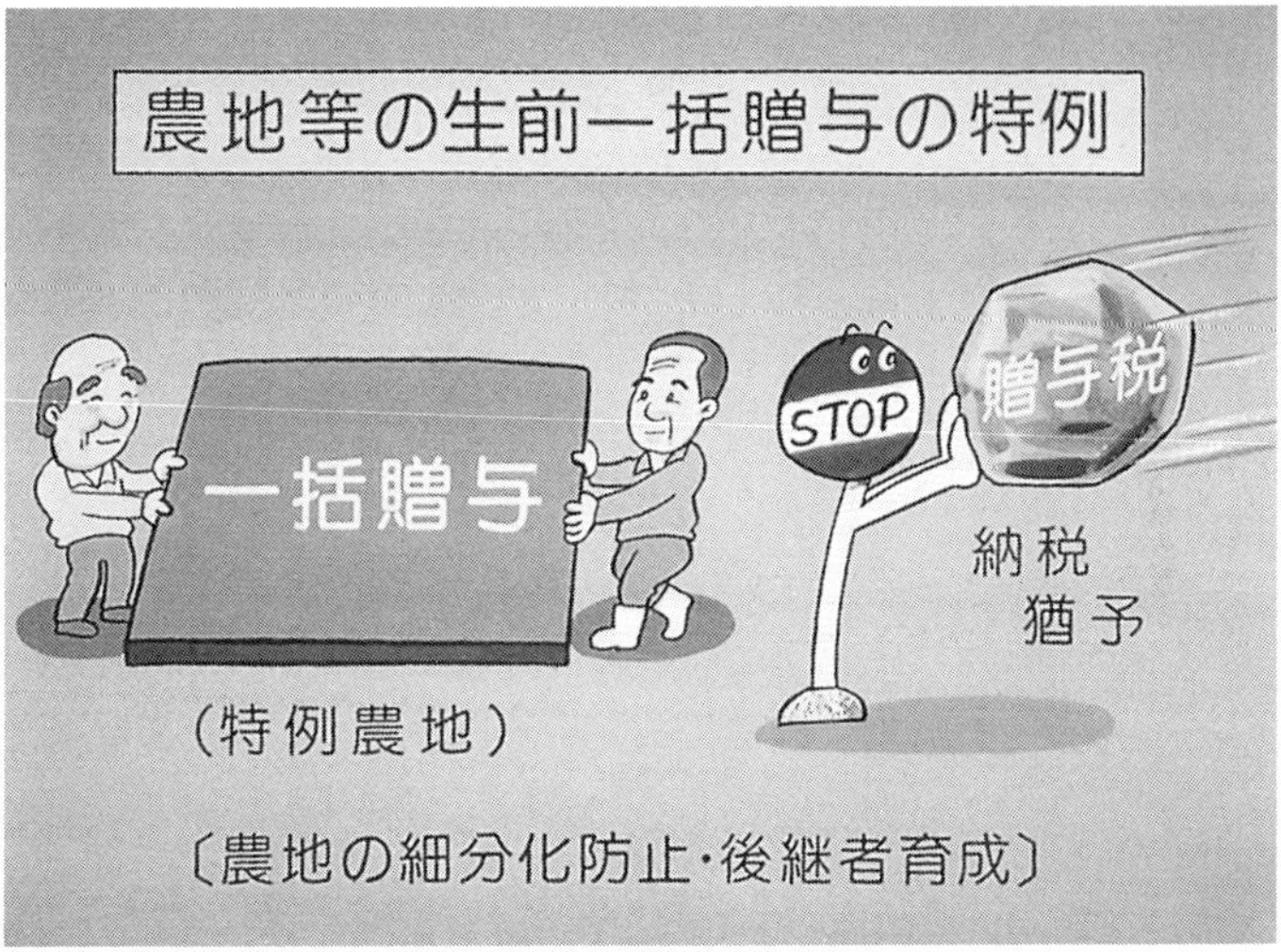

●農地等の生前一括贈与の特例

それは、「農地等の生前一括贈与の特例」というものです。簡単にいえば、「後継者に農地の全部をまとめて贈与すれば贈与税の納税が猶予される、つまり贈与税なしで農地の所有名義を変えることができる」というものです。

これは均分相続による農地の細分化を防ぎ、農業後継者を育成することを、税金の面でも助成するねらいで、国が定めた制度です。

納税が猶予された贈与税は、贈与者である親が死亡すると免除されますが、この特例が適用されていた農地は、相続財産として扱われ、贈与税より非常に軽い相続税の課税ですむことになります。

つまり「生前一括贈与」は、親が生きているうちに農地の相続を先取りするものだといえます。

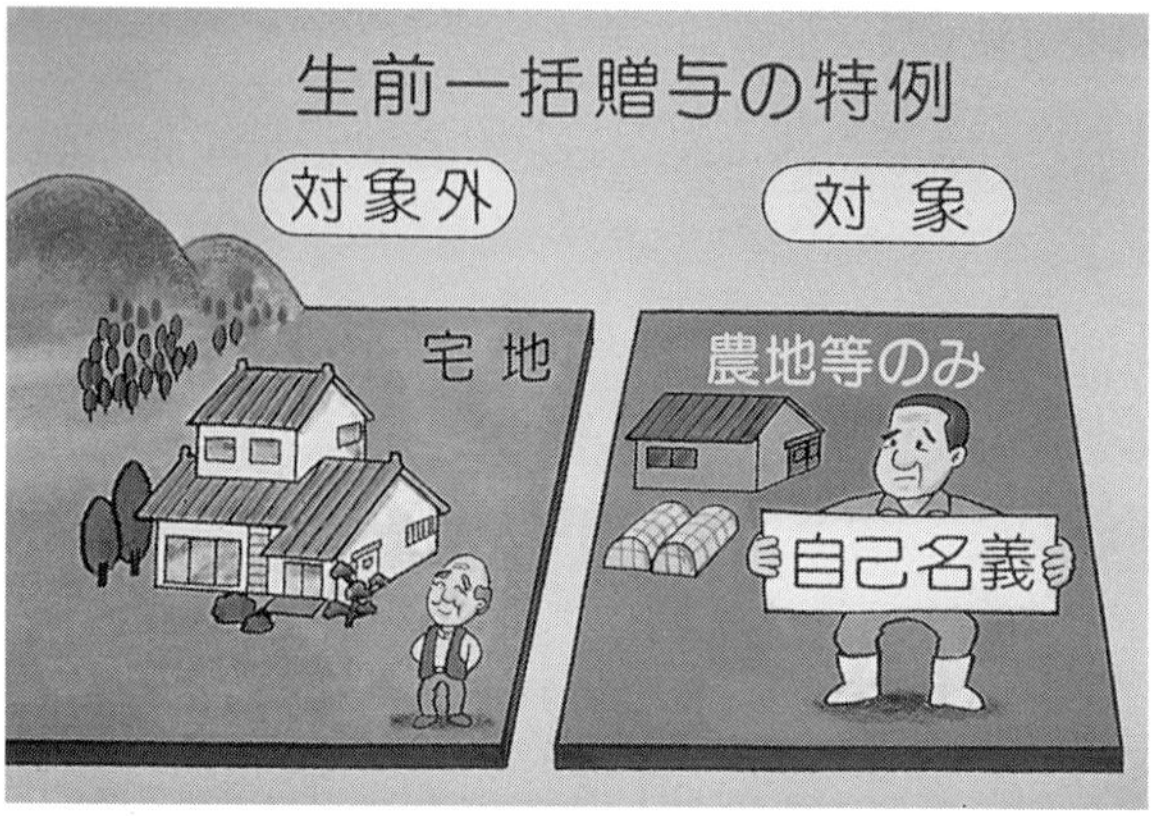

●農業相続を完ぺきにするには

また、令和元年度の税制改正により、トラクター等の農機具、農機具置き場や農作業を行なう建物、その敷地が個人事業者の事業承継税制（個人の事業用資産の贈与税の納税猶予）の対象となり、贈与税なしで所有名義を変えることができるようになりました。

とはいえ、生きているうちに農地や農業用資産の名義を子に移すのは、そのあと「いそうろう」みたいになるからいやだという人もいるようです。

でも、生前一括贈与の特例がうけられるのは図のように農地や農業用資産などだけ。山林は対象外ですし、居住用の宅地も家屋も対象外ですから、名義はそのままです。これなら「いそうろう」の心配はないでしょう。

親の意志で、農地や農業用資産だけでなく、居住用の宅地や家屋も確実に相続させる方法はないでしょうか。

いちばん確かな農業相続の方法としておすすめできるのが、遺言制度を活用することです。

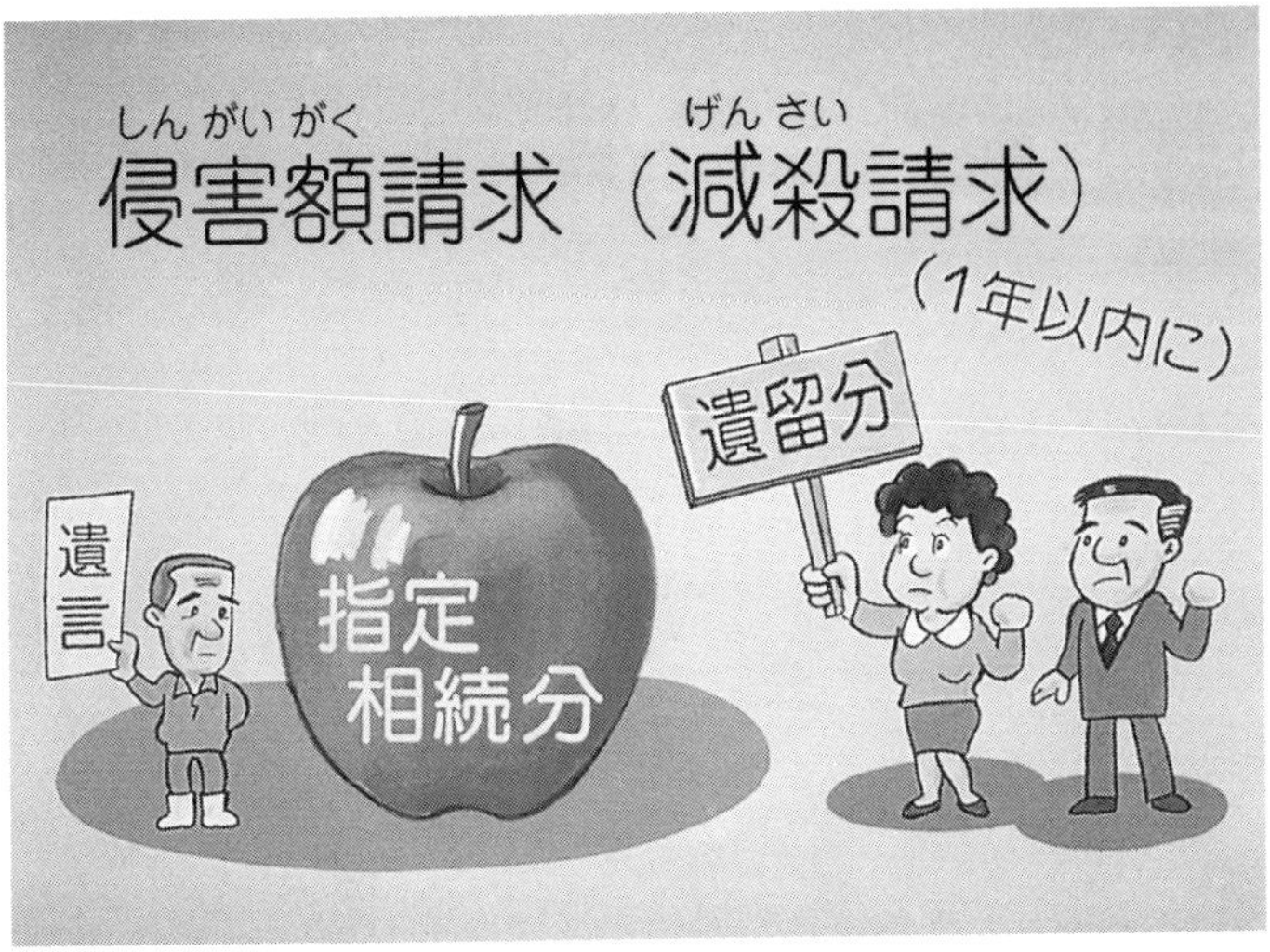

●遺言の効力は大きいが
——指定相続分と遺留分

遺言の効力はとても大きく、書き残した「指定相続分」は法律で定められた法定相続分より優先して扱われます。たとえば、遺言書に「後継者にすべての財産を相続させる」と指定してあれば、指定された人だけで相続登記の申請ができます。

しかし、遺言の効力は無制限ではありません。妻や子など一定の範囲の人には、遺言でも侵すことのできない最低限度の相続分が法律でみとめられていて、これを「遺留分」といいます。

遺留分とは、いってみれば相続分の最低保証ともいえますが、誰にどのくらいあるのかといいますと——配偶者は、もともとの法定相続分の2分の1、子も同じく2分の1、亡くなった人の父母は3分の1で、兄弟姉妹には遺留分がありません。

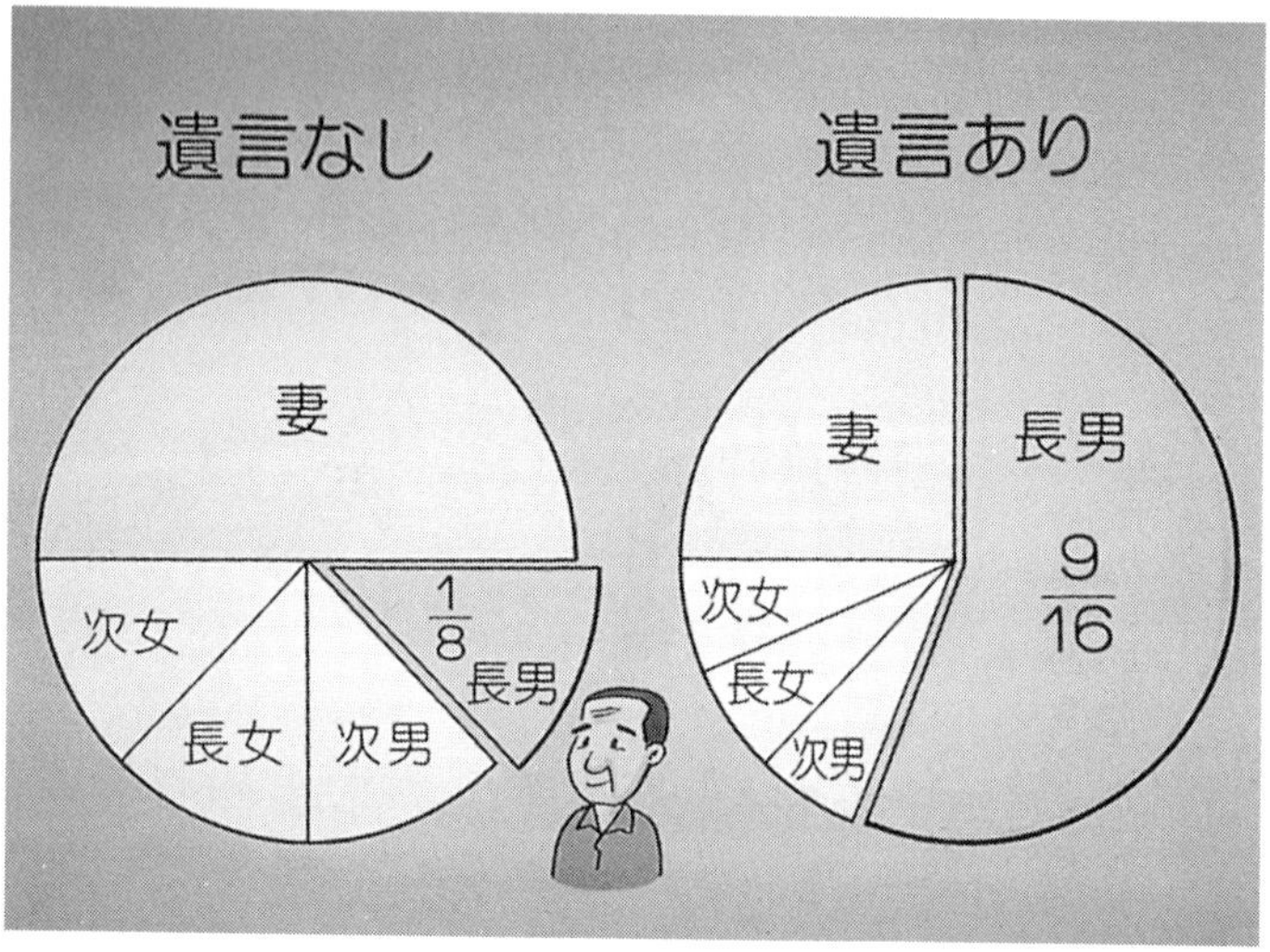

●遺言で長男に全部相続させると指定すれば

では、遺言書で「長男に全財産を相続させる」と指定があったとき、実際の権利関係はどうなるかをみてみますと――。

もともとの法定相続分は、たとえば、相続人が妻と長男の他に3人の子がいたとすれば、妻が2分1で、長男も他の子も平等の8分の1ずつということになります。これが、遺言があったばあいはどうなるかといいますと――。

妻や、長男以外の子には遺留分の権利がのこされます。妻の分が2分の1の2分の1で4分の1、他の兄弟には8分の1の2分の1で16分の1ずつ、どれも法定相続分の半分に減ります。それだけ長男の分がふえて、遺言なしのばあいの法定相続分は8分の1だけだったのに、遺言があれば16分の9と半分以上にふえます。

●遺留分についての気くばりを

遺言で農地や家屋敷を後継者に相続させることを指定してあれば、あとはそれ以外の相続人の遺留分について、あらかじめ気くばりすればよいのです。

たとえば、後継者の妹が嫁ぐときに相当の持参金や嫁入り道具をもたせてやるとか、弟が家を建てるのに資金を援助してやるとか。

そんな形で生前に親から「特別の受益」があり、生活も安定しているというばあいは、あとの財産について、遺留分は放棄することを家庭裁判所に申し立てて、許可をもらっておく。遺言書と、この遺留分放棄を併用すれば、完ぺきです。

農業を継ぐ人に必要な財産を確実に相続させるには、以上のとおり①農地の生前一括贈与の特例を受け、②農地以外の農業に関する資産については、個人事業者の事業承継税制（個人の事業用資産の贈与税の納税猶予）を利用し、③遺言書で相続を指定し、④遺留分放棄の申立てをしてもらうことです。

遺産分割協議書

被相続人山田太郎の遺産につき、相続人山田一郎、山田次郎、斉藤花子は、それぞれ次の財産を取得することに同意する。

1　相続人山田一郎は次の財産を取得する。
　(1)　土地
　　所在　東京都八王子市○○町○丁目
　　地番　○○番地
　　地目　宅地
　　地積　150㎡
　(2)　家屋
　　所在　東京都八王子市○○町○丁目○○番地
　　家屋番号　○○○番
　　種類　居宅
　　構造　木造瓦葺2階建
　　床面積　1階　100㎡、2階　95㎡

2　相続人山田次郎は次の財産を取得する。
　　○○銀行△△支店　口座番号123456
　　定期預金　850万円

3　相続人斉藤花子は次の財産を取得する。
　　△△銀行××支店　口座番号789012
　　定期預金　700万円

　上記の遺産分割協議を証するため、相続人が次に署名押印する。

令和○○年○○月○○日

東京都○○区△△町○丁目△番□号
　相続人　山田　一郎　実印
東京都△△区□□町△丁目○番□号
　同　山田　次郎　実印
神奈川県○○市□□町○丁目□番△号
　同　斉藤　花子　実印

●遺産分割協議書と特別受益証明書

もし、前述のような対策をとらないうちに亡くなったとすれば、相続人全員の話し合いで遺産分けを協議することになります。

協議がまとまったら、「遺産分割協議書」をつくります。どの遺産を誰が相続するかを書き、全員が自筆で署名し、ハンコを押します。これがあれば不動産の名義変更など相続登記ができますが、一人でもハンコを押さない人がいると、この協議書はつくることができません。

後継者以外の相続人が、被相続人から家を建ててもらったとか、持参金をもらったなど特別の受益があり、自分はもう相続分はいらないというばあい、その人たちから個別に「特別受益証明書」を書いてもらい実印と印鑑証明をもらえば、後継者が全財産を相続することができます。

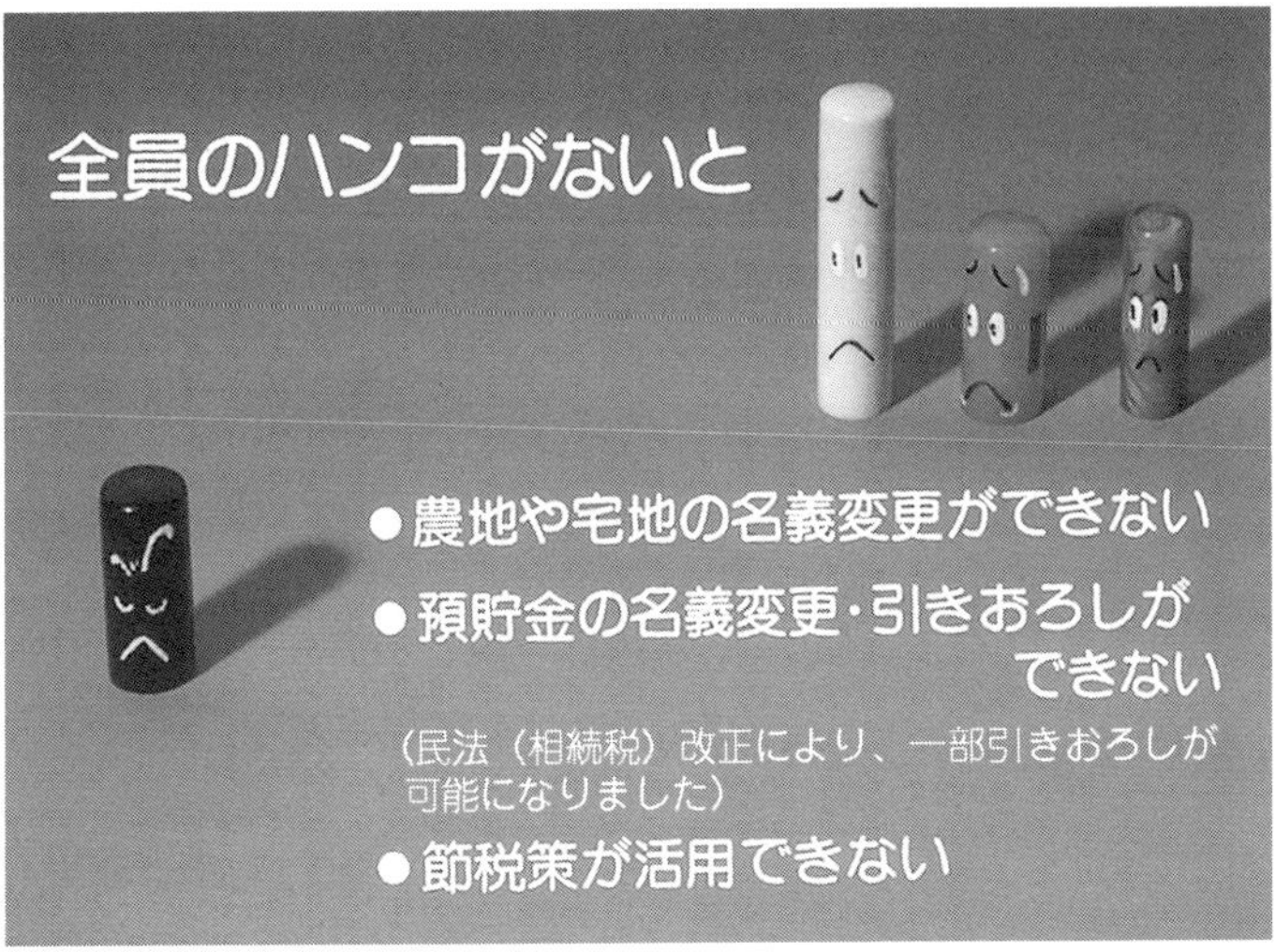
全員のハンコがないと
●農地や宅地の名義変更ができない
●預貯金の名義変更・引きおろしができない
（民法（相続税）改正により、一部引きおろしが可能になりました）
●節税策が活用できない

●最善とばかりはいえない長男の一括相続

協議がまとまらない、特別受益証明書ももらえない、となると困ったことになります。

農地や宅地の名義変更ができない。預貯金も名義変更や引きおろしができないこともおこります。そのうち10ヵ月の相続税の申告期限がきて、せっかくの節税対策も活用できずに納めるハメになったりします。こうなると家庭裁判所のお世話になることになりますが、そうならないよう、生前にきちんと対策をとり、話し合いをつけておきたいものです。

また、後継者がまとめて相続するというのも、節税の面からは必ずしも最善の策とはいえないばあいもあります。都市近郊などで相続税の負担が重いところでは、相続税の仕組みをよく理解して節税対策を練る必要があります。

次にその基本をみてみましょう。

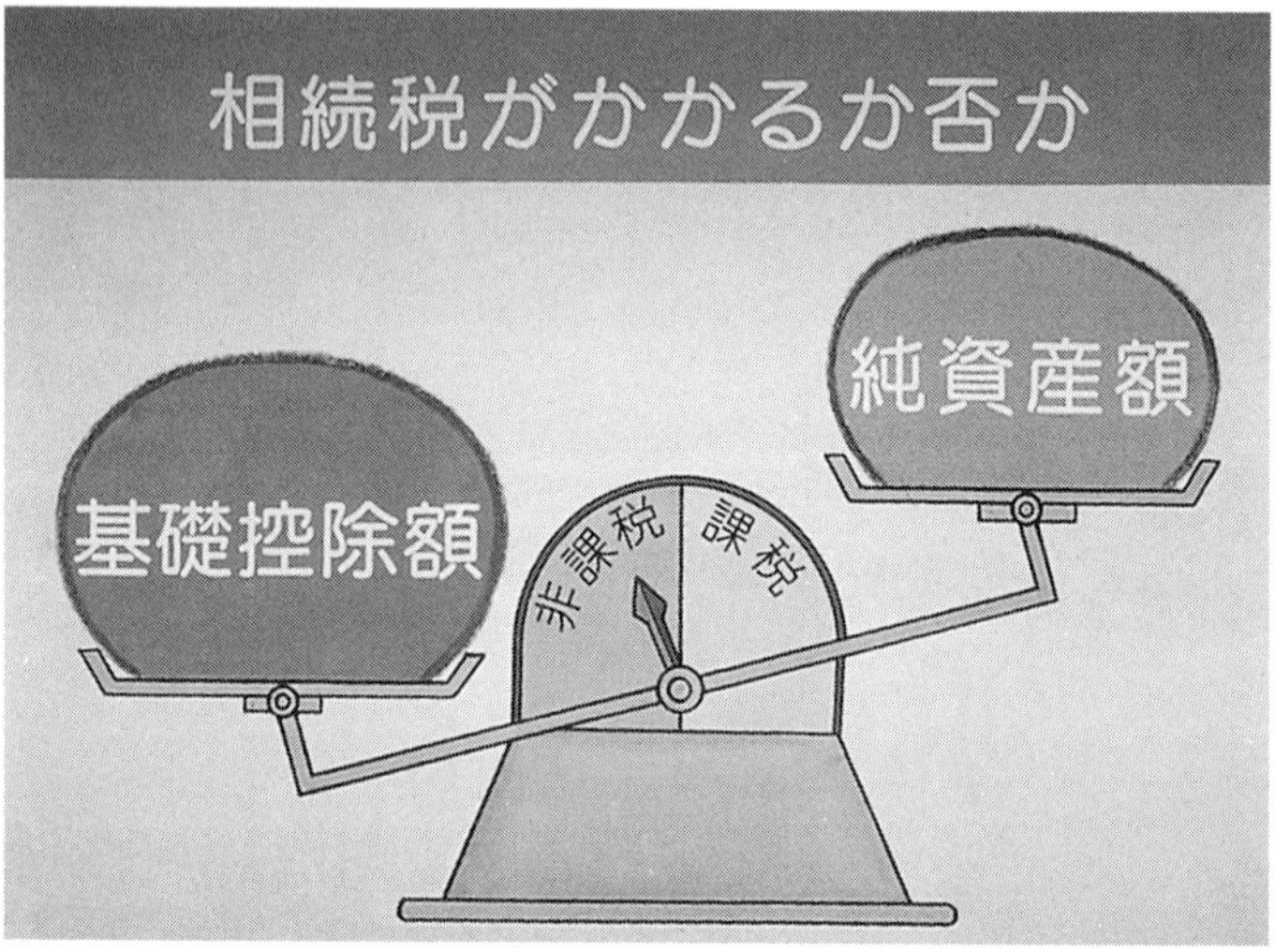

●相続税の第一歩――純資産額と基礎控除額

一家のあるじが亡くなったら、あとに残る人に相続税がかかるのか、かからないのか、かかるとすればどれくらいになるのか。それを順を追ってしらべてみましょう。結論から言うと――。

亡くなった人の純資産額が基礎控除額より少なければ、相続税は一銭もかかりません。

基礎控除額は3000万円と法定相続人1人当り600万円を合計した額です。法定相続人というのは、法律で定められた相続人になれる人のことです。これは18ページで説明したとおりですが、例えば亡くなった人（被相続人）に配偶者がいて、子どもが3人いるばあいは法定相続人は4人となり、このばあいの基礎控除の額は3000万円＋600万円×4＝5400万円になります。この額より純資産の額が多いか少ないかが問題になるわけです。

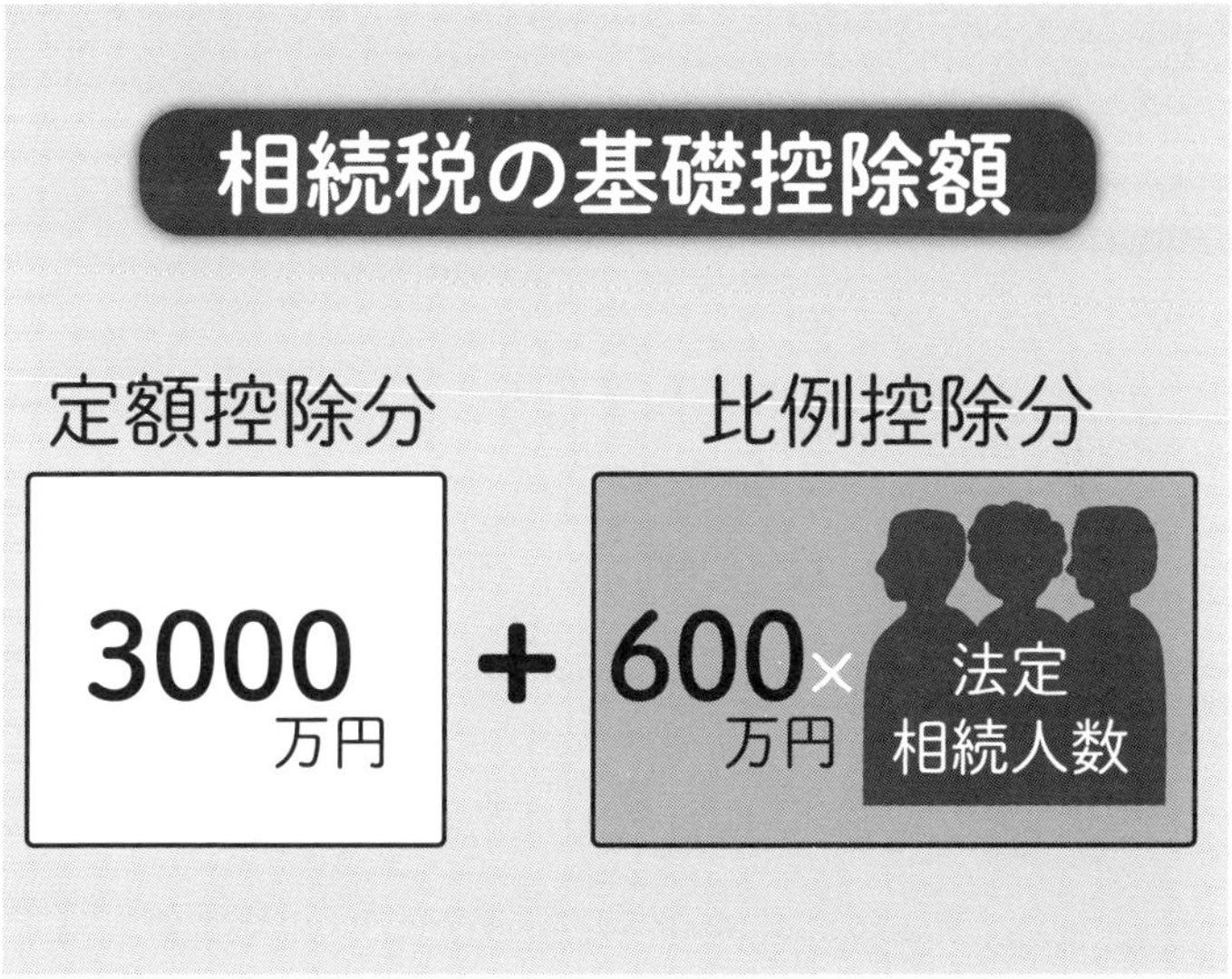
相続税の基礎控除額
定額控除分
比例控除分
3000
万円
+
600×
万円
法定
相続人数

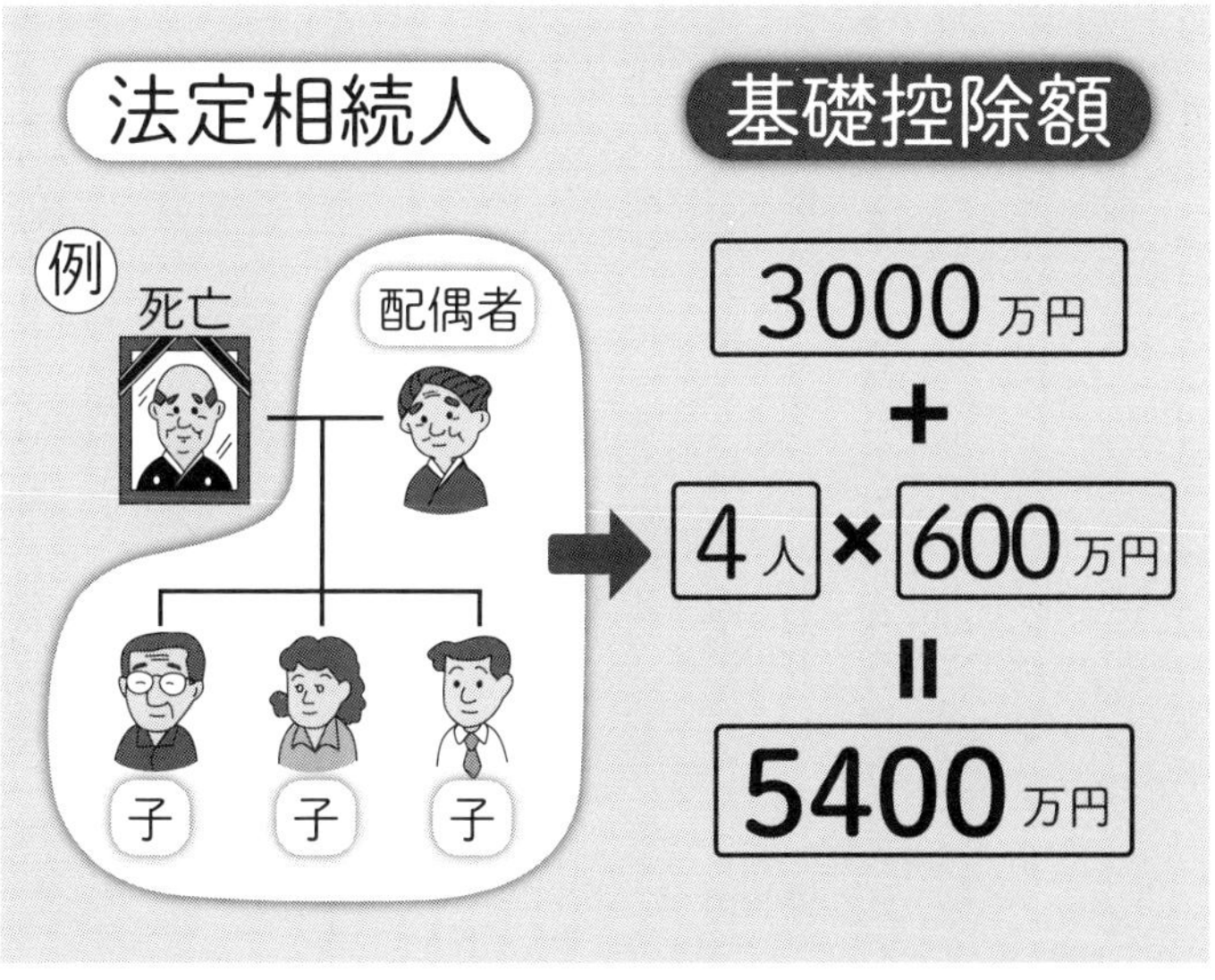
法定相続人
基礎控除額
例
死亡
配偶者
子
子
子
3000万円
+
4人×600万円
=
5400万円

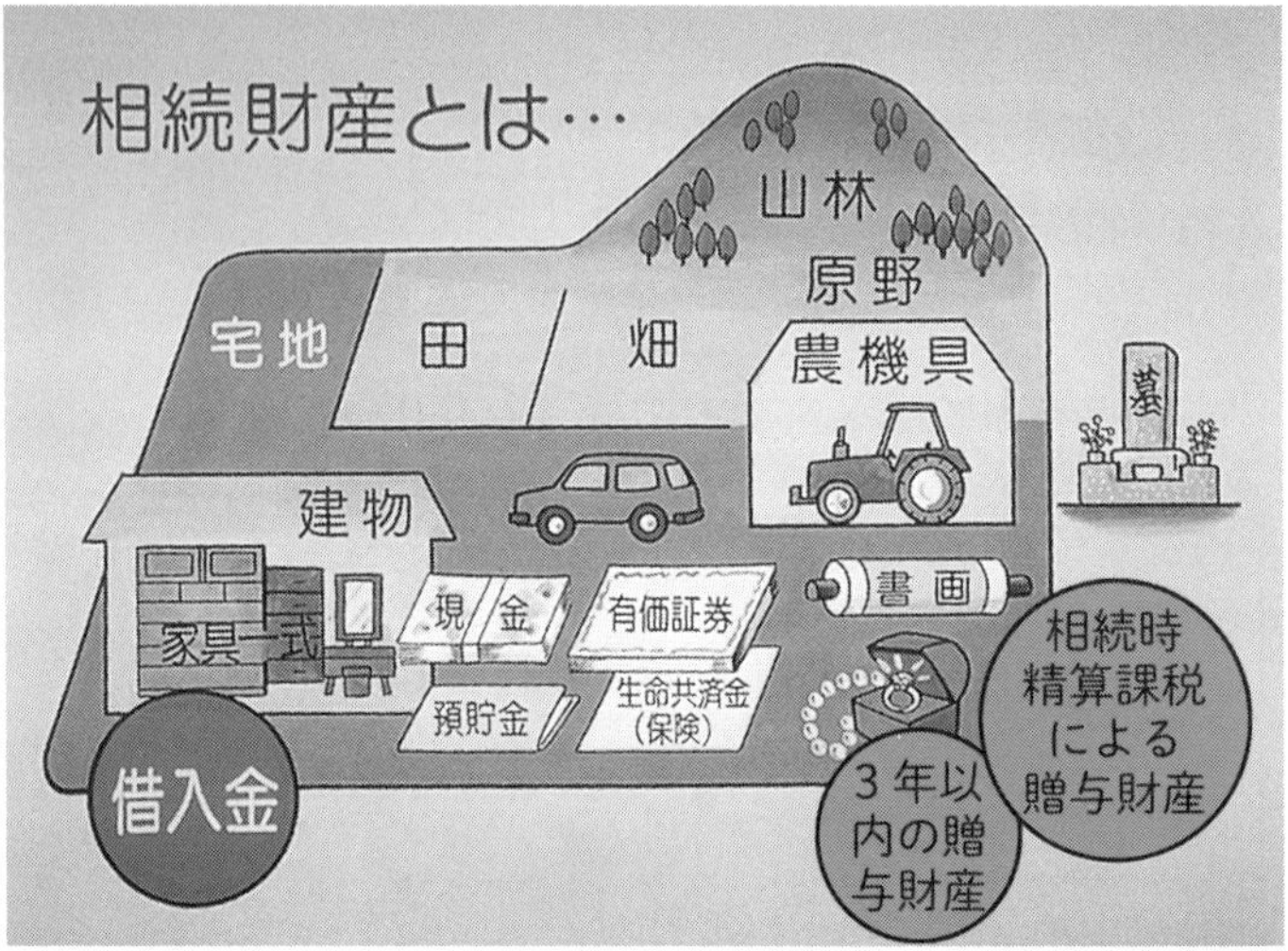

●遺産総額から純資産額（課税価格）を出す

そこで次に、純資産額がどれくらいあるかを計算することになります。純資産額とは、遺産総額から非課税財産やマイナスの財産（借金）を差し引いたものです。まずは相続財産（遺産総額）にどんなものがあるかを調べます。

一口に相続財産といってもいろいろあります。亡くなった人の名義の宅地、田や畑、山林や原野。それに建物、家具一式、車や農機具。現金や預貯金、有価証券、生命共済金（生命保険金）、書画骨董など。左下の借入金もマイナスの財産として引き継ぐことになります。また右下の「相続時精算課税による贈与財産」（156ページ）や「三年以内の贈与財産」も相続財産に含めることにされています。

以上を現金に換算した額が遺産総額となります。換算（評価）のしかたは第5章でやります。

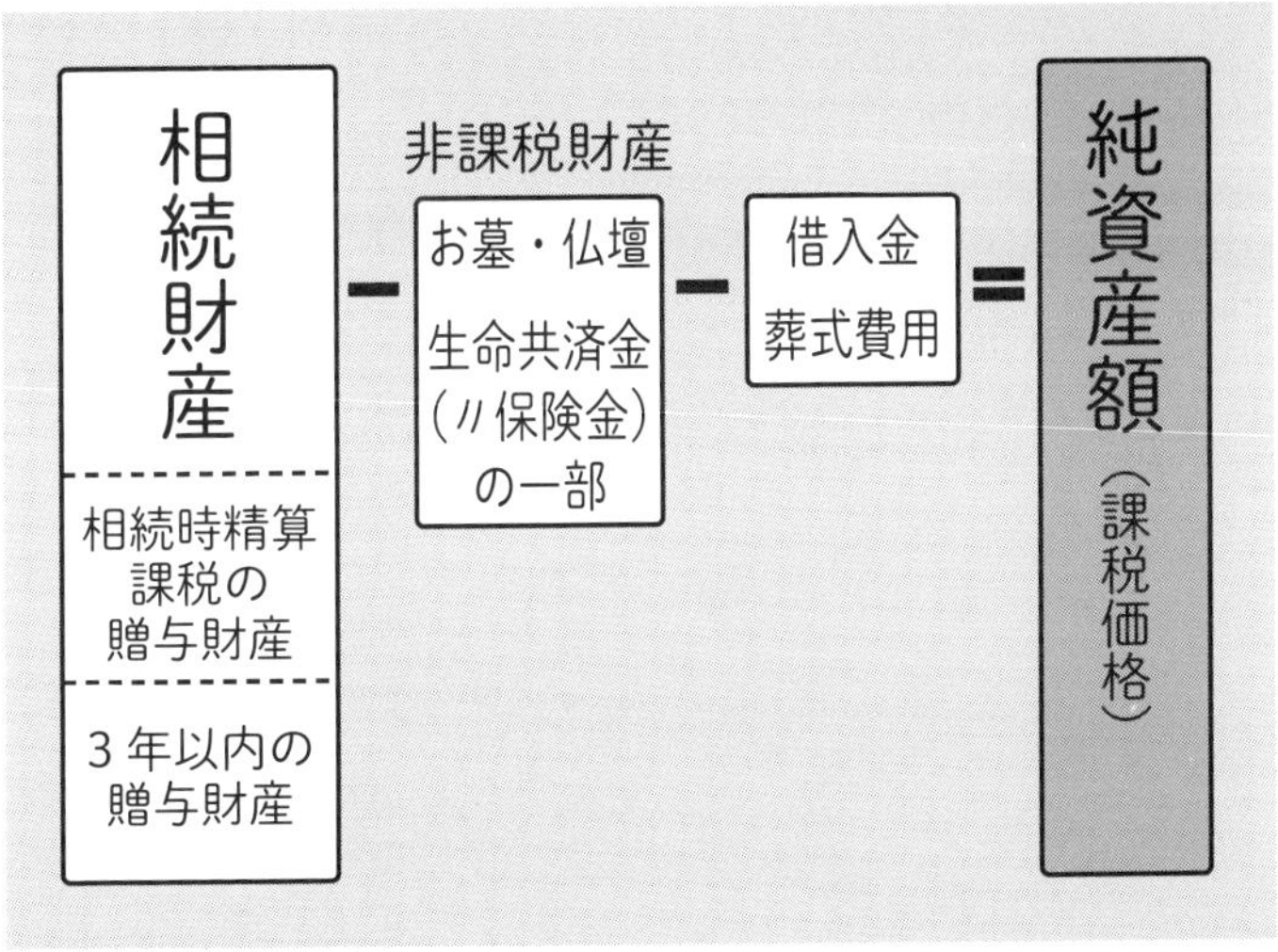

●課税の対象にならない財産は

遺産総額がわかったら、次に借金や葬式にかかった費用を差し引き（債務控除という）、さらに相続税の対象にならない非課税財産を差し引きます。これが純資産額、すなわち課税の対象になる資産の価格＝課税価格となるわけです。

非課税財産には次のようなものがあります。

①お墓や墓地、仏壇、仏具。これらはもともと非課税なので遺産総額を出すときも計算する必要がありません。

②生命共済（保険）金のうち法定相続人１人当たり５００万円。法定相続人が妻と子３人、計４人なら５００万円×４＝２０００万円が非課税です。

③死亡退職金や功労金なども右と同じ扱いです。

④弔慰金は、業務上の死亡の時は賞与以外の給与の３年分、それ以外では半年分までが非課税です。

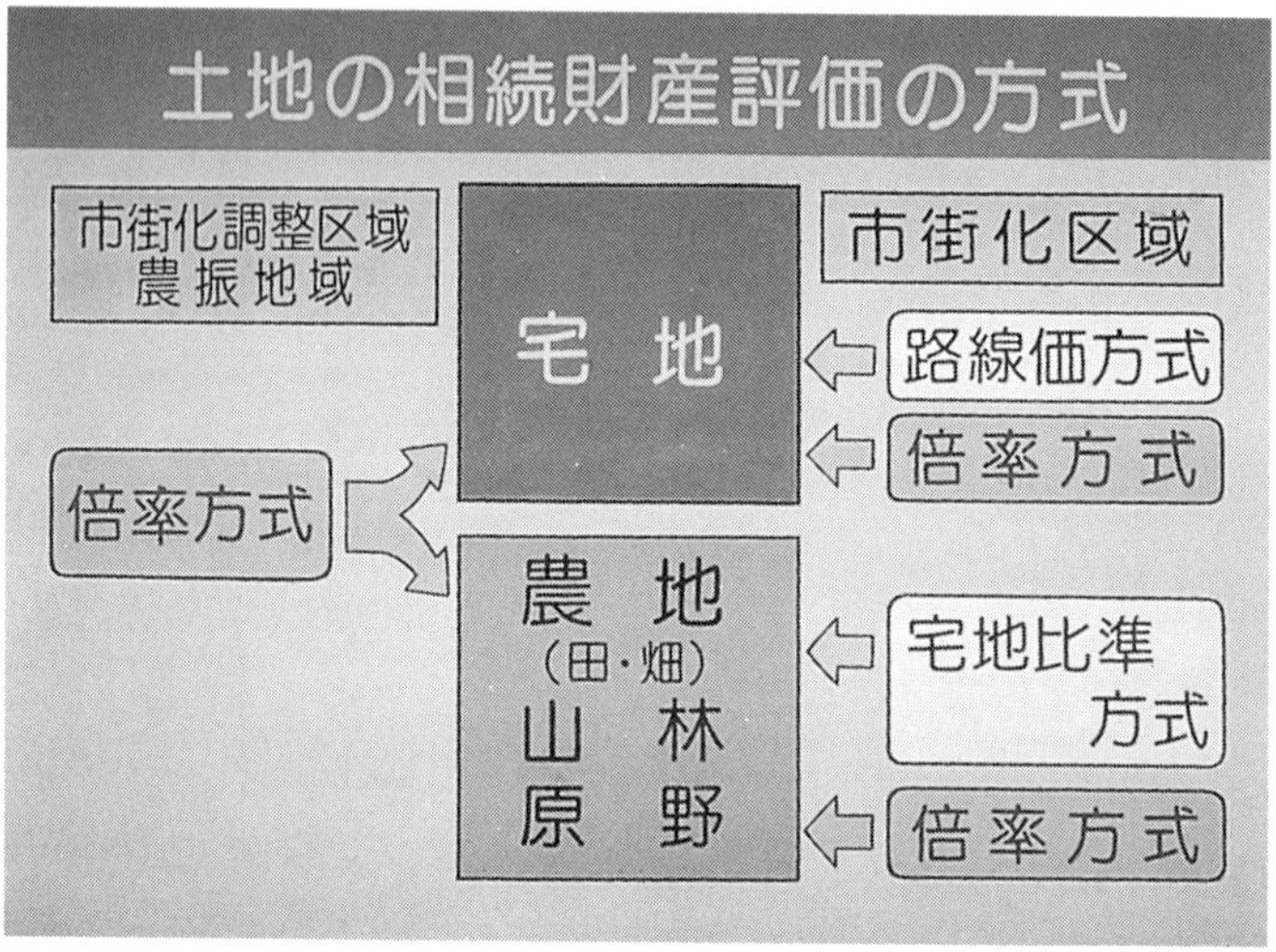

●農地や宅地の評価額は

純資産額＝課税価格を出すうえでちょっと調べなければならないのが農地や宅地の評価額です。これらは役場や税務署に聞くと教えてもらえますが、概略をみてみると――。

土地は、宅地、農地、山林、原野、牧場などの地目に分けられており、それぞれについて財産評価の方法がきめられています。同じく宅地といっても、市街化区域と市街化調整区域とでは評価の方法が違い、同じ市街化区域でも利用価値の高低によって評価のしかたに違いがあるのです。

大づかみにいうと上の図のとおりです。自分の土地がどんな方式でどれだけの評価額になっているか一度しらべておきたいものです。なお、畜舎や作業場の敷地、ガラス室は農地でなく宅地に区分され、評価額が高いので知っておく必要があります。

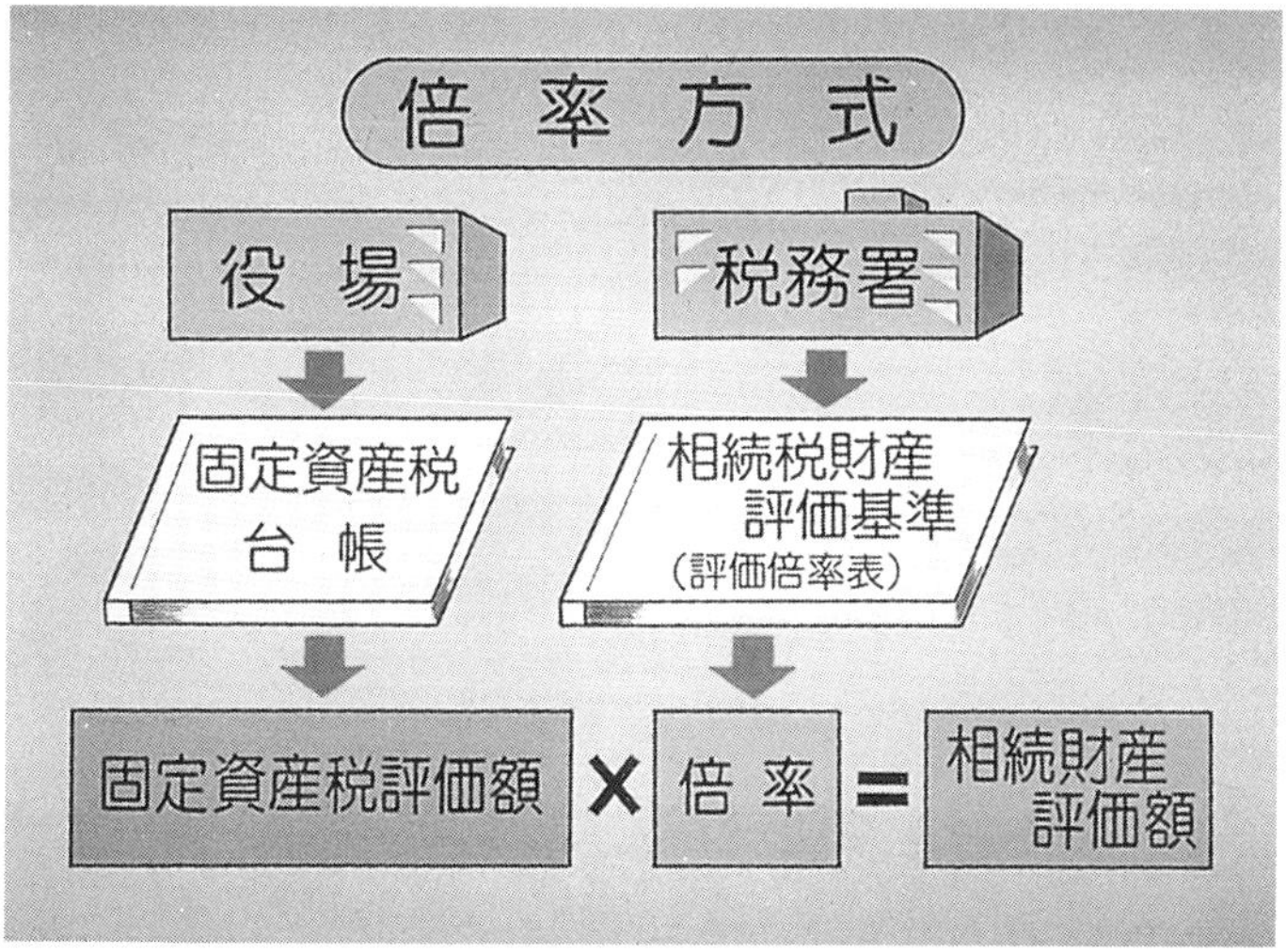

●倍率方式とは

倍率方式による評価額を知るには、まず役場や市役所で固定資産税台帳を見せてもらい、その土地の固定資産税評価額を確認し、つぎに税務署にある「相続税財産評価基準」という本に地域ごとにのっている倍率を調べます。

この倍率は国税庁のホームページでも確認できます。あとは調べた固定資産税評価額に倍率をかければ、相続財産としての評価額が計算できるわけです。

厳密には右のようにしますが、およその目安としては、宅地は時価の60～70％、農地は時価の50％ていどとみておいていいでしょう。

家屋（自宅）の評価は固定資産税評価額がそのまま適用されます。古い建物ならとるに足らない額ですが、新築すると評価額は高くなります。

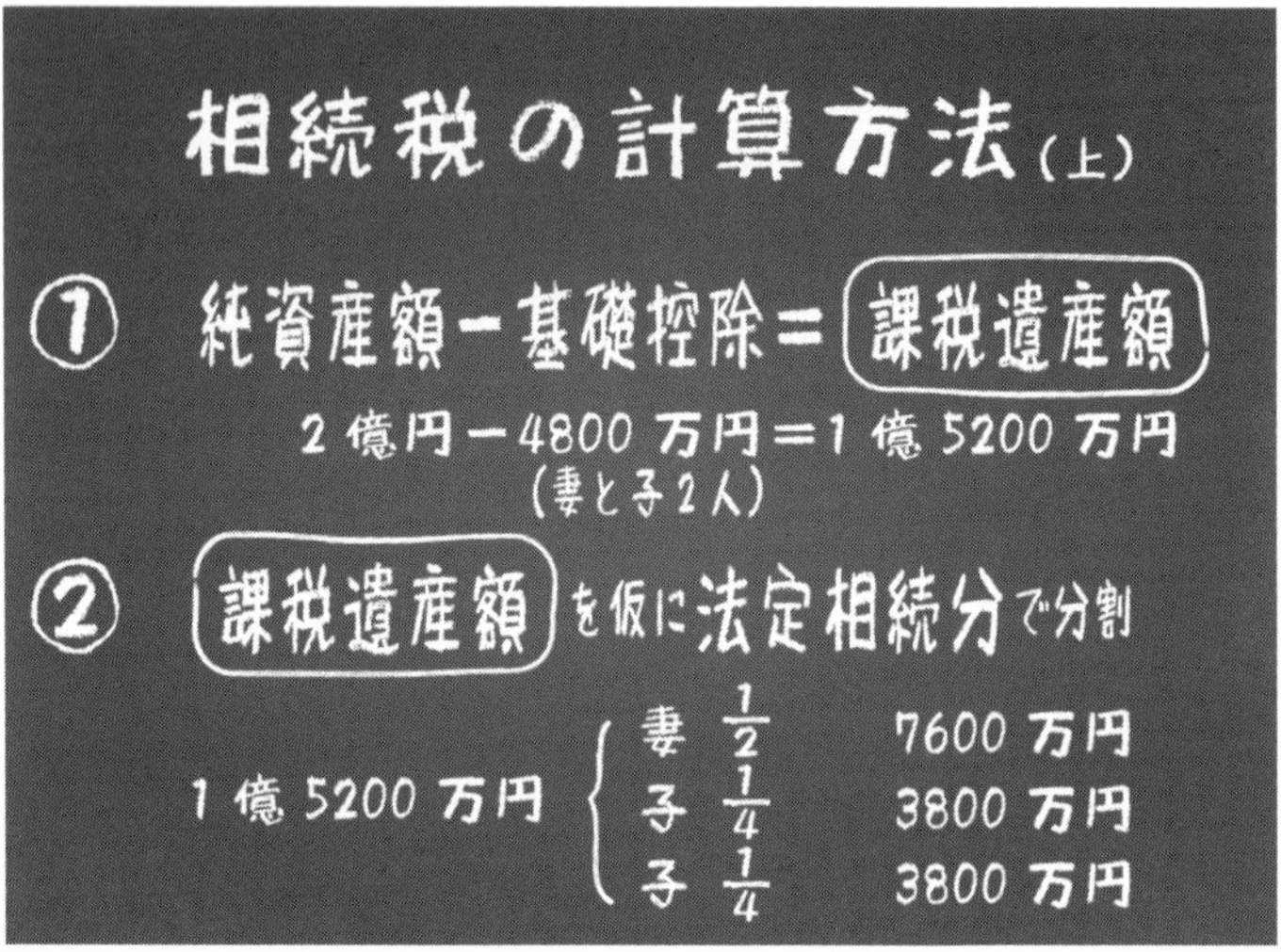

●純資産額から相続税の総額を出すまでの計算

さて、以上のようにして純資産額（課税価格）が出たら、いよいよ相続税の計算に入っていきます。

仮にある都市近郊農家の純資産額が、畑1ヘクタール1億円、田20アール1500万円、宅地、家屋、預貯金、生命共済金などで8500万円、計2億円あったとしましょう。法定相続人は妻と子2人、計3人とします（生命共済金については44ページ参照）。

まず純資産額2億円から基礎控除額3000万円プラス600万円×3＝4800万円を引きます。

これで基礎控除後課税価格＝課税遺産総額が1億5200万円と出ます。

次に、この課税遺産総額を法定相続分どおり妻2分の1の7600万円、子が4分の1ずつで各3800万円相続したとして、各人の仮の相続税額を税額速算表によって求め、その総額を出します。

妻７６００万円にかかる税額は、速算表１億円以下の欄により７６００万円×30％－７００万円＝１５８０万円です。子の分もそれぞれ速算表で計算し、各５６０万円、合わせて相続税総額は２７００万円となりました。

右の各人の税額はあくまで税の総額をだすための仮の額で、各人が実際に納める額ではありません。

相続税の速算表

法定相続分に応ずる各相続人の取得財産価額	税率	控除額
1000万円以下	10％	－
3000万円以下	15％	50万円
5000万円以下	20％	200万円
1億円以下	30％	700万円
2億円以下	40％	1700万円
3億円以下	45％	2700万円
6億円以下	50％	4200万円
6億円超	55％	7200万円

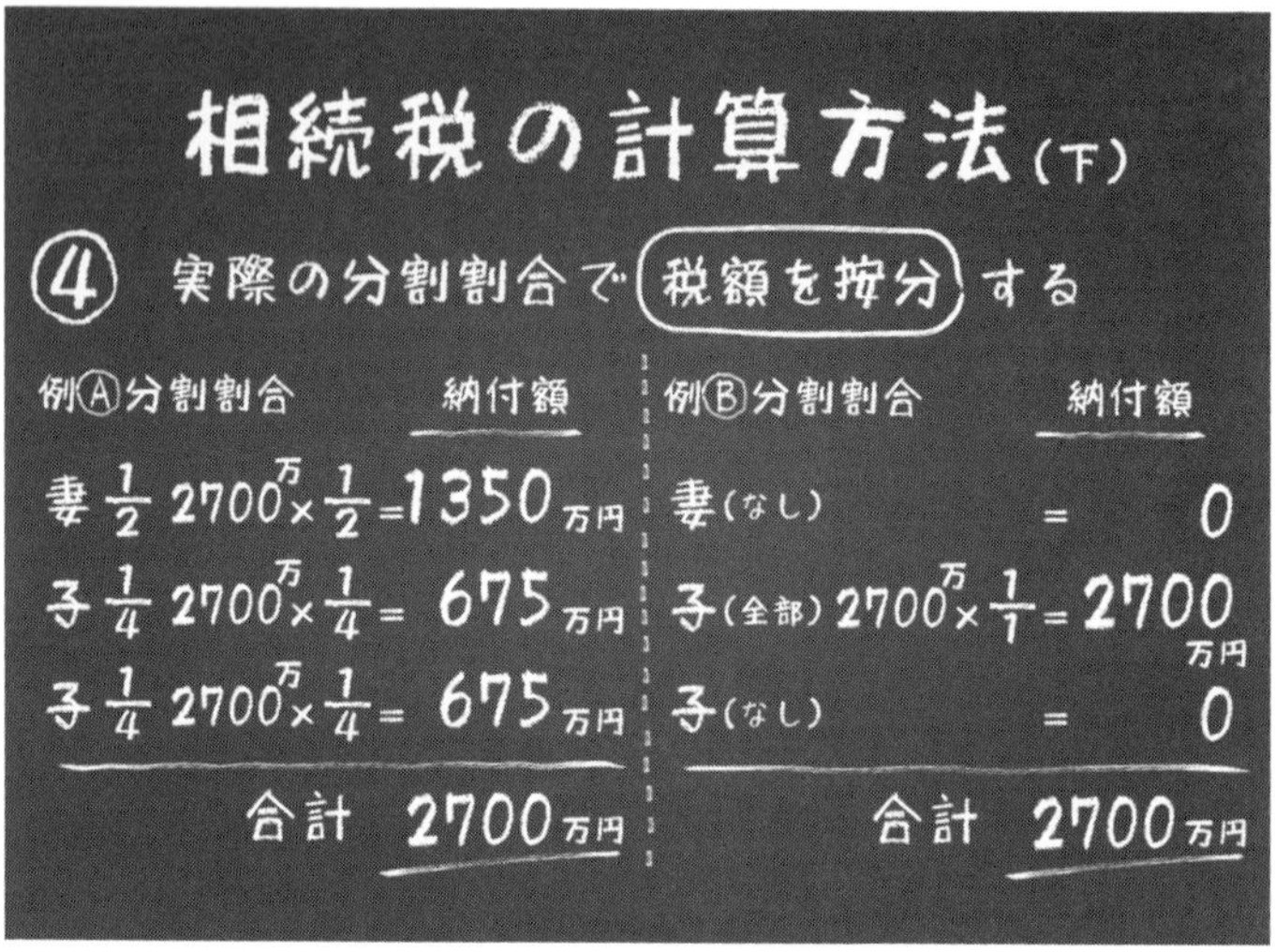

例Ⓐ分割割合		納付額	例Ⓑ分割割合		納付額
妻 $\frac{1}{2}$	$2700^{万} \times \frac{1}{2} =$	**1350**万円	妻(なし)	$=$	**0**
子 $\frac{1}{4}$	$2700^{万} \times \frac{1}{4} =$	**675**万円	子(全部) $2700^{万} \times \frac{1}{1} =$		**2700**万円
子 $\frac{1}{4}$	$2700^{万} \times \frac{1}{4} =$	**675**万円	子(なし)	$=$	**0**
合計		**2700**万円	合計		**2700**万円

●実際に相続した割合で相続税総額を按分する

各人が実際に納める税額は、相続税の総額を各人が実際に相続した財産額の割合に応じて按分した金額です。

AとB、2つの例でみてみましょう。Aは法定相続分どおりに実際に相続したばあい、Bは妻と子1人は相続せず、長男1人が全部相続したばあいです。

Aの各人の税額は、妻は2分の1相続したので、相続税総額2700万円の2分の1、すなわち1350万円、子はそれぞれ4分の1相続したので2700万円の4分の1＝675万円となります。

Bのばあいは、長男1人が全部相続したのでその税額は2700万円の100％つまり2700万円となります。

こうして出された各人税額の計はA、Bとも2700万円になりますが――。

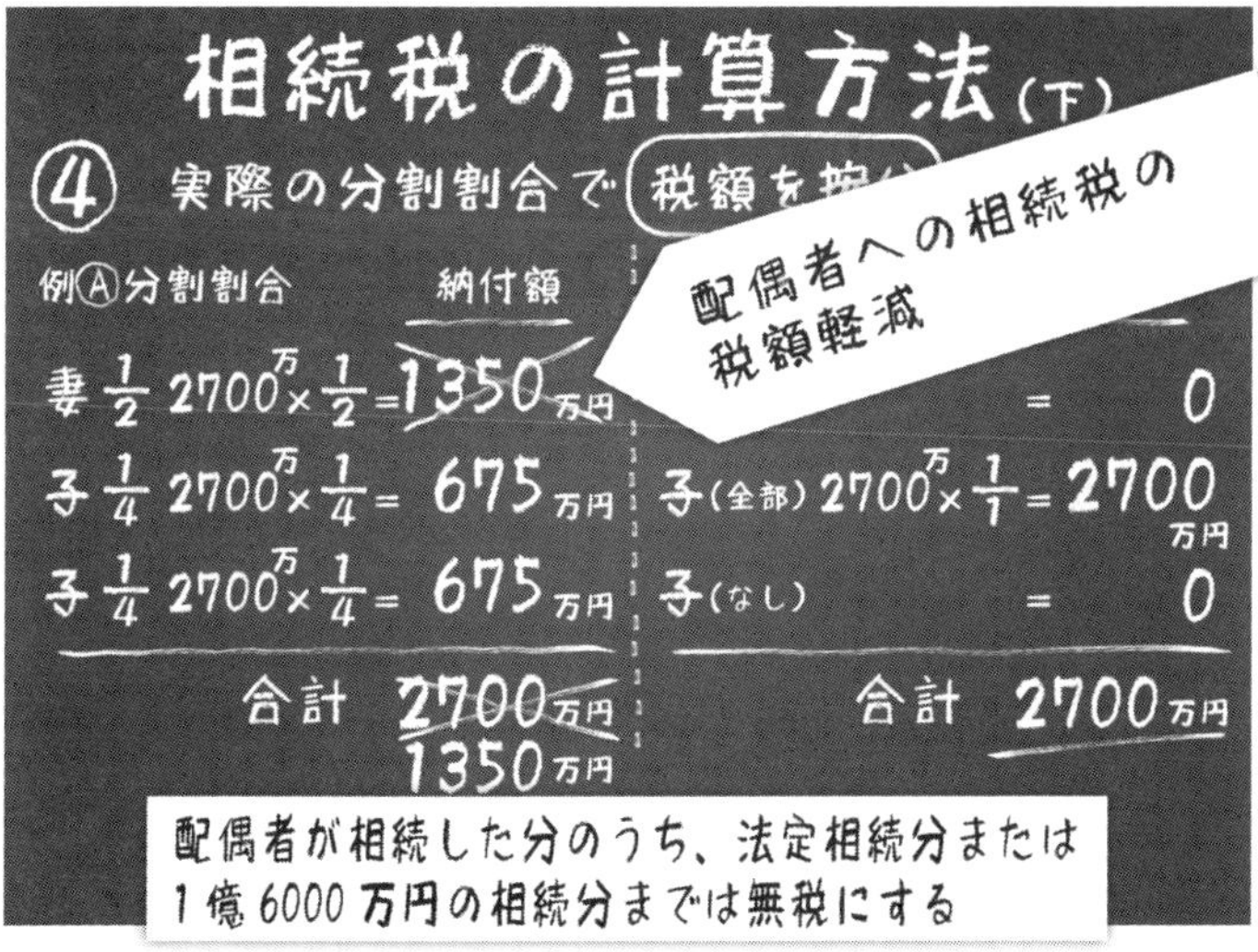

●妻の座は強し——配偶者への税額軽減の制度

じつはそうではないのです。Ａのように相続して申告すると、納める税額が軽くなるのです。

それは、配偶者への相続税の税額軽減の制度というものがあり、配偶者の相続税は、法定相続分または１億６０００万円のどちらか多いほうの相続分までタダになるからです。

Ａの例では妻が法定相続分しか相続していないので、その算出税額１３５０万円は実際には納めなくてよいのです。すると、実際の納付税額は子の各６７５万円、計１３５０万円だけでいいことになります。Ｂの２７００万円に比べ一家としてじつに５割、１３５０万円もの「節税」になるのです。

27ページで、農業を継ぎやすくするうえで長男に一括相続させることは、節税の面では必ずしも得策ではないと述べたのはこのことなのです。

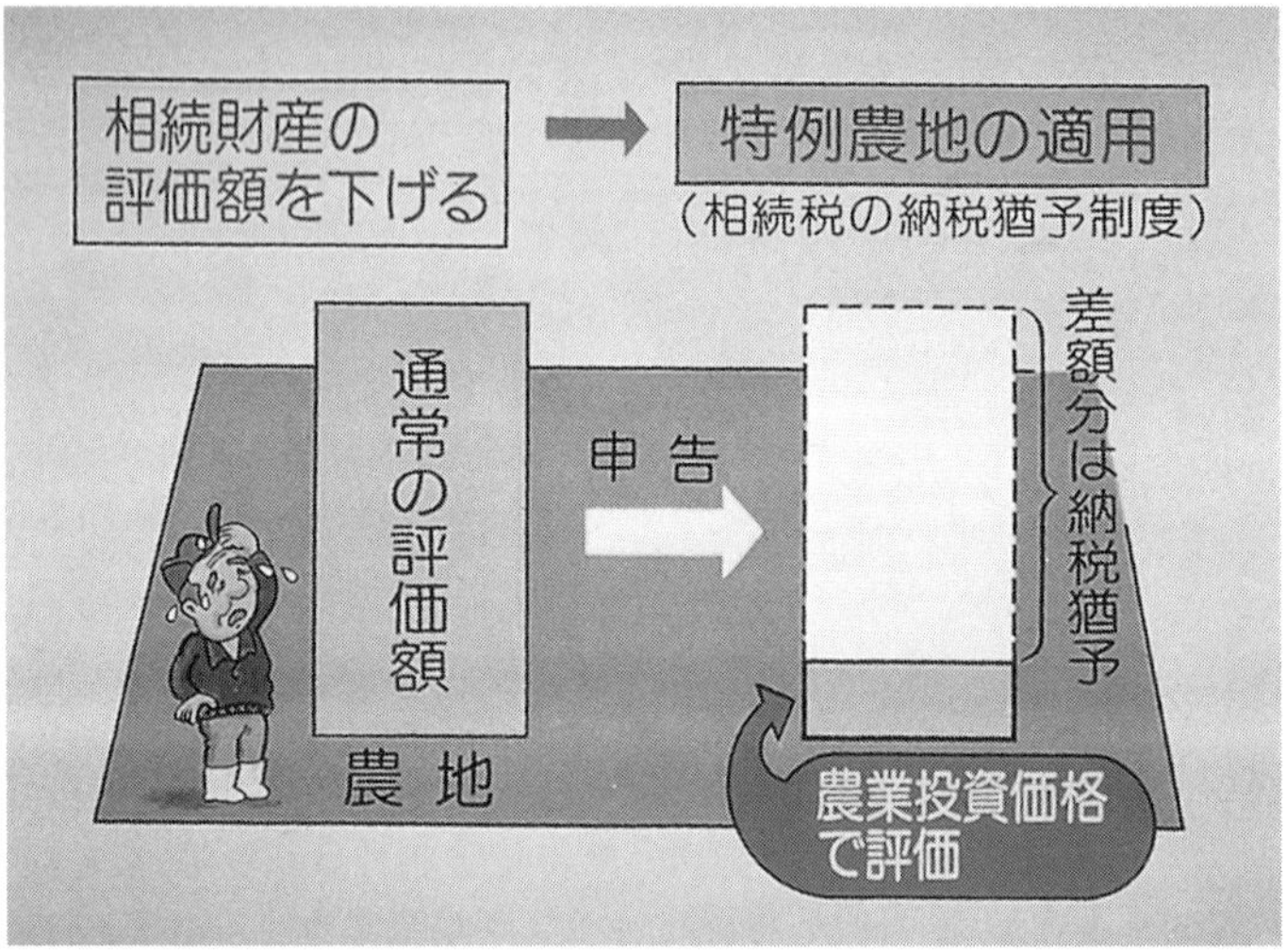

●節税対策その1　「特例農地」の適用

相続税に対する心構えは、大きく分けると、①相続財産の評価額を下げるなど節税対策をとる、②その時になって困らないよう生命共済などに入って納税資金を準備する、の2つになるでしょう。

農家として最大の節税対策は、農地を相続した人が特例農地の適用を受けることです。これを認められると農地の評価額は、農業採算ベースで評価され、たいへん安くなります。そして通常の税金との差額は、農業を続けている限り納税が猶予され、①農地を相続した人の死亡か、②後継者への生前一括贈与か、③20年間農業経営を継続（市街化区域内の対象農地で、生産緑地の指定を受けていない農地）により免除されるという制度です。

この評価額は通常評価額の2割とか1割5分とかの大幅に低い額ですので、ぜひ利用して下さい。

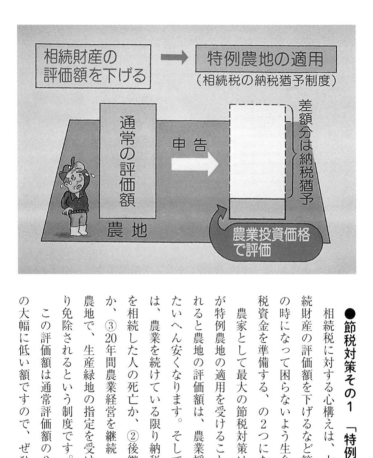

ただし、農地を相続した人が農業経営を廃止したり、特例を受けている農地を他に転用したり、売ったりすると納税猶予は打ち切りになり、猶予税額と利子税を納付することになります（詳しくは97〜115ページ）。

●節税対策その2　宅地や家屋の相続対策

宅地や家屋の相続節税対策には、「贈与税の配偶者控除」という制度を活用することです。

結婚して20年以上たつ配偶者に一生に一度のプレゼントとして宅地や家屋など居住用不動産を贈与したとき、最高２０００万円までは贈与税がかからないというものです。つまり、生前に夫（または妻）名義の宅地や家屋を妻（または夫）へ無税で贈与でき、それだけ相続財産が減ることになります。

配偶者に贈与するのは家屋でも宅地でも、その両方でもいいのですが、この特例の対象となるのは居住用の家屋と宅地だけです。作業小屋やその敷地など事業用宅地は対象になりません。

また、贈与した翌年の2月1日から3月15日までに税務署に忘れずに申告しなければなりません。

●節税対策その3　子や孫への生前贈与の特例

金融資産を多くもつ上の世代から、消費・購買意欲の強い子や孫の世代に金融資産を早期に移すこと等により経済を活性化しようとする国の政策的な見地から、次の三つの生前贈与の特例が用意されています。

一つ目は、住宅取得等資金の贈与の特例です。詳しくは177〜183ページをご覧ください。

この特例は、借家住まいの子あるいは孫に住宅取得資金や改修のための資金を贈与したいというときに是非活用したい制度です。

平成27年1月1日から令和3年12月31日までの間に、父母や祖父母などの直系尊属から住宅取得等資金の贈与を受けた子や孫が、贈与を受けた年の翌年3月15日までにその住宅取得等資金で自己の居住の用に供する家屋の新築等をし、その家屋を同日までに自己の居住の用に供したときには、一定の要件を満たす必要がありますが、住宅取得等資金のうち一定金額について贈与税が非課税となります。

令和2年4月〜令和3年3月までは、取得する住宅に係る消費税率が10％のばあい、良質な住宅用家屋については1500万円、良質な住宅用家屋以外の家屋については、1000万円が限度額です。

贈与税の基礎控除の110万円とは別枠ですので、合計すると、令和2年4月〜令和3年3月までは、良質な住宅用家屋については1610万円、良質な住宅用家屋以外の家屋については1110万

子や孫への生前贈与の特例

円が限度額なりますので、有効に使いたいですね。
ただし、父母や祖父母の所有する不動産そのものの贈与や住宅ローンの返済資金の贈与は、この特例の対象外です。

二つ目は、子や孫への教育資金の一括贈与による贈与税非課税制度です（詳しくは１８３ページ）。

子や孫へ教育資金を贈与するばあい、金融機関等（ＪＡ含む）を経由して税務署に教育資金非課税申告書を提出することにより、１５００万円までなら非課税となります。ですので、例えば、祖父が３人の孫にそれぞれ１５００万円の教育資金の一括贈与をしたばあい、４５００万円が非課税となります。

具体的に贈与税非課税の対象となる教育資金は、入学金、授業料、入園料、保育料、施設設備費や学用品の購入費、修学旅行費、学校給食費等です。金融機関等（ＪＡ含む）に、教育資金として使った領収書等の提出が求められますので、しっかり保管しましょう。

また、教育資金の一括贈与制度と暦年贈与の併用も可能ですので、別途110万円までの贈与があっても贈与税はかかりません。

三つ目は、結婚・子育て資金の一括贈与による贈与税の非課税制度です（185ページも参照）。

この非課税制度は、若者が将来に対して経済的不安をもっており、それが少子化につながっているため、この不安を払拭し、子や孫の結婚・出産・育児を後押しする目的で作られました。

20歳以上50歳未満の子や孫へ結婚・子育て資金の贈与を、金融機関等（JA含む）を経由して税務署に結婚・子育て資金非課税申告書を提出することにより、1000万円（結婚関係は300万円）までなら非課税となります。ですので、例えば、祖父が3人の孫にそれぞれ1000万円の結婚・子育て資金の一括贈与をしたばあい、3000万円が非課税となります。

具体的に贈与税非課税の対象となる結婚・子育て資金とは、挙式費用、衣装代等の婚礼（結婚披露）費用、家賃、敷金等の新居費用、転居費用、不妊治療・妊婦健診に要する費用、分べん費等、産後ケアに要する費用、子の医療費、幼稚園・保育所等の保育料（ベビーシッター代を含む）などです。

こちらも金融機関等（JA含む）に領収証等の提出が求められます。

また、結婚・子育て資金の一括贈与制度と暦年贈与の併用も可能ですので、別途110万円までの贈与をしても贈与税はかかりません。

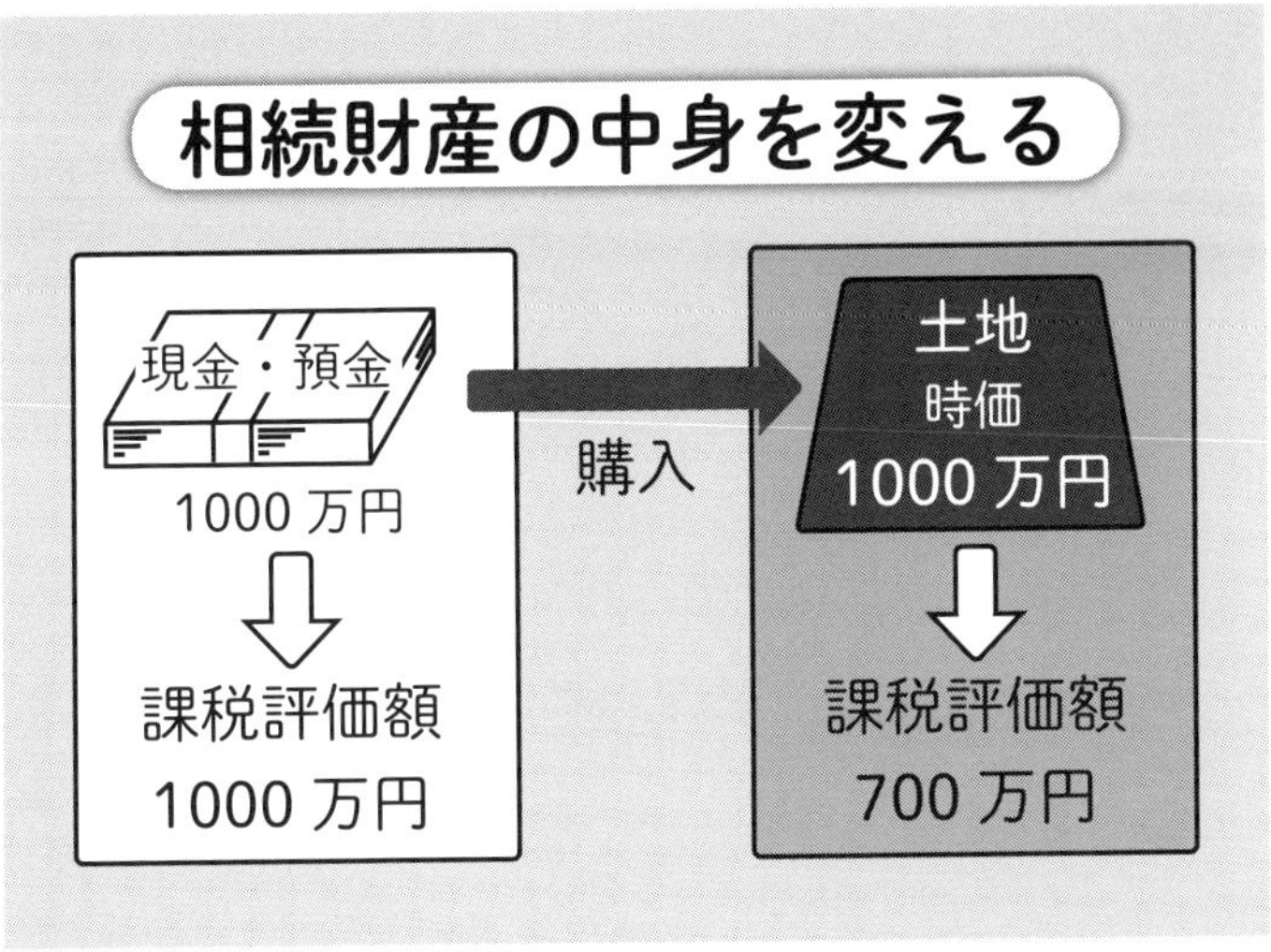

●節税対策その4　相続財産の中身を変える

以上のように生前贈与を上手に活用して相続財産を減らしていくのが、相続税の節税になるし、かつ事前に財産分けを進めていくことにもなるのです。

ほかに節税対策としては、相続財産の中身を変えるのも有効な方法です。

たとえば、上のように現金や預金が1000万円あるとしますと、相続財産としての課税評価額は1000万円そのままとなります。

そこで、この1000万円で土地を購入する。そうすると、この時価1000万円の土地は、相続税の課税評価額としては700万円程度に低くなるのです。こうして相続財産の中身を変えて課税評価額を下げる。これは建物を建てても同じことです。自分の土地に貸家を建てると土地も建物も評価額が2～3割下がるのです。

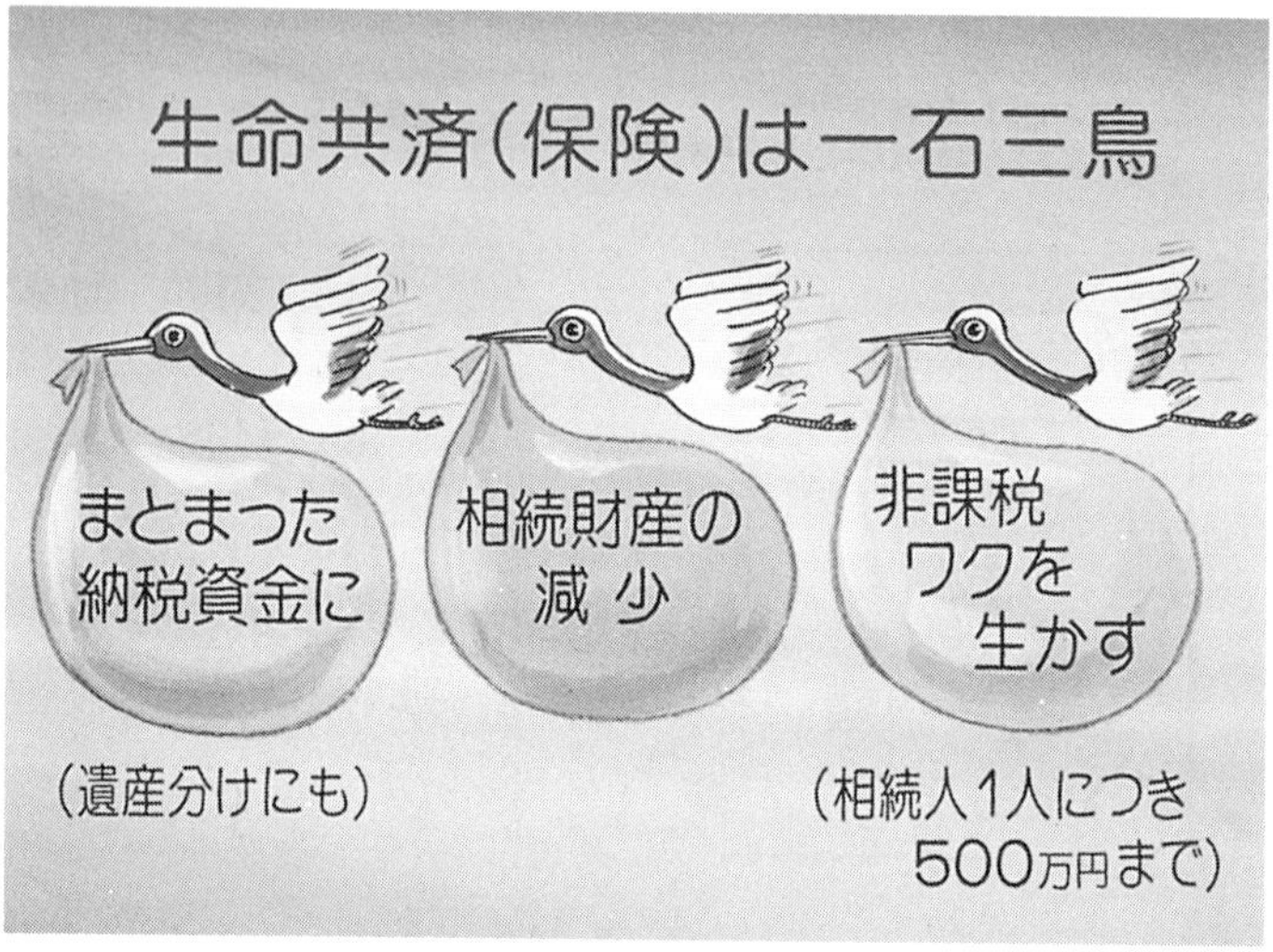
生命共済(保険)は一石三鳥
まとまった納税資金に
(遺産分けにも)
相続財産の減少
非課税ワクを生かす
(相続人1人につき500万円まで)

●納税資金の準備に生命共済（保険）の活用を

相続税は原則として現金で一時に納めなくてはなりませんし、兄弟たちへの遺産分けの資金としても、現金が必要というばあいも多いでしょう。こんなばあい、まとまった現金を確実に手にするという点で生命共済は、とても利用価値が高いものです。

生命共済には一石三鳥の効果があるのです。

●亡くなったあと、まとまった納税資金や遺産分けに使えること

●支払った掛け金の分、相続財産が減少すること

●支払われた死亡共済金には非課税ワクがあり、相続人1人につき500万円までは非課税扱いになること

これからは、のちのちの相続の対策も考えにいれて、生命共済の種類も生涯保障のもの（終身共済型）を選ぶとよいでしょう。

第2章

これだけは知っておきたい相続税の基礎知識

なぜ相続税というものがかかるのか？　そもそも相続とは？
遺産より借金が多いときは？　誰が相続し税金を払うのか？
など、税金の計算の前にこれだけは知っておきたい。

1　なぜ相続税というものがかかるのか

(1)　相続税を取る側の言い分

親が亡くなって財産を引き継ぐ。同じ身内、肉親からの授《さず》かりものなのに、なんで国が出てきて税金をもっていくのか。こんな素朴な疑問を持たれる方もいるかもしれません。

まして農業のばあい、さして広くもない農地を受け継いだからといって、それにいちいち税金をかけられては、狭い土地をさらに切り売りして税金を納めなければならなくなり、ますます経営規模が小さくなって農業が成り立たなくなってしまう。そんな疑問や不満が起きるかもしれません。

しかし、相続財産というのは、そうはやはりいかないのです。農業のばあいは、相続が発生するたびに経営規模がどんどん小さくなっていくのを防ぐため、ある程度の優遇措置がとられていますが、その点は第3章97ページおよび第4章169ページ以降で詳しく述べることにして、ここでは農地も含めて、一般的に、なぜ相続財産に税金がかけられるのかを知っておきましょう。

じつは、これにはいろいろな説があって、税法にかくかくしかじかだから相続税をいただきますということが書かれているわけではありません。いろいろな説＝考え方があって、それらをトータルと

して背景にすえて、相続税が定められているのです。

代表的な説には次のようなものがあります。

①富の偏在を是正する

別名〝財産の再分配説〟ともいわれています。わが国は、私有財産制が憲法で認められていますが、大きな財産を持つ者（家）が次々と無償で相続が続けられていくと、持てる者（家）はますます富み、持たざる者はいつまでも貧しいままとなり、社会的不公平が拡大していきます。このような事態を放っておくと私有財産制度そのものが怨嗟の的となり、その基盤が逆に揺るがされることになりかねません。そこで、社会的不公平が拡大するのを防ぎ、富の偏在を正すため、相続税を課すのだという考えです。

②社会の恩恵に対するお返し

別名〝社会還元説〟ともいわれています。被相続人（故人）が財産を築けたのは、その人の努力や才能によるところももちろんあるが、そうした努力や才能を花開かせた社会全体の仕組みや経済制度、そこにおける寛容の精神等があったればこそだ、という側面を重視し、その恩恵に対して死後お返しをすべきだと考え、相続税を課そうというものです。

③棚ぼた財産への課税

別名〝不労所得説〟ともいわれています。相続人が相続した財産は、いわば棚ぼた式の不労所得です。不労所得からは税金を納めてもらってもその人の生活が困るわけではありません。むずかしくいうと〝相続財産には担税力がある〟ということになり、相応の相続税を納めていただくという考え方です。ただしこのばあい、不労所得といっても、被相続人（故人）の配偶者とその他の人では、自ずと区別される必要はあります。故人の残した財産は、税法上はその個人のものでも配偶者の協力・協同があってはじめて築き上げられた側面が強いからです。妻の座が優遇されているのはそのためでしょう。

④最後の所得税

別名〝所得税補完説〟ともいわれています。私たちは、日常の所得に対して所得税を納めていますが、死んだときに財産を残したということは、毎年の所得の中から生計費と所得税を支払った残りが積み重なっていったことにほかなりません。そして、この積み重ねの結果が一定額以上である人のばあいは、その人の年々の所得税が必ずしも社会全体からみて公平に取られていなかった、だからそれに対して相続という最後の機会を利用して、遺産の大きさに応じた〝最後の所得税〟をいただきます、という考え方です。

以上が、なぜ相続税というものがかかるのか、ということについての代表的な考え方です。

わが国では戦後、長男中心の家督相続から均分相続に変わり、富の集中を排除する相続制度ができ上がりました。考え方としては①や③の説が取り入れられているといわれており、また、所得の捕捉が必ずしも完全ではないというところから④の考え方も反映されているといわれています。

このように、いろいろな考え方が背景にあり加味されていることから相続税の仕組みが複雑になっているのです。

(2)　贈与税は相続税逃れの見張り番

ところで、お上がどうしても相続税をとるというなら、自分が死ぬ前に妻や子にどんどん財産を分け与えてしまえばいいのでは——。誰しもが考えそうなことですが、どっこいそうはいきません。相続税逃れの見張り番＝贈与税がしっかり待ち構えているのです。

贈与税は人に財産を分け与えると発生する税金ですが、これは相続税との関係でみると、相続税の補完税といわれています。

なぜでしょうか。贈与税という税制がなかったばあいを想定してみるとかんたんです。贈与税がなければ、誰でも自分が死ぬ前に財産を妻や子に全部あるいは大部分わけてしまえばいいことです。贈与に税金はかからない、相続財産ゼロで相続税もかからないということになります。こうなると、なにも死ぬまで財産を離さず持っていて相続した人たちに相続税の負担をかけるというバカなことをする人はいなくなるでしょう。つまり、贈与税がなければ相続税というのは有名無実になってしまうわけです。

このように、贈与によって相続税を逃れようとするのをおさえるために、贈与税が設けられているのです。そして贈与税の税率は、相続税逃れを防止するという意味でも、また最も不労所得の性格が強いという意味からも、相続税や所得税に比べてたいへん高く設定されているのです。

もっとも、贈与税の仕組みをよく理解して上手に贈与していけば相続税の軽減に役立つという面もあります。これは第４章の１４３ページ以降で詳しく解説いたしましょう。

２　どんなばあいに相続税がかかるのか

相続税が発生するのは、
①相続または遺贈か死因贈与によって財産を取得すること、
②その取得額が基礎控除額（28～29、86ページ参照）を超えていること、
の二つの条件が満たされたときです。

かんたんに言えば、例えば相続する人（相続人）が妻と子2人、計3人のばあい合わせて４８００万円の基礎控除がありますので、相続財産がその枠内なら税金は一銭もかかりません。以下順を追ってご説明いたしましょう。

(1)　そもそも相続とはどういうことか

相続とは　ある人が亡くなったばあい、その人の財産を妻（あるいは夫）や子どもなどが引き継ぐことです。そしてこのばあい、亡くなった人を**被相続人**、財産を引き継ぐ人を**相続人**といいます。

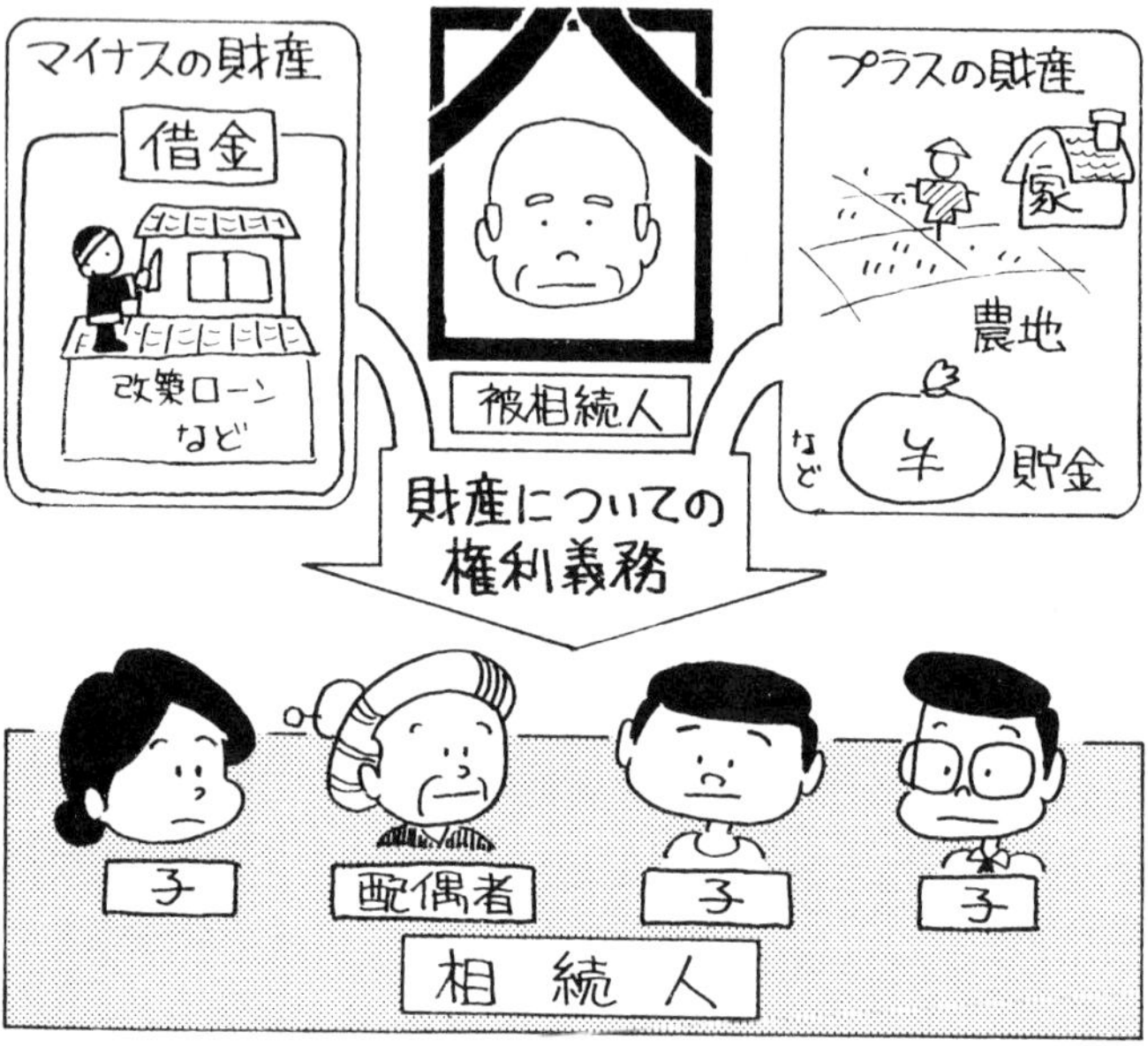

相続人の引き継ぐ財産の中にはマイナスの財産も含まれます。ですから、相続とは、もう少し正確にいえば、「相続人が被相続人の財産について一切の権利義務を引き継ぐこと」といえます。

例えば、プラスの遺産が農地と住宅と農協貯金５００万円、生命共済金２０００万円、マイナスの遺産が家の増築ローンや近代化資金などの借金合わせて１５００万円というばあい、相続人は農地や家、貯金と生命共済金の持ち主になると同時に、１５００万円の債務者としてその返済に当たらねばならなくなります。そしてこの権利義務の継承は、亡くなった人と法定相続人（↓56ページ）の関係にある人に対してその人の意思にかかわらず、被相続人の死

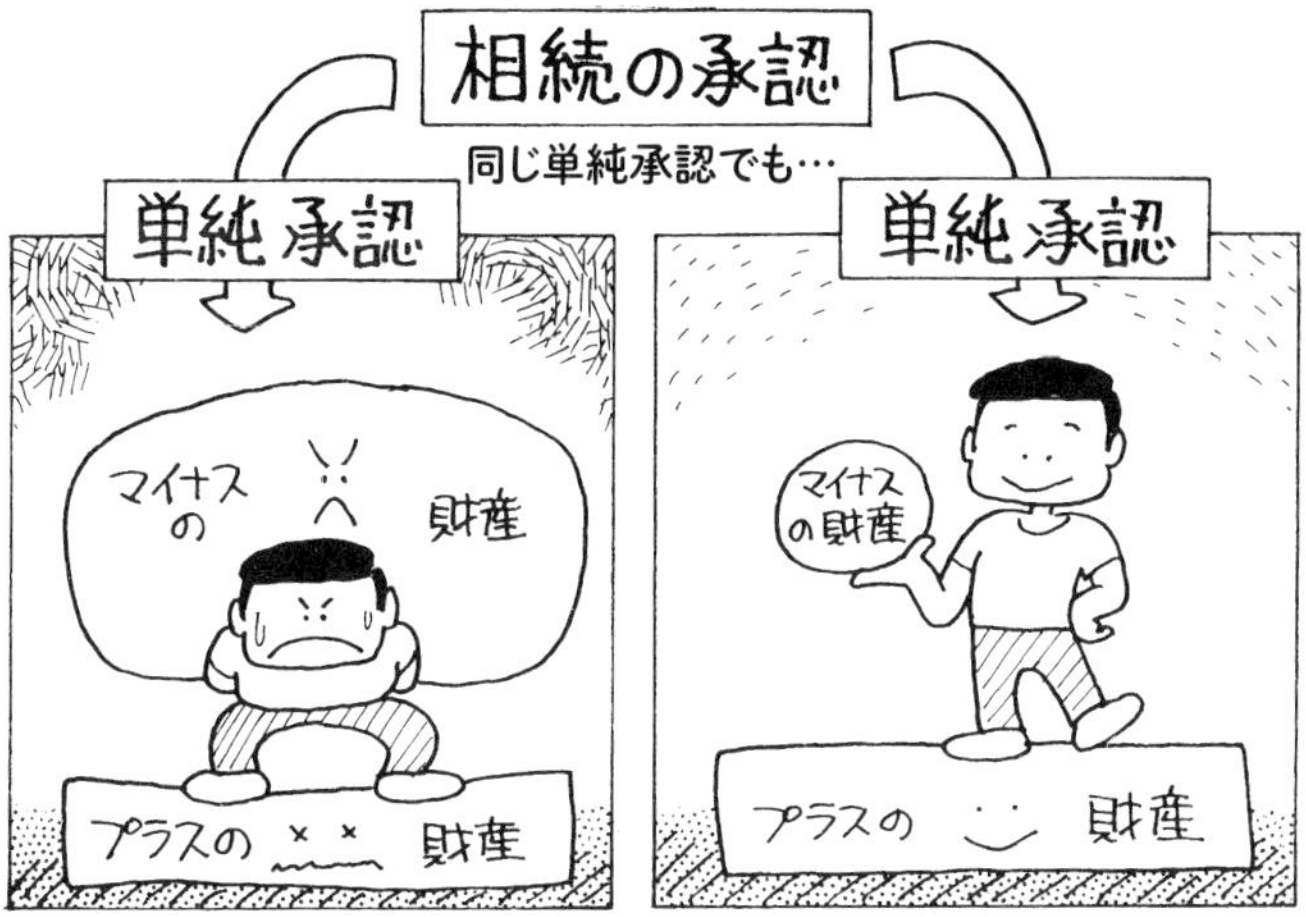

マイナスの方が多いのに単純承認すると大変。限定承認にしましょう

プラスの財産のほうが多いときはその範囲内で債務も引き受ける

亡と同時に自動的に発生（**相続の開始という**）してくるのが原則です。

マイナスの財産があるばあいですから、相続とは相続人にとって得にならないばあいもあるわけです。フタをあけてみたらプラスの財産はほんの少し、借金のほうが山とあったというばあいもあり得ます。

そこで民法は、相続財産を引き継ぐかどうかは、相続人が選択できるようにしてあります。借金を含めて相続財産を受け入れることを**相続の承認**といい、マイナスの財産はもちろん、プラスの財産もすべて相続を拒否することを**相続の放棄**といっています。どちらも相続の開始から3ヵ月以内に決断しなければなりません。

また、相続の放棄があると、借金など負債は棒引きとなり、貸したほう（債権者）は貸し倒れになるので注意が必要です。

相続の承認には2種類あって、被相続人の財産をマイナスの財産も含めて無条件に承認することを**単純承認**、相続できるプラスの財産の範囲内で債務も引き受けることを**限定承認**といいます。プラスとマイナスの差し引きどちらが多いかハッキリしないばあいは限定承認が無難ということになります。相続開始後3ヵ月過ぎれば単純承認したとみなされるので、限定承認するにはそれまでに家庭裁判所に申し出なければなりません。また、限定承認は相続人全員の同意が必要で、1人でもイヤだという人がいれば他の人もできないことになっています。

(2) 遺贈とは——「遺言で贈与」にも相続税

遺贈とは文字どおり遺言で財産を贈与することをいいます。そして、贈与する人を遺贈者《いぞうしゃ》、財産をもらう人を受遺者《じゅいしゃ》といいます。
この遺贈には、包括遺贈と特定遺贈の2種類があります。
包括遺贈とは財産の半分とか3割とかを誰々に与えるというように、割合を示して与える方式です。このばあい、相続人は指示された割合どおりに財産を分割しなければならず、受遺者は相続人とともに遺贈者の遺産分割に参加することになります。民法においては、包括受遺者は、相続人と同一の権利義務を有するとされているのです。

ただし、この受遺者が贈与者より先に死亡すると遺贈の効力はなくなり、受遺者の子が代わりに遺贈を引き継ぐ代襲はできません。

次に**特定遺贈**とは○○×× 男に「○○番地の二階建家」を贈与するとか、「○○○番地の宅地○○平方メートル」を贈与するとかいうように、遺産を具体的に特定して与える方式です。遺贈される対象物が具体的に決まっていますから、包括遺贈のように指定された割合に遺産額を分配するためにどの財産を分け合ったらいいかといったためんどうなことがおこりません。

特定遺贈の方式で遺贈すると、その財産は、遺贈者が死亡すると自動的に受遺者に権利が移ります。ただし、その権利を第三者に主張するには、登記や名義変更をしておかなければなりません。遺贈された財産が貸家のようなばあい、所有権を移転しておかないと借家人から家賃をとれないことがあります。

このほか遺贈には**条件つき遺贈**というものもあります。「病気の母の面倒をみてくれればこの土地と家をあげる」というようなものです。また**負担つき遺贈**のように、土地と家を贈与するから借金を引き継いでほしいというものもあります。

(3)「死んだらあげる」死因贈与にも相続税

以上の遺贈は遺贈者の勝手な意思で行なうことができますが、**死因贈与**は贈与契約にもとづいて成立するものです。即ち「私が死んだらこれこれの財産をあげる」と約束して、受贈者がそれを受諾して成立する贈与契約です。これは遺言より様式が簡単なのでこの方式を使う人もいます。遺贈と似ているので、民法上、遺贈に関する規定が準用されます。

遺贈も死因贈与も一定額以上であれば相続税の対象になります。そして、受遺者または受贈者が配偶者または一親等の法定相続人でないばあいには、相続税は2割高い額になります。

3　誰が相続し税金を払うのか

(1)　相続人には優先順位がある

亡くなった人（被相続人）の財産は誰でもかれでも相続できるというわけではありません。もめごとを防ぐ意味からも民法で相続人になれる人（**法定相続人**）とその順位が定められています。

①第一順位　配偶者と子（直系卑属）。子は実子でも養子でもかまいません。また、胎児でも同じ資格です。ただし基礎控除の対象になる養子の数は実子がいるばあいは1人、実子がいないばあいは2人までに制限されています。

子の中ですでに死亡している人がいるばあいは、その配偶者ではなく、その子（被相続人の孫）が代わって相続します（**代襲《だいしゅう》相続**という）。

相続人には優先順位がある

非嫡出子は父が認知していれば相続人になれます。母の非嫡出子は自動的に相続人になれます。

②第二順位　子とその代襲相続人もいないときは配偶者と被相続人の直系の父または母、父も母もいないときは祖父母（直系尊属）。

③第三順位　子も代襲相続人も直系の父母、祖父母もいないときは配偶者と被相続人の兄弟姉妹、またはその代襲相続人（おい、めいまで）。

以上のとおり配偶者は必ず相続人になり、その他の人は①直系卑属―子や孫、②直系尊属―父母や祖父母、③兄弟姉妹の順に優先順位があります。つまり、子や孫がいるばあいは親がいても相続人になれず、親または祖父母がいれば兄弟姉妹は相続人になることはできないのです。

ついでにつけ加えますと、次のような悪いことをした人は相続人の資格を失います。

①被相続人や相続人になる人を殺したり殺そうとしたりして刑に処せられた者。

②ゴマカシや脅しで遺言書を書かせたり、偽造、変造したり隠したり捨てたりした者。

③被相続人に対してつね日頃虐待、侮辱を加えたり公序良俗に反する行為をくり返した者。

①と②の者は**相続欠格**といい、③の者に対しては、被相続人が家庭裁判所に訴えて相続権を奪う審判をしてもらうことができます（**相続人の廃除**という）。以上によって相続権を失ったばあいでも、その代襲相続人が相続することはできます。

(2) 相続分はどう決められるか
——指定相続と法定相続

誰がどんな順位で相続人になれるか、またはなれないかがわかったら、次はその相続人は財産をどれくらい相続できるのかをみてみましょう。相続分の決め方は大きくいって二通りあり、一つは**指定相続分**、もうひとつは**法定相続分**というものがあります。

●指定相続分とは

これは、被相続人が妻に遺産の7割、長男に2割、嫁に行った長女に1割といった具合に、相続人ごとの配分割合を指示して遺言書にしたためたものです。また、割合をとくに示さず、特定の人、例えば妻なら妻に遺産の分け方をまかせる、という指定のしかたもできます。

指定相続分は次に述べる法定相続分に優先します。

なぜこういうことが認められているかといいますと、相続人の中で被相続人の財産づくりにとくに貢献してきた人がいたばあい、被相続人がその人に多少なりとも多い目の遺産分けをしてやりたいと思うのは人情ですし、社会通念として妥当であるからです。

例えば長男がずーっといっしょに農業をして先祖からの土地を耕してきたばあい、都会に出た次男や嫁に行った長女に分け与える分より多くのものを長男に相続させたいと願うのは当然でしょう。こうしたばあいに、遺言書に長男の貢献度を加味した相続分を指定することができるわけです。

●遺留分は保証される

ただし、指定相続分といえども無制限に有効なのではありません。長男に全財産を相続させるとか、愛人に全部遺贈するなどは認められていません。もっとも、相続人全員がそれでOKというなら話は別ですが、そうはなかなかいかないのがこの世の常です。

指定相続分に納得できない相続人は、話し合いがまとまらないばあい、遺産の一定割合に対して自分の権利を主張し裁判所に訴えて認めてもらうことができます。この一定割合を**遺留分**《いりゅうぶん》といい、遺留分を請求する権利を侵害額請求権（減殺《げんさい》請求権）といいます。

遺留分は、

①相続人に配偶者や子どもがいるばあい　1/2

②相続人が父母や祖父母だけのばあい　1/3

③相続人の組み合わせにかかわりなく兄弟姉妹には遺留分は認められておらず　ゼロです。各相続人ごとの遺留分は、相続人全体の遺留分に各人の法定相続分（↓次項）を掛けた額です。次ページにいくつかの例を示しましたのでごらん下さい。

侵害額請求権（減殺請求権）は、相続開始を知った日から1年以内、相続開始から10年以内に行使しないと時効になります。

法定相続人と法定相続分

相続の順位	法定相続人	法定相続分
第一順位	配偶者 子ども	1/2 1/2
第二順位（直系卑属がいないばあい）	配偶者 父または母	2/3 1/3
第三順位（直系尊属がいないばあい）	配偶者 兄弟姉妹	3/4 1/4

＊　配偶者がいないばあいは、各順位の相続人が均等分け（妻がいなくて子ども3人のばあいは3人で財産を3分の1ずつ分ける）

＊＊　代襲相続人は被代襲相続人の相続分と同じ。複数いるときは均等分け。

●法定相続分とは

被相続人が遺言で相続分を指定していればそれが優先しますが、そうでないばあいは民法に定められた相続分によって遺産分けをします。これを法定相続分といいます。被相続人の意志がわからないので法律で決めてあげましょうということです。

ただし、仮に遺言がなくて故人の遺志がハッキリしなくても、相続人同士が話し合い、まるくおさまればどのように分けようとそれは自由です。法定相続分とは、そのような話

遺留分の計算例

〈例 1〉 遺産額が 1 億円で相続人が妻と子 2 人、計 3 人のばあい

妻の分 $\underbrace{1\text{億円}\times\frac{1}{2}}_{\text{全体の遺留分}}\times\frac{1}{2} = 2500\text{万円}$

（$\frac{1}{2}$ ← 法定相続分）

子 1 人分 $\underbrace{1\text{億円}\times\frac{1}{2}}_{\text{全体の遺留分}}\times\underbrace{\frac{1}{2}\div 2}_{\text{子1人の法定相続分}} = 1250\text{万円}$

〈例 2〉 遺産額が 1 億円で相続人が妻と被相続人の母のばあい

妻の分 $\underbrace{1\text{億円}\times\frac{1}{2}}_{\text{全体の遺留分}}\times\frac{2}{3} = 3333\text{万円}$

（$\frac{2}{3}$ ← 法定相続分）

母の分 $\underbrace{1\text{億円}\times\frac{1}{2}}_{\text{全体の遺留分}}\times\frac{1}{3} = 1666\text{万円}$

（$\frac{1}{3}$ ← 法定相続分）

〈例 3〉 遺産額が 1 億円で相続人が遺言で母と指定された兄弟のばあい

母の分 $\underbrace{1\text{億円}\times\frac{1}{3}}_{\text{全体の遺留分}}\times 1 = 3333\text{万円}$

（1 ← 直系尊属がいるばあい兄弟は法定相続分がないので遺留分すべてが母の遺留分となる）

兄弟　遺留分は認められない

し合いがまとまらないばあいの各相続人の取り分を定めたものなわけです。また、この法定相続分は、相続がどのような割合でおこなわれようと、あとで説明する相続税の総額を計算する根拠になる数字です。

法定相続分は相続人の順位により、次のようになっています。64〜65ページにいろいろな例を図示しましたのでごらん下さい。

●法定相続分のいろいろな例

図の第一順位①はもっとも一般的な例でしょう。相続人が妻と子3人、計4人のばあいです。妻が2分の1、子は3人で2分の1ですから子1人6分の1ずつになります。

図の②は実子2人のほかに夫に非嫡出子がいて、その子が認知されているばあいです。平成25年12月に、民法の一部が改正となり、非嫡出子の相続分が嫡出子の相続分と同等になりました。よって、妻は同じく2分の1、子も全体で2分の1で長男、長女、子（非嫡出子）が各々6分の1ずつになります。

③は代襲相続のあるばあいです。相続人が妻と子2人とすでに亡くなっている次女に子（被相続人の孫＝代襲相続人）が2人いるときの例です。妻はここでも2分の1、長男、長女と次女の代襲相続人2人が残り2分の1を3等分して分けます。長男、長女は各6分の1、代襲相続人の孫は6分の1を2人で分けあって12分の1ずつとなります。

図の④は子の1人が相続を放棄したばあいですが、このばあい放棄した人の子は代襲相続はできま

④妻と子と放棄した子

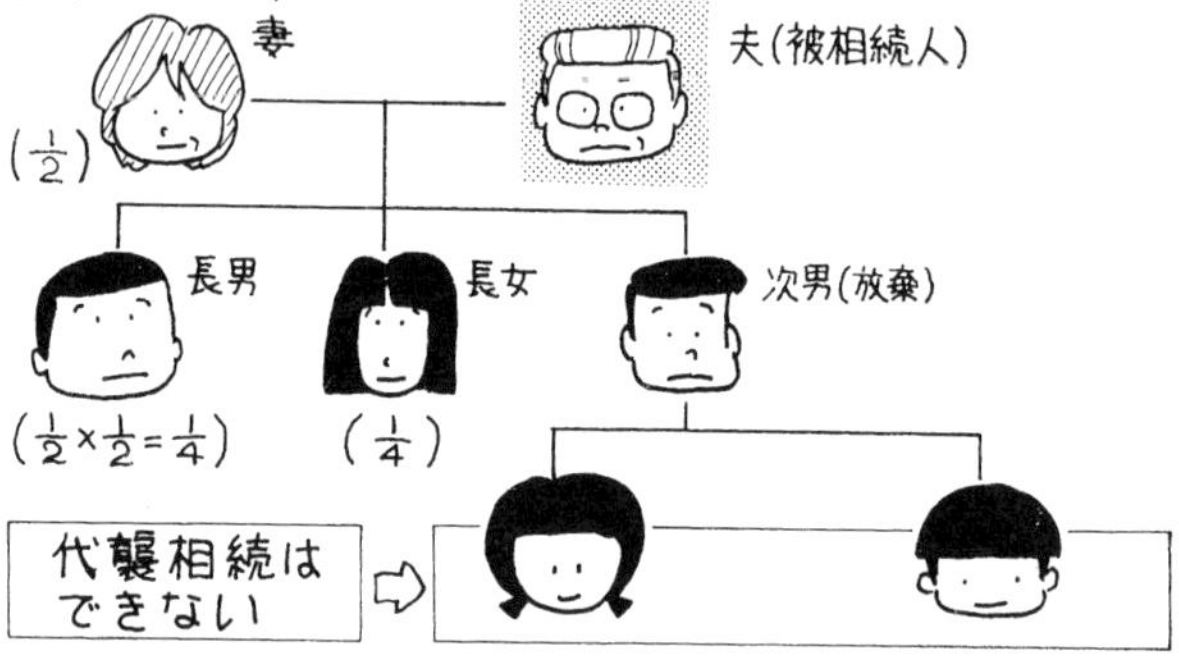

第2順位

⑤妻と両親

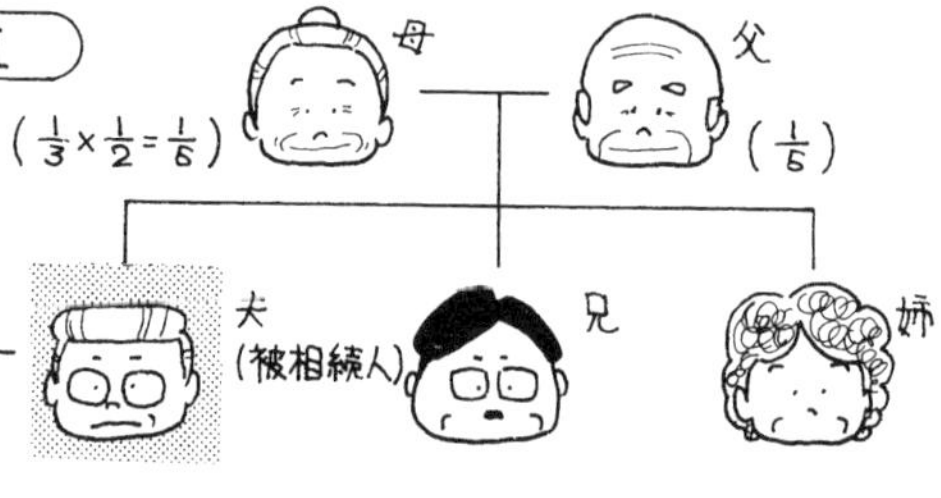

第3順位

⑥妻と兄弟姉妹

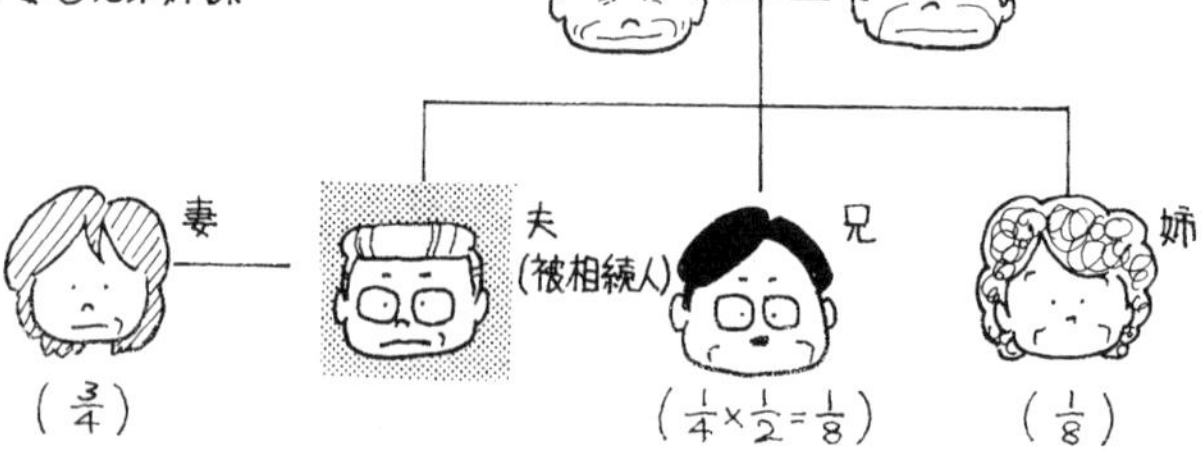

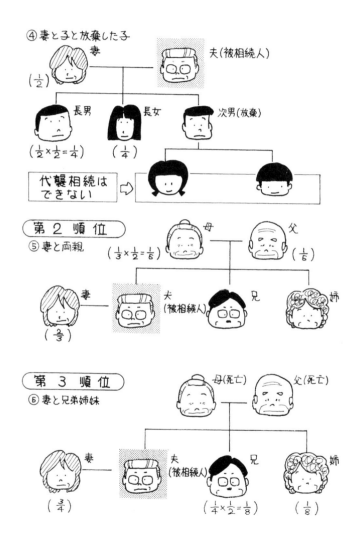

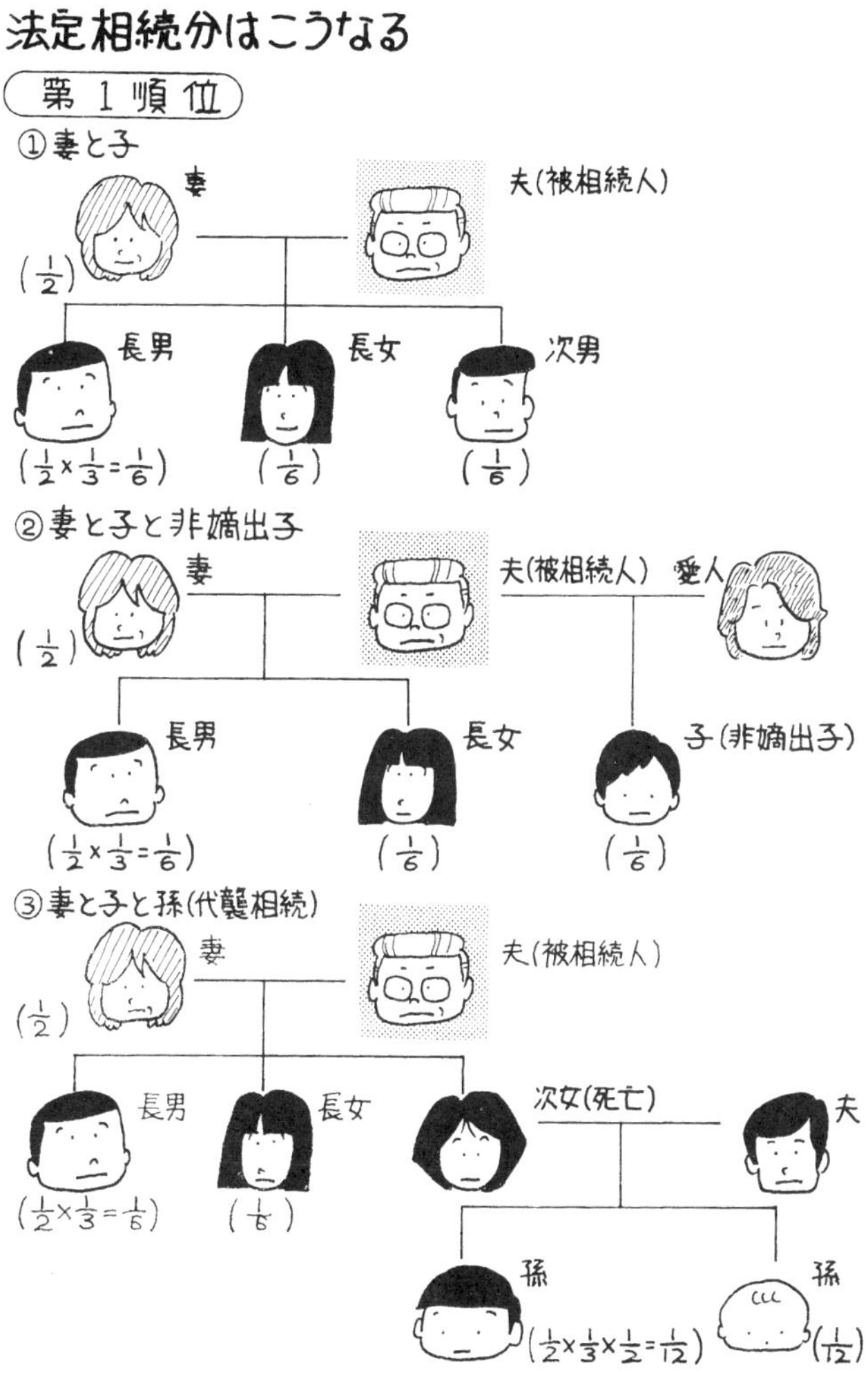
法定相続分はこうなる
第１順位
①妻と子
妻
夫(被相続人)
(1/2)
長男
長女
次男
(1/2×1/3=1/6)
(1/6)
(1/6)
②妻と子と非嫡出子
妻
夫(被相続人)
愛人
(1/2)
長男
長女
子(非嫡出子)
(1/2×1/3=1/6)
(1/6)
(1/6)
③妻と子と孫(代襲相続)
妻
夫(被相続人)
(1/2)
長男
長女
次女(死亡)
夫
(1/2×1/3=1/6)
(1/6)
孫
孫
(1/2×1/3×1/2=1/12)
(1/12)

せん。

第二順位の図⑤は子がいなくて両親が健在のばあい。妻は3分の2、両親は残り3分1を均等分けして6分の1ずつとなります。片親だけ生きてるときはその人が3分の1となります。

第三順位の図⑥は子も親もいなくて夫の兄弟が2人いるときの例です。妻は4分の3と大幅にふえ、残り4分の1を夫の兄弟2人で均等分けして8分の1ずつとなります。

第3章

誰にでもできる相続税の計算のしかた

相続税の申告を一度すると、親類縁者からも相談を受けることが意外に多いものです。計算のしかたをよく知っておくと自分のためにはもちろん、親類縁者などにもたいへん喜ばれます。

第2章で、相続について最低これだけは知っておいていただきたいことを説明してきました。いよいよ、この章では相続税の計算のしかたについて勉強していきましょう。

相続税の税額の計算は、所得税などに比べてかなり複雑になっていますが、計算のしかたの背後にある考え方をつかまえながら理解していくと、そうむずかしいわけではありません。

次ページの図に大まかな仕組みを書きましたので、これからごらんください。

1　相続税の計算のしかたを大きな流れで図解すると

①正味の財産額を出す

被相続人が亡くなったら、まず、その人が持っていた財産の総額――遺産総額を調べることから始まります。

遺産総額には、相続財産（土地、建物、現金、預貯金など）、みなし相続財産（生命保険金、退職手当金など）、相続時精算課税（79、156ページ参照）により贈与を受けた財産、3年以内に贈与を受けた財産などがあり、これらすべての財産を現金に換算して額を求めます。

遺産総額がわかったら借金や葬式の費用を差し引きます。残った額が正味の財産で、これを純資産額（課税価格）といっています。

相続税の税額を出すまでを図解すると

①遺産総額から借金などを引き純資産額を出す

遺産総額	－	借金 葬式費用	＝	純資産額 （課税価格）

②純資産額から基礎控除を引き課税遺産総額を出す

純資産額 （課税価格）	－	基礎控除額	＝	課税遺産総額 （基礎控除後課税価格）

③課税遺産総額を法定相続分どおり分ける

課税遺産総額 （基礎控除後課税価格）	×	各人の法定相続分割合	＝	各人の法定相続分
				〃
				〃

④それぞれに税率を掛けて合計し相続税の総額を出す

各人の法定相続分	×	税率		
〃	×	〃	＝	相続税の総額
〃	×	〃		

⑤相続税の総額を、実際の相続割合で按分する

	×	相続割合	＝	各人の税額
相続税の総額	×	〃	＝	〃
	×	〃	＝	〃

⑥各人の税額から配偶者控除など各種控除を引く

各人の税額	－	各種控除額	＝	納める税額	相続開始を知った翌日から10ヵ月以内
〃	－	〃	＝	〃	
〃	－	〃	＝	〃	

②純資産額から基礎控除額を引き、課税遺産総額を出す

純資産額（課税価格）が出たら、その額から基礎控除額を引き、課税遺産総額を出します。相続税は、ある一定以上の相続財産があるばあいにだけかかるのであって、遺産額が基礎控除額以下ならかからないからです。基礎控除額は〔3000万円＋600万円×法定相続人の数〕です。

③課税遺産総額を法定相続分どおり分けた各人の取得額を出す

課税遺産総額が出たら、いきなりこれに税率を掛けて税額を出すのではありません。まず、課税遺産総額を法定相続分どおり分けたとすると各人の取得額はいくらになるのかを算出します。

相続人が妻と子3人、計4人なら、妻2分の1、子ども3人は残り2分の1を3等分で各6分の1ずつ、といった具合です。

④相続税の総額を出す

各人の法定相続分が出たら、その金額に応じた税率を掛けて各人ごとの税額を出し、それを合計します。この合計が相続税の総額になるのです。この段階での各人の税額は、相続税の総額を出すために仮に法定相続分どおり分けて算出した仮の税額で、実際に各人が納める税額ではありません。

⑤相続税の総額を各人の実際の相続割合で按分する

相続税の総額が出たら、それを今度は各人が実際に相続した割合で按分して各人の税額を出します。

⑥各種控除額を引いて納める税額となる

こうして各人の税額が出たら、最後に、あとで述べる配偶者控除、贈与税額控除、未成年者控除、障害者控除などで各人に該当するものがあればそれを差し引きます。こうして算出された額が各相続人が実際に納める税額となるわけです。

納める期限は、相続開始を知った翌日から10ヵ月以内です。

以上が相続税の税額を出す計算のしかたの大きな流れです。以下順番にもう少し詳しくみていきましょう。

2　遺産総額から純資産額を出す

まず、遺産総額がどれくらいあるかをハッキリさせることから始めます。これは相続税計算の大前提となるわけですが、遺産といっても、相続税のかかるものとかからないものがありますので、それからみていきましょう。

(1)　相続税のかかる財産

相続税のかかる財産は大きく分けて次の４つがあります。

純粋の相続財産

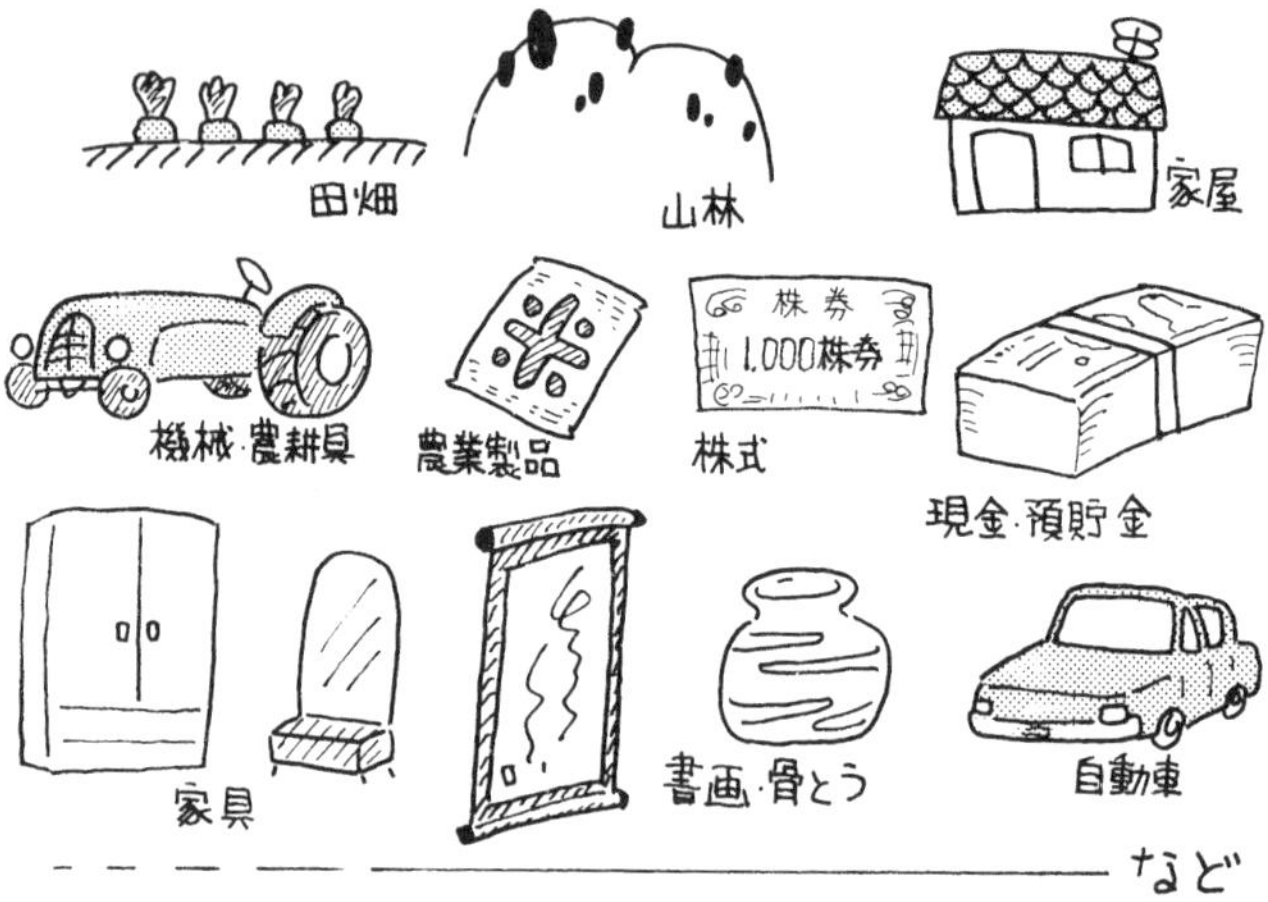

①純粋の相続財産
②みなし相続財産
③相続時精算課税による贈与財産
④3年以内の贈与財産

●純粋の相続財産

純粋の相続財産は73ページのとおりで、土地、建物、現預金、株式などはもちろん立木、果樹、書画、骨とう、庭石や応接セットまで、およそ経済的価値のあるものはすべて含まれます。これらを金額に換算（財産評価）して相続税の計算をします。財産評価のやり方は第5章で説明します。

●みなし相続財産（生命保険金など）

みなし相続財産は、法律上は相続財産ではありませんが、被相続人が死亡することによって相続人が取得するものです。76ページに一覧しましたが、代表的なものは生命保険（共済）金です。

純粋の相続財産

財産の種別	財産の種別
土地	田（耕作権及び永小作権を含む）
	畑（耕作権及び永小作権を含む）
	宅地（借地権・地上権・貸宅地等）
	山林
	その他の土地
家屋	家屋（配偶者居住権を含む）
	構築物
事業用（農業）財産	機械・器具・農耕具
	什器備品
	商品・製品・半製品・原材料・農産物
	売掛金
	その他の財産
有価証券	株式・出資・公社債・投資・貸付信託・受益債
預貯金	現金・小切手・為替
	預貯金・無尽・金銭信託
家庭用財産	家具・什器備品
	書画・骨とう
その他の財産	立木
	果樹
	船舶・自動車
	貸付金・未収入金、その他

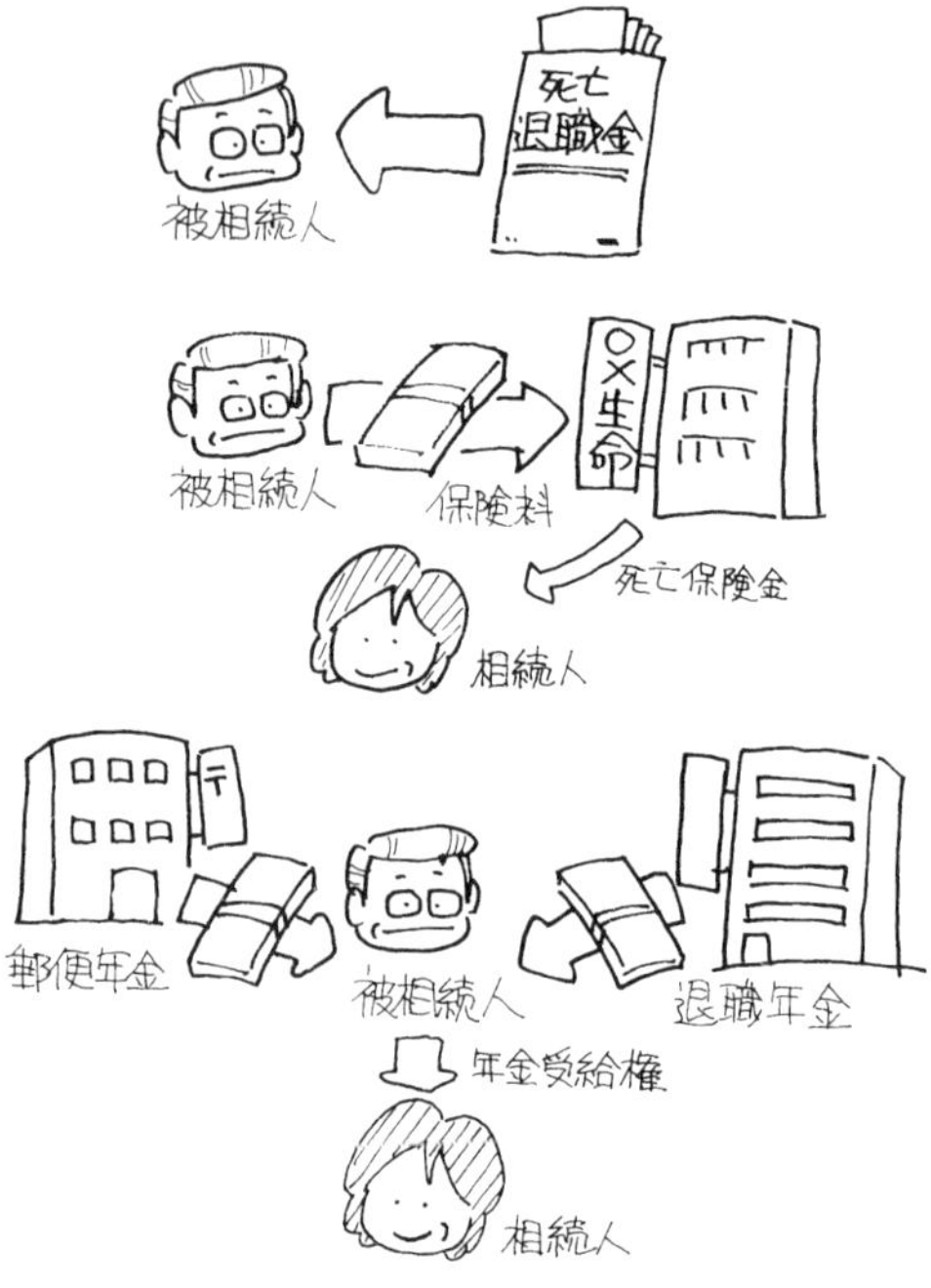

生命保険金は、契約者が被相続人であるばあいに、契約者が死亡したばあいに受取人は誰にするかということが、契約を締結する時に保険会社との間でとり交されています。従って、死亡受取人即ち普通のばあいは遺族に支払われます。これは、死亡によって生じた相続財産であり、先祖から引き継いだものではありません。このような形態のものをみなし相続財産というのです。これは、経済的には現金や預貯金と同じ効果があるので、こうした財産も相続財産とみなして相続税がかかることになっているわけです。ただし、死亡保険金には81ページで述べるように非課税枠がありますので全額課税されるわけではありません。

また、被相続人が死亡したことによって入ってきた生命保険金がすべてみなし相続財産であるということではありません。

〈設例１〉
みなし相続財産となる保険契約のかたち
契約者（保険料支払い者）……本人（被相続人）
被保険者（この人が死亡すると保険金がおりる人）……本人（被相続人）
保険金受取人……配偶者
こうした保険契約において保険会社や農協から支払われた保険金が、みなし相続財産となるのです。

〈設例２〉
みなし相続財産とならないばあいの保険契約のかたち
契約者……息子
被保険者……父（被相続人）
保険金受取人……息子
父が死亡したことにより息子が保険金を受け取りました。父の死亡によって受け取ったという事実に変わりはありませんが、保険料の負担者と保険金受取人が設例１と違います。

みなし相続財産

項目	摘要
死亡保険金 共済金	被相続人が保険料を負担していた死亡保険金
死亡退職金	被相続人にかかる死亡退職金
生命保険契約に関する権利	被相続人が保険料を負担しておりまだ保険事故が発生していない生命保険契約
定期金の受給に関する権利	郵便年金契約、退職年金契約などの年金受給権
信託受益権	遺言による信託受益権
債務免除益	遺言による債務免除
特別縁故者への分与財産	相続人が不存在のばあい特別縁故者に分与された財産

前ページの設例1では、父親である本人が生命保険の契約者であり保険料を掛けていました。そしてその父親が死亡しましたので死亡保険金はその人のみなし相続財産になります。

設例2では、父親である本人は生命保険の契約者でなく、息子が、契約者として保険料を支払っていました。したがって、父親が死亡して支払われた生命保険金は父親の相続財産ではなく、もともと息子のものであります。このばあいの税金は、一時所得扱いの所得税になります。保険金と支払った保険料の差額から50万円を控除し、その2分の1が息子の一時所得となり、他の所得と合算して確定申告することになります。

死亡保険金をめぐるもう一つの例があります。

契約者　父

被保険者　祖父（被相続人）

[設例]1. みなし相続財産になる場合

[設例]2. みなし相続財産にならない場合

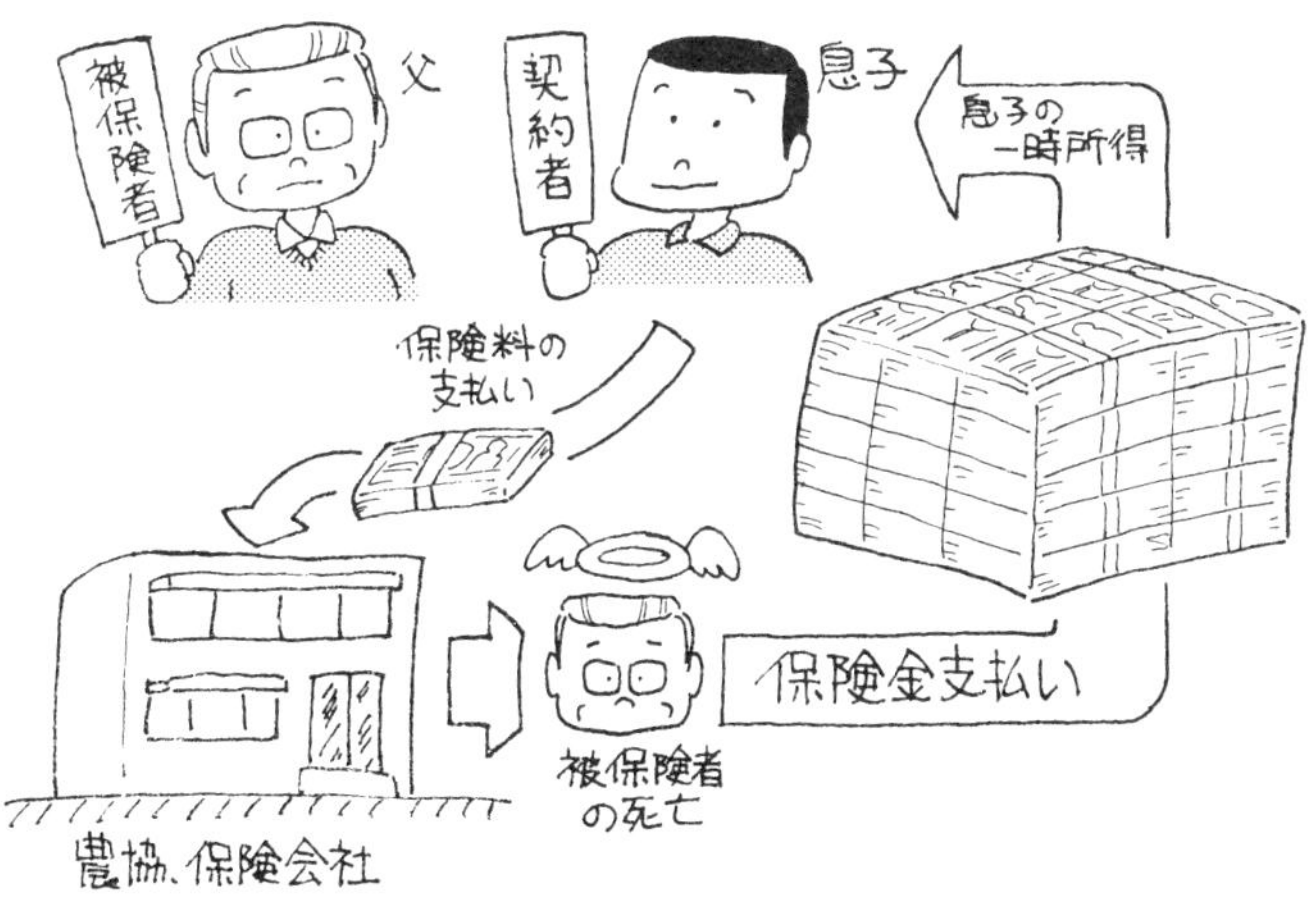

保険金受取人　息子

こうしたばあいは、息子が受け取った保険金は父から息子への贈与となり、贈与税の申告をしなければなりません。贈与税は税金のなかでもたいへん高い税率がかけられるので注意が必要です。

これらのように被相続人の死亡によって受け取った保険金は、契約者、被保険者、保険金受取人がそれぞれどうなっているかによって税金の種類が違ってきます。死亡保険金について代表的なケースを79ページに一覧にしておきました。

死亡退職金は、会社に在職中に死亡したばあいに会社から遺族に支払われるもので、みなし相続財産の一つです。ただしこれにも非課税枠があります（83ページ参照）。

在職中に死亡したときは、死亡退職金のほかに**弔慰金**や**花輪代**をもらうこともありますが、これらは、社会通念上常識的な範囲の額であれば課税されないことになっています。常識的な範囲とは、

①業務上の死亡であるばあい……死亡時の普通給与（ボーナスを除く）の3年分の金額

②業務上の死亡でないばあい……死亡時の給与（ボーナスを除く）の半年分の金額

です。したがって、たとえば②のばあいで毎月の給料が30万円だったばあい、１８０万円までの弔慰金や花輪代には課税されません。それ以上の分は死亡退職金とみなされ、みなし相続財産となり相続税の課税対象になります。

以上がみなし相続財産のおもなものです。

生命保険は掛け方で税金が変わる

①	相続税の対象になるばあい	
	契約者	夫
	被保険者	夫
	保険金受取人	妻……相続税
②	一時所得の対象になるばあい	
	契約者	夫
	被保険者	妻
	保険金受取人	夫……所得税（一時所得）
③	贈与税の対象になるばあい	
	契約者	夫
	被保険者	妻
	保険金受取人	子……贈与税

●相続時精算課税による贈与財産

贈与税の課税制度には、「暦年課税」と「相続時精算課税」があります。

相続時精算課税とは、60歳以上の父母または祖父母から、20歳（令和4年4月以降は18歳）以上の子または孫に対し財産を贈与したばあいにおいて、暦年課税に代えて選択できる贈与税の制度です。

２５００万円までは非課税。２５００万円を超えた部分については20％の税率となります。最終的に贈与財産を相続時に持ち戻し、相続税と合算して税金を納付、精算することになります。

この制度を選択するばあいには、贈与を受けた年の翌年の2月1日から3月15日の間に子や孫の戸籍謄本などを添付した贈与税の申告書を提出する必要があるのでお忘れなく（詳しくは１５６ページ）。

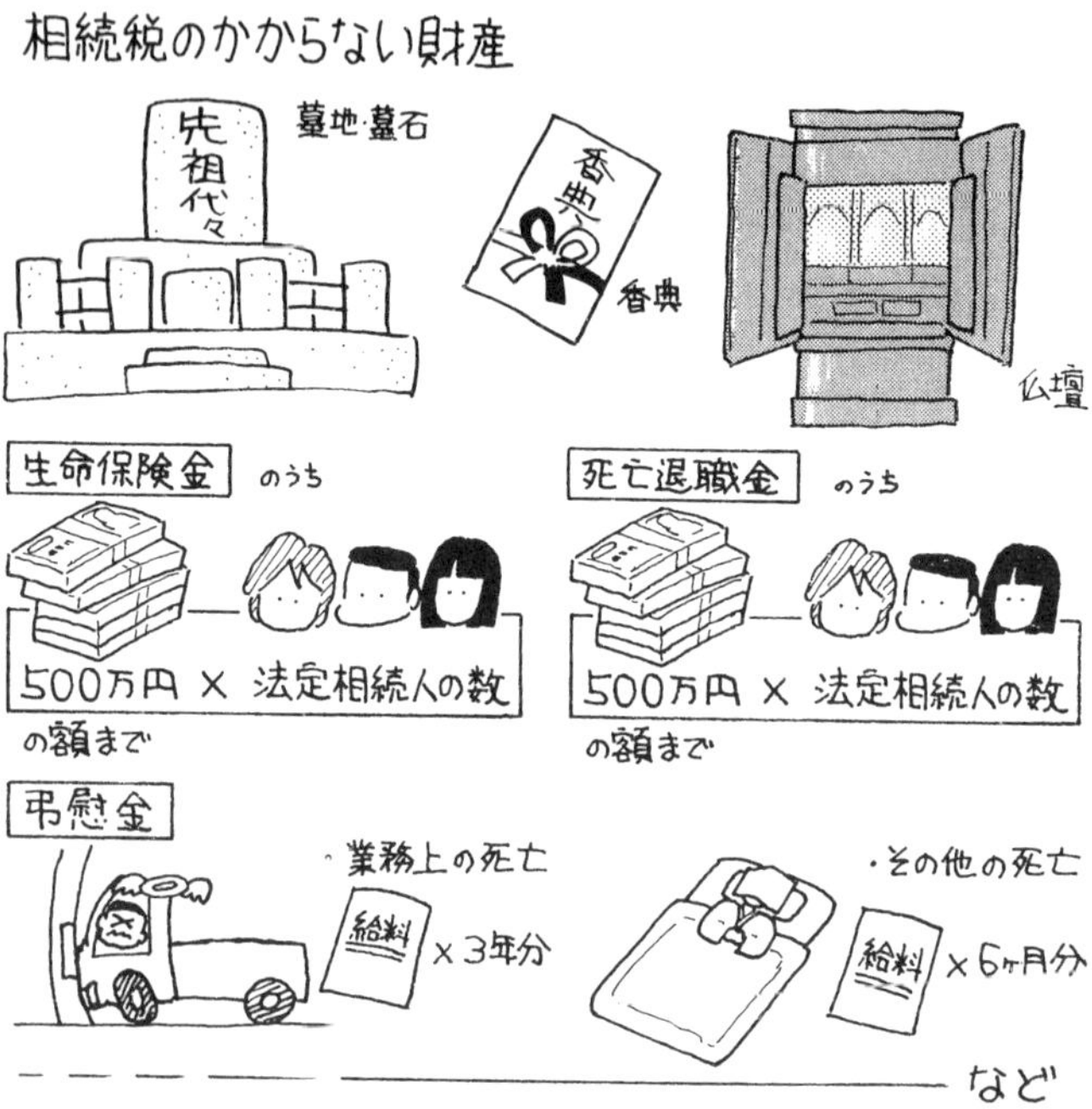

●相続開始3年以内の贈与財産

これは、贈与時の課税価額で相続財産に加味されます。被相続人が例えば令和2年7月1日に死亡したとすれば3年前の同じ日、つまり平成29年7月1日以降贈与された財産がこの対象になります。

加算される人は相続や遺贈によって財産を取得した人で、相続人としての権利があるにもかかわらず相続や遺贈で財産をもらわなかった人には関係ありません。また、贈与財産が加算されたばあいには、既に納めた贈与税分は相続税から控除されます。

(2) 相続税がかからない財産

相続税のかからない財産一覧は83

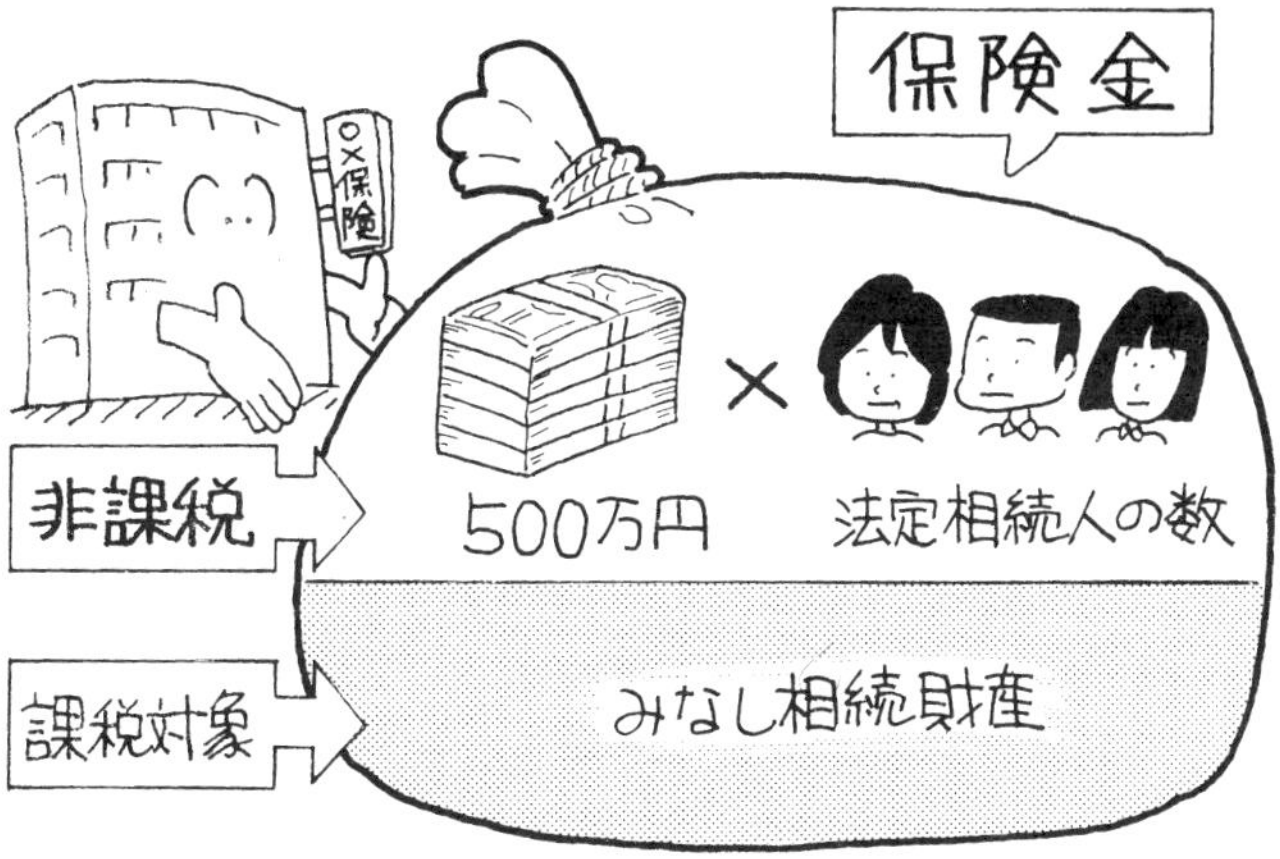

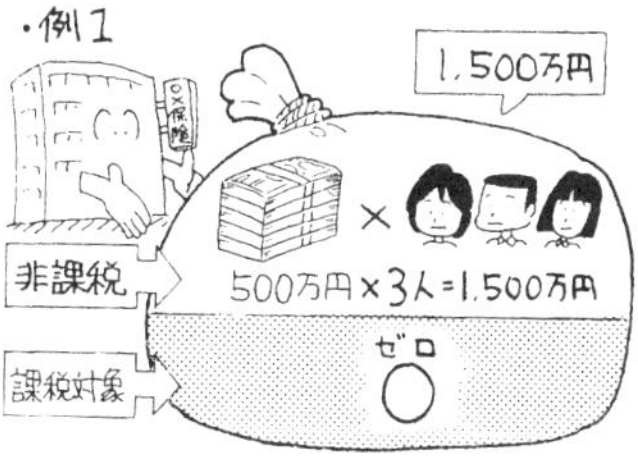

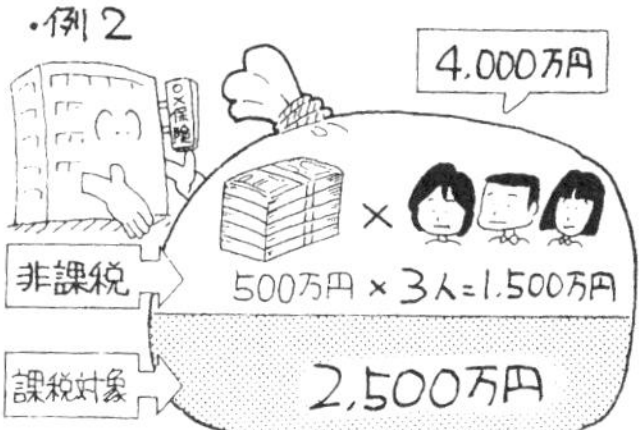

ページの表のとおりです。身近なものは、お墓や仏壇、香典、生命保険金の一部、死亡退職金の一部などです。**生命保険金のうち500万円×法定相続人の数の金額は非課税**となり、それ以上の金額だけ相続財産になります。たとえば法定相続人が妻と子2人、計3人のばあい、生命保険金が1500万円以下なら、この保険金については相続財産ゼロとみなされます。保険金が4000万円のばあいは4000万円－（500万円×3）＝2500万円がみなし相続財産となります。

　このばあいの法定相続人の数は、相続放棄した人がいても、なかったものとして数えます。したがって相続放棄した人は、保険金をもらってもこの非課税枠の適用は受けられません。

養子は、実子がいるばあいは1人、実子がいないばあいは2人まで法定相続人になれます。

非課税金額は、具体的には次のようになります。

①相続人の受け取った保険金が非課税限度額以下のばあい……各相続人の受け取った保険金額

②相続人の受け取った保険金が非課税限度額を超えるばあい……非課税限度額を、各相続人が受け取った保険金額の割合で按分した金額

〈設例〉

妻と長男と長女の3人が法定相続人、受け取った保険金が妻3000万円、長男500万円、長女が相続放棄したばあい。上の計算のようになり、妻は1286万円、長男は214万円が非課税金額となります。

㋑非課税限度額

500万円×3人＝1500万円

㋺相続人の受け取った保険金合計額

3000万円（妻）＋500万円（長男）＝3500万円

（長女は放棄のため除く）

㋩保険金の合計額が非課税限度額を超えているので非課税枠1500万円を妻と長男で受け取った保険金の割合で按分する

妻の非課税金額　1500万円$\times\frac{3000}{3500}$＝1286万円

長男の非課税金額　1500万円$\times\frac{500}{3500}$＝214万円

（1万円未満四捨五入）

相続税のかからない財産

種類		摘要
非課税財産	墓所・祭具等	墓地・墓石・仏壇・香典
	公益事業用財産	宗教、慈善、学術など公益を目的とする事業者が相続や遺贈によって取得した財産
	国等に寄付した財産	相続や遺贈によって取得した財産のうち申告期限までに国、地方公共団体、公益法人に寄付した財産または特定の公益信託とした財産
	心身障害者共済給付金の受給権	心身障害者共済制度に基づく給付金の受給権
	生命保険金	生命保険料のうち「500万円×法定相続人数」の額まで
	死亡退職金	死亡退職金のうち「500万円×法定相続人数」の額まで
	弔慰金	①業務上の死亡—給料の3年分 ②その他の死亡—給料の6ヵ月分

死亡退職金も500万円×法定相続人の数の金額が非課税となっています。右の生命保険金のばあいとまったく同じです。

以上が遺産総額を確定するうえでの課税財産と非課税財産です。非課税財産については遺産総額から差し引くわけですが、純資産額（課税価格）を出すにはもうひとつ、マイナスの財産を差し引かなければなりません。つまり、債務控除といわれるものです。

(3)　マイナスの財産（借金など）を引く——債務控除

●マイナスできる債務、できない債務

遺産額から控除できるものには、借入金や事業上の未払金（買掛金）はもちろん、

控除できる債務、できない債務

<table>
<tr><th></th><th></th><th colspan="2">マイナス
できるもの</th><th>マイナス
できないもの</th></tr>
<tr><td rowspan="7">債務</td><td rowspan="6">通常の債務</td><td colspan="2">借入金</td><td rowspan="6">墓地や仏壇など非課税財産にかかわる未払金</td></tr>
<tr><td rowspan="3">未払金</td><td>買掛金等の経費</td></tr>
<tr><td>未払医療費</td></tr>
<tr><td>公租公課（固定資産税、所得税、住民税など）</td></tr>
<tr><td rowspan="2">預り金</td><td>預り金</td></tr>
<tr><td>預り敷金、預り保証金</td></tr>
<tr><td>保証債務</td><td colspan="2">求償できない保証債務</td><td>求償可能な保証債務</td></tr>
<tr><td colspan="2" rowspan="12">葬式費用</td><td colspan="2" rowspan="2">火葬場の費用</td><td rowspan="3">香典返し</td></tr>
<tr></tr>
<tr><td colspan="2" rowspan="2">枕経・戒名料、お布施</td></tr>
<tr><td rowspan="3">墓地仏壇購入費</td></tr>
<tr><td colspan="2" rowspan="2">お通夜の費用</td></tr>
<tr></tr>
<tr><td colspan="2" rowspan="2">告別式の費用</td><td rowspan="3">初七日、四十九日等の費用</td></tr>
<tr></tr>
<tr><td colspan="2" rowspan="2">死体の捜索</td></tr>
<tr><td rowspan="3">医学上、裁判上の特別費用</td></tr>
<tr><td colspan="2" rowspan="2">運搬の費用</td></tr>
<tr></tr>
</table>

各種ローンや入院費などの未払医療費、飲み屋のツケなどが入ります。また、未納となっている所得税や納期が来ていない固定資産税や住民税、事業主のばあいは従業員の源泉所得税なども控除の対象となります。

被相続人が他人の借金の保証人になっていたばあいは、相続が発生した時点において借金をしていた人が現実に返済不能に陥っていて、明らかに保証人として責任をとらなければならないときに限って債務控除が認められます。

葬式の費用も控除できますが、香典返しや墓地の購入費、法事の費用などは控除できません。お墓が非課税財産だからというので借金までしてお墓を立派にしておくことが節税対策だと考える人がいます。しかし、この借金は相続財産からマイナスできる債務控除の対象になりません。読経料やお布施のように領収書がとれないものについては支払日、支払先、支払額などをメモしておくとよいでしょう。以上を一覧すると表のとおりです。

なお、この債務控除は、相続の放棄をした人には認められません。

以上のとおり、遺産総額から非課税財産や債務、葬式費用を控除して純資産額を算出します。この純資産額が別名、課税価格の合計額といわれるもので、相続税計算の基礎、出発点となりますので正確に算出することが必要です。

3　純資産額から相続税の総額を出す

(1)　基礎控除後課税価格を出す

さて、相続税の対象になる純資産額（課税価格）が出たところで、次は基礎控除額を差し引きます。この基礎控除額は、どんなケースでも必ず控除されることになっています。課税価格から基礎控除額を超えた部分にだけ税金がかかるのですから、いってみれば遺産が課税するだけあるかどうかを判定するのが基礎控除額だということにもなります。

したがって、課税価格の合計額が基礎控除額以下だったら、相続税はなしということですし、もちろん申告の必要もありません。

基礎控除額は、3000万円+600万円×法定相続人の数という式で計算されます。つまり、3000万円の定額部分と相続人が1人ふえるごとに600万円ずつ多くなる比例部分とで成り立っているわけです。簡単にいえば、法定相続人が多ければ多いほど、相続税がかかる部分が減ってくることになり

基礎控除額

3000 万円 + 600 万円×法定相続人数
（例）法定相続人が妻と子 2 人、計 3 人のばあい 3000 万円 + 600 万円× 3 ＝ 4800 万円

ます。

法定相続人というのは、民法上の相続順位によって相続人となる人のことですが（56ページ参照）、その中に相続を放棄する人がいたとしても、計算上は相続人数に加えることになっています。

養子については、ちょっと注意が必要です。養子を法定相続人とするばあいは、次の二つの条件によって人数が規制されています。

①被相続人に実子があるばあいは、養子は1人まで。

②被相続人に実子がないばあいは、養子は2人まで。

これは、相続税対策に常識をこえた人数の養子をつくったりすることに対する制限ですから、特別養子縁組による養子や連れ子（配偶者の実子）で被相続人の養子になった人については当てはまりません。これらの養子は実子とみなされます。

(2)　法定相続分による税金の総額を出す

課税価格の合計額から基礎控除額をさし引いてみて、課税される遺産額（課税遺産総額＝基礎控除後課税価格）が出たとします。今度は、この課税遺産額をそれぞれの相続人の法定相続分によって各人の遺産を出します。このばあい、相続放棄をした人がいても、法定相続分を取得したと仮定して計算をします。

相続税の速算表

基礎控除後課税価格を法定相続分どおり分けたとしたばあいの各相続人の取得財産価額	税率	控除額
1000 万円以下	10%	−
3000 万円以下	15%	50 万円
5000 万円以下	20%	200 万円
1 億円以下	30%	700 万円
2 億円以下	40%	1700 万円
3 億円以下	45%	2700 万円
6 億円以下	50%	4200 万円
6 億円超	55%	7200 万円

〔例〕取得財産価額 7800 万円のばあいの税額
1 億円以下の欄により
7800 万円× 30% − 700 万円＝ 1640 万円

こうして、法定相続人の一人ひとりに法定相続分どおり分割されたと仮定した金額が出たところで、これに決められた税率をかけて、それぞれの遺産額に応じた相続税額が決まります（上の相続税の速算表を参照）。これを合計したものが税金の総額になります。

たとえば、純資産額が１億３４００万円、法定相続人が妻、長女、長男、次男の４人、各人の取得した額が妻６７００万円、長男３７００万円、次男３０００万円、長女は相続放棄したばあい、相続税の総額は次ページのようになります。

①課税価格の合計額は右にのべたように１億３４００万円です。

まず②、③のように基礎控除後課税価格を出します。基礎控除額は定額部分３０００万円＋比例部分６００万円×４＝５４００万円となります。相続放棄した人も法定相続人数に入れることは前にのべたとおりです。こうして基礎控除後課税価格は８０００万円となりました。

相続税の総額の計算例

①法定相続人の課税価格の合計額

妻6700万円＋長女（相続放棄のためなし）＋長男3700万円＋次男3000万円＝1億3400万円

②遺産から差し引くことのできる基礎控除額

定額控除3000万円＋比例控除600万円×4（法定相続人の人数）＝5400万円

③基礎控除後の課税価格

1億3400万円（課税価格の合計）－5400万円（基礎控除額）＝8000万円

④法定相続分どおり分けられたと仮定した金額（1000円未満切り捨て）

妻　8000万円×$\frac{1}{2}$（妻の相続分）＝4000万円

長女　8000万円×$\frac{1}{2}$×$\frac{1}{3}$（長女の相続分）＝1333万3000円

長男　8000万円×$\frac{1}{2}$×$\frac{1}{3}$（長男の相続分）＝1333万3000円

次男　8000万円×$\frac{1}{2}$×$\frac{1}{3}$（次男の相続分）＝1333万3000円

⑤各相続人の相続税額

妻　4000万円×20％（速算表の税率）－200万円（速算表の控除額）
＝600万円

長女　1333万3000円×15％－50万円＝149万9950円

長男
次男　｝長女と同じ

⑥相続税の総額

600万円＋149万9950円×3＝1049万9800円（100円未満切り捨て）

次に④のように、この8000万円を法定相続分どおり分けたとして各人の取り分を計算します。妻の分は、妻と子どもが相続人のばあい妻の法定相続分は2分の1なので8000万円の半分で4000万円、相続放棄した長女も含めて子どもたちは残り2分の1を3等分するので8000万円×1/2×1/3＝1333万3000円ずつとなります。

次に⑤のように各人の法定相続分に応じた税額を税額速算表によって求め、⑥のようにその合計額を出します。これで相続税の総額が算出されました。

くり返しのべますが、⑤で出した各人の税額は、あくまで相続人全体で納めるべき相続税の総額を出すための仮の税額です。

4　実際の相続額に応じた各人の税額を出す

(1)　各人の税額の出し方

相続税の総額が出たところで、各人が実際に納める税額計算になります。これが相続税の計算の最後の段階というわけです。

各相続人ごとの相続税額は、前節で出した相続税の総額を各人が実際に取得した遺産の割合で按分

各人別の相続税額の計算例（89ページの計算例のつづき）

１億3400万円の課税価格を妻6700万円、長男3700万円、次男3000万円で分けたばあい

①按分割合

妻　$\frac{6700万円}{1億3400万円} = 0.5$

長男　$\frac{3700万円}{1億3400万円} = 0.28$

次男　$\frac{3000万円}{1億3400万円} = 0.22$

②相続税の総額に各割合をかけて各人の税額を出す

妻　1049万9800円×0.5＝524万9900円
長男　1049万9800円×0.28＝293万9900円
次男　1049万9800円×0.22＝230万9900円
（100円未満切り捨て）

した金額になります。したがって、まずその按分割合を求める必要があります。按分割合は、各相続人が実際にもらう遺産額を課税価格の合計額で割った数字のことです。先ほどの計算例の条件をそのまま使って各相続人の税額を求めてみましょう。

次の項で説明するさまざまな控除がないばあいは、各人が納めるべき相続税額は、この計算の②で出てきた数字になります。

この例では、相続人を配偶者と一親等の血族にしましたが、財産を取得した人が配偶者や一親等の血族以外のばあいは、相続人ごとに求めた税額にさらに２割を増額することになっています。

(2) 各人の税額から控除されるもの

相続を受けた各人の相続税額がいちおう出たわけですが、実際に納める金額は、いろいろな税額控除を適用されることによって少なくなるのが普通です。ただ一つだけ税額がふえるケースが、前項の最後に説明したように、相続人が配偶者や一親等の血族以外であるばあいなのです。

相続税の負担を軽くするために考えられている控除には次の7種類があります。

①贈与税額控除（暦年課税適用分）、②配偶者に対する税額軽減、③未成年者控除、④障害者控除、⑤相次相続控除、⑥外国税額控除、⑦贈与税額控除（相続時精算課税適用分）

この7種類のうちから当てはまるものを個別に適用していこうというものです。二つ以上に当てはまるときは、①から⑦の順序で適用していくことになっています。では、個別にみていきます。

①贈与税額控除（暦年課税適用分）

相続が開始される前3年以内に被相続人から財産の贈与を受けていると、その分は贈与税ではなくて、相続税の課税対象になります。財産の贈与が生前におこなわれていれば、その財産についてはすでに贈与税が課税されているわけですから、今度は相続税と贈与税がダブってしまいます。そのため、その分の控除が認められているのです。

なお、相続が始まった年に受けた贈与については、相続税のみがかかってきます。また、控除しよ

相続税の配偶者軽減額

①相続税の総額×$\frac{\text{配偶者の法定相続分}^{*}}{\text{相続税の課税価格の合計額}}$

＊1億6000万円以下のばあいは、1億6000万円とする

②相続税の総額×$\frac{\text{配偶者の実際の遺産取得額}}{\text{相続税の課税価格の合計額}}$

①と②のいずれか少ない金額が軽減額となる

うとした贈与税額の方が相続税額より多かったとしても、その差額は返してもらえません。

②配偶者の税額軽減

これは、いわば夫婦の間での財産の蓄積について内助の功を大幅に認めた制度です。配偶者が取得する遺産が法定相続分以下のばあいは、遺産額がどんなに多くとも相続税はかかりませんし、法定相続分以上でも1億6000万円以下なら相続税はゼロなのです。

注意点は次の二つです。

①遺産は相続税の申告期限（286ページ参照）内に分けること。つまり、相続人が何人かいるばあいに、遺産未分割の状態では認めてもらえないということです。

②遺産額が3億2000万円を超えるばあいは法定相続分以下であること（法定相続分、つまり遺産の2分の1以下なら税金はゼロというわけ）。また、遺産額が3億2000万円以下のばあいは少なくとも1億6000万円とすること（配偶者の受ける分が1億6000万円以下なら税金はゼロというわけ）。

この特例を受けるには、相続税の申告書に、①この軽減の適用を受ける旨と、②軽減される金額計算の明細を書いて、戸籍謄本（相続開始日から、10日をすぎた日以後に作成されたもの）と、遺言書の写し、遺産分割協議書（相続人全員が自署押印したもの）の写し、印鑑証明書、保険金支払い通知書などその他の遺産の取得状況を示す書類を添えて申告する必要があります。遺産隠しが発覚したばあいの修正申告のときは、その遺産隠し部分は認められません。

実際の配偶者に対する相続税額の軽減額を算出する計算式は前ページの表のとおりです。この計算で出た少ない方の額を配偶者分の相続税額から引けば納付税額が求められるわけです。もし、配偶者分の相続税額が、この計算で出た金額以下だったら、納付すべき税額はゼロということになります。

③未成年者控除

親が亡くなっても、子どもが未成年のばあいは、当然親の遺産に依存する度合いが高いわけですから、相続税でもその点を考慮した税金の軽減措置が設けられています。

控除の内容は、その未成年者が20歳（令和4年4月以降は18歳。以下同じ）になるまでの年数1年について10万円を控除するというものです。1年未満は切り上げて1年として計算します。

この控除の条件としては、①20歳未満であること、②いわゆる法定相続人であること、③日本国内に住所があること、などとなっています。

なお、控除額が本人の相続税額を超えてしまって控除し切れないばあいは、その分を未成年者の親や兄

未成年者の相続税は軽減される

財産を取得した人が
- 20歳未満
- 法定相続人
- 日本に住所がある

のとき　10万円×（20歳－その人の年齢）の額が税額から控除できる

〔例〕相続した人が8歳3ヵ月のばあい
20歳－8歳3ヵ月＝11年9ヵ月＝切り上げて12年
10万円×12年＝120万円控除できる

弟など扶養義務者の相続税額から差し引くことができます。

④障害者控除

相続税でも、所得税のように肉体的ハンデを負っている人には、障害者控除が認められています。このばあい、日本人であることと、日本に住所があることが条件となります。

控除の内容は二つにわかれています。

㋑一般障害者（精神障害の等級が2級または3級の者や3〜6級身障者など）の人は、85歳に達するまでの年数1年につき10万円が、本人の相続税額から控除されます。

㋺特別障害者（精神障害の等級が一級の者や1〜2級身障者など）の人は、85歳に達するまでの年数1年につき20万円が、本人の相続税額から控除されます。

これらの控除額が本人の相続税額を超えたばあいに控除不足の分を扶養義務者の相続税額から控除できる点は、未成年者控除のばあいと同じです。

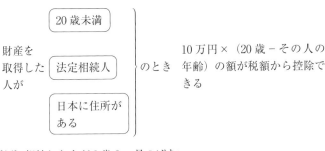

相次相続控除の計算式

$$各相続人の相次相続の控除額 = A \times \frac{C}{B-A} \times \frac{D}{C} \times \frac{10-E}{10}$$

A ＝第２次相続の被相続人が、第１次相続のときに課税された相続税額
B ＝第２次相続の被相続人が、第１次相続のときにもらった財産価額
C ＝第２次相続で相続人全員がもらった財産価格の合計額
D ＝控除対象者の相続人が第２次相続でもらった財産価額
E ＝第1次相続から第2次相続までの年数（1年未満の端数は切り捨てる）

（注）$\frac{C}{B-A}$ が $\frac{100}{100}$ を超えるばあいは、$\frac{100}{100}$ とする。

⑤相次相続控除

これは、短期間（10年以内）に続けて相続が発生したばあいの税負担を軽くするための控除です。最初の相続（第1次相続）から10年以内に次の相続（第2次相続）が生じたときは、第1次相続の相続税のうちで第2次相続の対象となる財産にみあう分を1年たつごとに10％を減らした額の控除を行なおうというものです。わかりやすくいうと、第1次相続で納めた相続税の一部を第2次相続税から差し引けるということです。

控除額の出し方は上の表のようになります。

⑥在外財産に対する相続税額の控除

日本国内に住所のある人は、外国にある財産を相続しても相続税がかかってきます。ただ、外国にある財産には外国の法令による相続税がかかるばあいもあります。そこで、そのばあいには、外国で課税された分が相続税から控除されます。

⑦贈与税額控除（相続時精算課税適用分）

相続時精算課税財産について課せられた贈与税額が控除され

ます（詳しくは１５６ページ）。

また、贈与税額控除（暦年課税適用分）と違い、控除しようとした贈与税額の方が相続税額より多かったばあいは、その差額は還付となります。

5　農地等の相続には納税猶予制度がある

(1)　この制度の基本的な考え方

昭和50年に農家の相続税における納税猶予制度が創設され、平成4年、21年に改正が行なわれました。

この制度は農業を恒久的に営んでいく相続人に適用されるもので、農地を生産基盤として生計をたてている農家の人々のためにだけ設けられた特有の制度で、他の産業にはないものです。

農業相続人にのみ認められたこの特典は、次の条件をみたしていなければなりません。
①相続する農地は、被相続人がみずから耕作していた農地、または特定貸付け（注）を行なっていた農地（特定貸付けは市街化区域外の農地〈採草放牧地を含む〉が対象です）であること。
（注）特定貸付け…次の事業により貸し付けることをいいます。㋑農地中間管理事業、㋺農地利用集積円滑化事業、㋩利用権設定等促進事業（農用地利用集積計画）

②この適用をうけるためには、農業相続人（法定相続人）は、相続発生後、申告期限（286ページ参照）までに農地を分割取得して、農業経営に従事すること。または、特定貸付けを行なうこと。③申告期限までに特例農地の全部または猶予をうける税額にみあう農地を、担保に入れること。また、3年ごとに継続届出書の提出をしなければならない。

こうして、20年間農業経営をしていけば猶予された相続税額は免除になります。

ただし、平成21年12月15日以降の市街化区域外の納税猶予は終身農地利用が必要です。

この制度の基本は、恒久的に農業経営を続けていくための農地などの評価を、農業投資価格に基づいて行なうという点にあります。農業投資価格は、各都道府県に設けられている土地評価審議会によって定められ、所轄の各国税局長が承認した価格です。

この評価がどのように行なわれるかを簡単に説明しておくと、農業相続人は、まず財産評価基本通達で定められた一般の評価額で計算をして相続税額を算出します。

次に適用をうける農地などを農業投資価格に基づいて計算したばあいの相続税額を算出します。この一般評価額を用いて計算された相続税額と、農業投資価格を適用して計算された相続税額との差額が、担保提供を含む一定の手続きを要件として、税務署にとめおかれるというわけです。

三大都市圏の特定市以外の市街化区域内は、20年間無事に農業経営をまっとうできたあかつきには、この差額の納税は免除になり、担保農地が戻ってきます。ただし、平成30年9月1日以降は三大都市圏特定市以外の市街化区域内でも生産緑地の指定を受けていれば納税猶予は終身農地利用が必要です。

この納税の猶予期限は、正確にいえば農業経営を続けて20年を経過した日までだけではなく、その相続人が死亡した日までと、その相続人が農地などを農業後継者に生前一括贈与した日までも含まれます。つまり、①死亡した日、②贈与の日、③20年を経過した日のうちで、いずれか早い日まで納税を猶予するということになっています。

なお、相続税の猶予を受けた農地を一般に「特例農地」と呼び、この猶予制度を「農地の特例制度」と呼んでいます。

(2) 農地の特例適用を受けるには

さて、この農地の特例制度を利用するには、どんな手順が必要でしょうか。

まず、農業相続人（2人以上でもよい）は農業委員会から農業相続人の適格者証明書を交付してもらう必要があります。これは、相続人が申告期限までに農業経営に従事し、将来も継続するということを農業委員会が証明することを意味します。

ここには猶予を受ける農地の明細を記入するほか、農用地の指定を受けている農地があるばあいは、とくに証明書を添付しなければなりません。

特例適用を受ける農地については、農業委員会が一つ一つ克明に視察し、耕作などの状況を調べます。この農地は、猶予の担保に入れることを前提にしているので、すべて分筆されている農地としての独立性を要求されます。

(3) 納税猶予制度を受けたばあいの計算例

具体的な税額の計算例は103〜102ページのとおりです。

(4) こんなときは納税猶予が打ち切られる

この特例は、あくまでも農業相続人が農業を続けていくことを条件として認められているものですから、条件が違ってしまったりしたばあいは、当然適用を外されることもあります。これには、納税猶予の一部が取消されるばあいと全部が取消されるばあいとがあります。

一部が取消されるばあいは、次のようなケースがあります。

①特例農地の20％以内を他に転用したり売却したばあい。

②土地収用法などで特例農地が国や地方公共団体に買収されたばあい（20％以上でもよい）。

③生産緑地地区内の農地について買取申出をしたばあい。

これらのばあいは、売却などのあった農地分の相続税額を按分して納付し、かつ原則として年利6・6％の利子税を納付しなければなりません（次ページ表参照、以下同じ）。もちろん、譲渡所得税の申

相続税納税猶予の利子税一覧表　（単位：％）

納期限	終身	20年免除
平成4年	6.6	6.6
平成5年	6.6	6.6
平成6年	6.6	6.6
平成7年	6.6	6.6
平成8年	6.6	6.6
平成9年	6.6	6.6
平成10年	6.6	6.6
平成11年	6.6	6.6
平成12年	4.0	4.0
平成13年	4.0	4.0
平成14年	3.7	3.7
平成15年	3.7	3.7
平成16年	3.7	3.7
平成17年	3.7	3.7
平成18年	3.7	3.7
平成19年	3.9	3.9
平成20年	4.2	4.2
平成21年 1/1～12/14	4.0	4.0
平成21年 12/15～12/31	2.2	4.0
平成22年	2.1	3.8
平成23年	2.1	3.8
平成24年	2.1	3.8
平成25年	2.1	3.8
平成26年	0.9	1.7
平成27年	0.8	1.6
平成28年	0.8	1.6
平成29年	0.8	1.5
平成30年	0.7	1.4
令和元年	0.7	1.4

告もしなければなりません。

特例農地も買換え適用をうけることはできます。収用などのばあいは、代替購入の適用を受けることもできます。ただし、注意することは同じ面積の農地の買換えではなく、譲渡価額と同じ価額の農地を買換えなければならないのです。

特例農地が全部取消されるばあいには、次のようなケースがあります。

①特例農地を20％超売却したり、他に転用したばあい。

②農業をやめたばあい（農

③法定相続分による取得金額

妻　$1800万円 \times \frac{1}{2} = 900万円$

長男
次男
長女　$1800万円 \times \frac{1}{2} \times \frac{1}{3} = 300万円$

④③に対する税額

900万円×10％＝90万円

300万円×10％＝30万円

⑤相続税の総額

90万円＋30万円×3＝180万円

〔納める税額の計算〕

①各人の実際の取得割合

妻　$\frac{4400万円}{7200万円} = 0.611 \rightarrow 0.61$

長男　$\frac{800万円^{*}}{7200万円} = 0.111 \rightarrow 0.11$　　＊農地の農業投資価格

次男
長女　$\frac{1000万円}{7200万円} = 0.138 \rightarrow 0.14$

②算出相続税額

妻　180万円×0.61＝109万8000円

長男　180万円×0.11＝19万8000円

次男
長女　180万円×0.14＝25万2000円

③妻に対する税額軽減

$7200万円 \times \frac{1}{2} = 3600万円$＜1億6000万円なので妻の税金はゼロ

④次男、長女は各25万2000円

〔長男の納税猶予額の計算〕

①相続税の総額の差額

1049万9800円－180万円＝869万9800円

②長男の相続税額

19万8000円＋869万9800円＝889万7800円

（19万8000円＝申告期限まで納める、869万9800円＝納税猶予）

農地等の納税猶予制度を利用したときの税額の計算例

〔設例〕

相続人数は妻、長男、次男、長女の４人

各相続人が相続税の申告期限までに分割により取得した財産の価格

妻	宅地、家屋、貯金	4400万円
長男	農地	7000万円（農業投資価格800万円）
次男	株式	1000万円
長女	貯金	1000万円
	計	1億3400万円（課税価格）

長男は相続した農地の全部について相続税の納税猶予制度を受ける

〔通常の相続税の総額計算〕

①課税価格の合計額　1億3400万円

②基礎控除後課税額　1億3400万円－（3000万円＋600万円×４）
＝8000万円

③法定相続分による取得金額

妻　$8000万円 \times \frac{1}{2} = 4000万円$

長男・次男・長女　$8000万円 \times \frac{1}{2} \times \frac{1}{3} = 1333万3000円$（1000円未満切り捨て）

④③に対する税額（88ページ相続税の速算表による）

4000万円×20％－200万円＝600万円

1333万3000円×15％－50万円＝149万9950円

⑤相続税の総額

600万円＋149万9950円×３＝1049万9800円（100円未満切り捨て）

〔農業投資価格による相続税の総額計算〕

①課税価格の合計額

4400万円＋800万円（農地）＋1000万円＋1000万円＝7200万円

②基礎控除後課税価格

7200万円－5400万円＝1800万円

業相続人が経営移譲年金を受けるために、特例農地を使用貸借により息子に経営移譲したばあいも含む)。

③3年おきの継続届出書を提出しなかったばあい。

これらのばあいは猶予が終了した日より2ヵ月をこえる日までに猶予をうけた金額に原則として年利6・6%の金利をつけて、納付しなければなりません。農地を20%超任意売却しても買換資産の特例の適用を受けたばあいは取り消しになりません。

(5) 上田一太郎さん一家の例

農業経営を継続していくばあいの相続に関してはさまざまなケースがありえますが、ここでは具体的な例をあげてみてみます。

上田一太郎さん(生産緑地指定を受けていない市街化区域の農家)は、5年前に農業相続人になり、田と畑それぞれ1万3000平方メートル(1町3反)ずつ相続しました。

〈上田さんの特殊事情〉一太郎さんは、父親の一郎さんが60歳で経営移譲年金をもらうため、農業経営を移譲されました。そこで、祖父の太郎さんと養子縁組を結び、法定相続人になりました。祖父の死亡にあたり、農地を相続し、猶予制度の適用を受けました。

今回、一太郎さんは交通事故で死亡したのです。納税猶予制度と、猶予の税額はどうなるのでしょうか。このばあい、次の2点が前提となります。

①一太郎さんの猶予税額は、免除になります。

②一太郎さんが死亡した時点で、耕一郎君の相続が始まります。

一太郎さんは祖父の孫でしたから、農業経営にたいする分だけおじいさんから相続したので農地と農具だけが相続財産です。家とか山林とかその他の生活財産は一太郎さんのお父さんがおじいさんから引き継いでいます。今度農業相続人となった耕一郎君は未成年者ですが、一太郎さんの相続財産のすべてを相続しました。

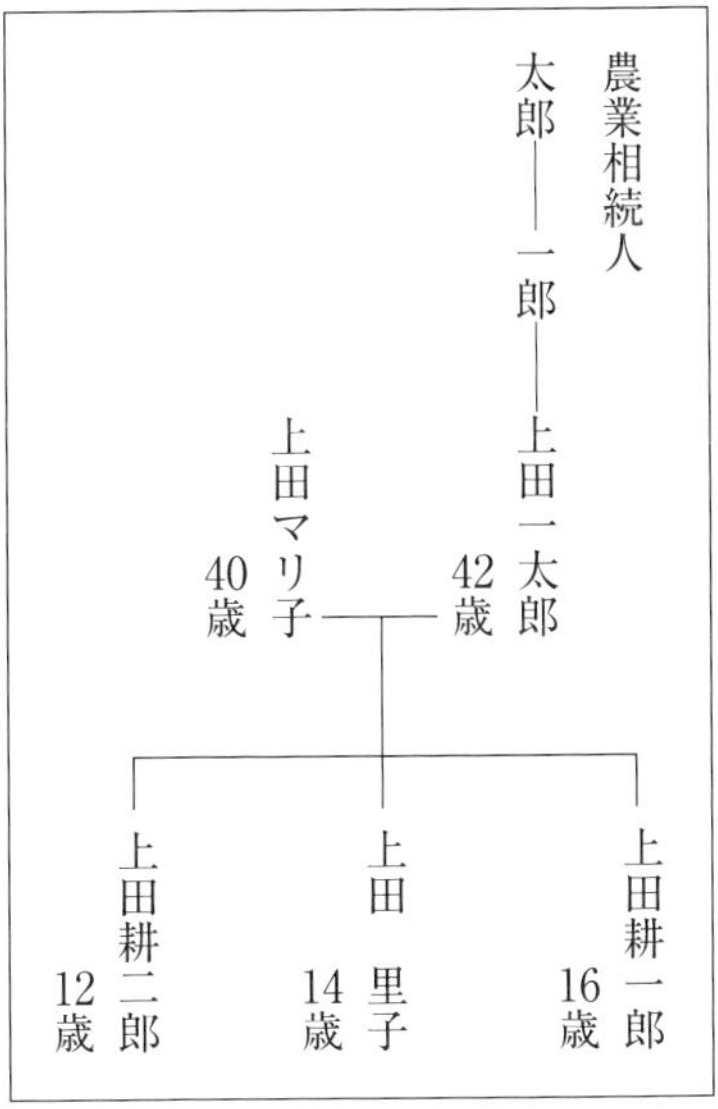

一太郎さんの死亡にさいしては、生命共済の1000万円と、事故の慰謝料などを2000万円もらいました。これらのお金はすべて非課税財産になり、妻のマリ子さんが1500万円、子どもも3人は500万円ずつ取得しました。

さて、この相続においては、子ども3人がすべて未成年者ですから、特別代理人の選任はそれぞれ別人で3人を必要としました。遺産分割協議書において、農地と農具を長男の耕一郎君が取得することになりました。

農地は20年の猶予に入れることになりました。

前の猶予税額はすべて解消されて新たな相続税額が生じましたが、農地がすべてなので全額猶予に入れることになりました。

こうして上田一太郎さんの相続財産は未成年者である上田耕一郎君が引き継ぐことになりました。

耕一郎君は20歳までにあと4年ありますから、未成年者控除額が40万円あります。したがって、3839万9800円が相続税になります。

父も猶予制度の適用を受けていたので、耕一郎君も農地のすべてを猶予制度に入れることにしました。この地方では猶予農地は、田が1000平方メートル当たり90万円、畑が1000平方メートル当たり84万円の評価なので、それぞれの評価額が相続財産価額ということになります。

投資額では田は1170万円、畑は1092万円の価額で相続されるので、農具や預貯金を含めても、2762万円という相続財産の価額になり、基礎控除より低い額になるので、相続税額は算出されません。耕一郎君は、20年の猶予制度の適用を受けることによって、3839万9800円の相続税額は猶予税額となりました。このため、農地の全部を担保に入れることにしました。

ここで疑問に思わないでしょうか。未成年者である耕一郎君にはまだ印鑑証明書の発行はできないはずです。そうすると、土地の相続という重要な書類上の手続きはだれが……？　これは、裁判所で選任を受けた特別代理人である祖父さんの弟が、すべての手続をしたのです。

また、こういう疑問もあると思います。耕一郎君は未成年者ですから、農業経営にはあたれないは

農業投資価格によると		通常の評価額によると	
田	1000㎡で 90 万円 1170 万円	田	1 万 3000㎡ 1 億 3000 万円
畑	1000㎡で 84 万円 1092 万円	畑	1 万 3000㎡ 1 億 3000 万円
農具	300 万円	農具	300 万円
預貯金	200 万円	預貯金	200 万円
合計	2762 万円	合計	2 億 6500 万円
葬式費用・債務　500 万円		葬式費用・債務　500 万円	
基礎控除額 5400 万円		基礎控除額 5400 万円	
課税財産 0		課税財産 2 億 600 万円	

法定相続人	分	法定相続分	相続税額の納税のもととなる税額
上田マリ子	$\frac{1}{2}$	1 億 300 万円	2420 万円
上田耕一郎	$\frac{1}{2}\times\frac{1}{3}$	3433 万 3000 円	486 万 6600 円
上田里子	$\frac{1}{2}\times\frac{1}{3}$	3433 万 3000 円	486 万 6600 円
上田耕二郎	$\frac{1}{2}\times\frac{1}{3}$	3433 万 3000 円	486 万 6600 円
			3879 万 9800 円

上田家の相続税額（未成年者控除額控除後） 3839 万 9800 円
猶予を適用すれば納付税額　ゼロ
20 年間猶予税額　3839 万 9800 円

ずです。それでも農業相続人になれるのでしょうか。こうしたばあいは、未成年者に代わって農業経営を行なうことができる同居の親族が、農業経営を行ないますという農業委員会の証明書を税務署に提出すればよいことになっています。そのさいに、同居の親族の人は農業経営を行なっているという農業所得申告を相続の翌年からしていかなければなりません。

この同居の親族の人は、農業経営のリリーフ役ということになります。上田家のばあいは、もちろん妻のマリ子さんが、耕一郎君に代わってリリーフ役になるわけです。

当然のことですが、未成年者が農業相続人になったばあいには、その未成年者が成年に達したときに、農業の主たる経営者にならなければなりません。成年に達しても大学に就学している間は、同一生計を営んでいるリリーフ役の農業相続人が農業の申告をすることになります。

大学を終えて就職をしたばあいは、農業相続人としての申告と、サラリーマンとしての給与所得などの申告をあわせて行なうことになります。家族の協力を得て農業経営を継続していくことになり、結婚したあとは妻も農業経営の戦力になることになります。

(6) 生産緑地と相続（２０２２年問題）

平成4年1月1日から三大都市圏（首都圏、中部圏、近畿圏）の特定市は、市街化区域に存在する農地を保全する農地と宅地化すべき農地に区分し、保全する農地（特例農地）は生産緑地の指定をうけた農地のみになりました。

この農地は相続時において、生産緑地として農業を継続してゆく後継者がうけつぐことができます。また、この生産緑地は相続時において後継者が農業を継続しないばあいは、市役所に買取り請求を出すことができます。市役所は三ヵ月以内に回答を出し、市役所が買い取れないときは、生産緑地は解除されて宅地なみ扱いになります。

この生産緑地を農地として継承する相続人は相続税の納税猶予制度の適用をうけることができます。生産緑地を『特例農地』に加えますと、相続税の猶予制度は生涯農業になり、納税の猶予は、その相続人が死亡した時点で免除になります。

三大都市圏の調整区域のみを農業相続すると他の地区の相続のばあいと同じく20年の納税猶予がうけられ、満了のあかつきには税額が免除になっていましたが、平成21年12月15日以降は、生涯農業となり、相続人は死亡時まで猶予はほどけません。

生産緑地と調整区域の両方の地区を相続したばあいにも、生涯農業となり、相続人は死亡時まで猶予がほどけません。

次に、被相続人が高齢化してきて農業の継続が困難になってきたときは後継者に一括生前贈与すると、生涯農業の猶予税額は免除になり、後継者がリレーして、贈与税の猶予をうけることができます。この贈与税の猶予は、父親の死亡時に相続税におきかえられます。

この時点で、後継者の農業相続人が生産緑地と調整区域の農地を相続し、生涯農業者として納税猶予制度をうけます。こうして農地としての生産緑地は、その地域が変わらない限り、後継者がいる限り続けることができる形になっています。

また、平成30年度税制改正において、①生産緑地貸付けの納税猶予、②特定生産緑地の指定（生産緑地2022年問題）、③その他の改正が行なわれました。

①生産緑地貸付けの納税猶予

次の生産緑地の貸付けが、納税猶予の対象となりました。

㋑都市農地の貸借の円滑化に関する法律に規定する認定事業計画に基づく貸付け……農地所有者が、農地を利用者に貸付け、利用者が耕作するばあい（市民農園以外）。

㋺都市農地の貸借の円滑化に関する法律に規定する特定都市農地貸付けの用に供されるための貸付け……農地所有者が、第三者を介して、農地を市民農園として貸付けするばあい。

㋩特定農地貸付けに関する農地法等の特例に関する法律（以下「特定農地貸付法」という）の規定により地方公共団体または農業協同組合が行なう特定農地貸付けの用に供されるための貸付け……農地所有者が、地方公共団体または農業協同組合を介して、農地を市民農園として貸付けするばあい。

㋥特定農地貸付法の規定により地方公共団体および農業協同組合以外の者が行なう特定農地貸付け（その者が所有する農地で行なうものであって、都市農地の貸借の円滑化に関する法律に規定する協定に準じた貸付協定を締結しているものに限る）の用に供されるための貸付け……農地所有者が、農地を利用者に市民農園として貸付けするばあい。

②特定生産緑地の指定（生産緑地２０２２年問題）

１９９２年（平成４年）４月に施行された改正生産緑地法の指定を受けた農地（およそ１万ヘクタール）は、改正から30年を経過する２０２２年に、事由を問わず、農業委員会に対し買取りの申し出が可能になります。これにより、大規模な宅地転用、土地の大量供給による地価の下落、食や住環境の変化が生ずると考えられます。農家の方々は、農業を継続するか、それとも農地を宅地化するかの判断を迫られます。これが２０２２年問題です。

これらに対応するため、平成29年６月に「都市緑地法等の一部を改正する法律」が施行されました。主な内容は次の三つです。

㋑生産緑地指定の下限面積５００㎡を、市区町村が条例を制定することで、３００㎡に引き下げることが可能となりました。

㋺生産緑地内で、新たに農産物直売所や農家レストランの設置が可能になりました。

㋩生産緑地の買取りの申し出が可能となる「生産緑地指定から30年を経過する日」までに、市区町村から「特定生産緑地」指定を受けることで、買取り申し出の期日を10年先送りにできることになりました。10年経過後は、繰り返し10年の延長ができます。

改正後の営農継続要件のイメージ（下線部分が見直し部分）

<table>
<tr><td colspan="2" rowspan="2">地理的区分
都市計画区分</td><td colspan="2">三大都市圏</td><td rowspan="2">地方圏</td></tr>
<tr><td>特定市</td><td>特定市以外</td></tr>
<tr><td rowspan="3">市街化区域</td><td>生産緑地地区[(1)]</td><td>営農：終身
貸付：-⇒認定都市農地貸付、農園用地貸付</td><td colspan="2">営農：20年⇒終身
貸付：-⇒認定都市農地貸付、農園用地貸付</td></tr>
<tr><td>田園住居地域</td><td>営農：終身
（貸付：-）
【都市営農農地等】</td><td colspan="2" rowspan="2">営農：20年[(2)]
（貸付：-）</td></tr>
<tr><td>上記以外</td><td></td></tr>
<tr><td colspan="2">市街化区域外
（市街化調整区域、
非線引き区域）</td><td colspan="3">営農：終身
（貸付：特定貸付）</td></tr>
</table>

注（1）特定生産緑地である農地等が追加され、申出基準日または指定期限日が到来し、特定生産緑地の指定・延長がされなかった生産緑地地区内の農地等が除かれました。
（2）特例農地等のうちに都市営農農地等を有するばあいには、全体の特例農地等が「終身」となります。詳細については、税務署におたずねください。

平成30年度税制改正において、「特定生産緑地」指定を受けた農地も、引き続き、相続税の納税猶予を受けることができることとされました。また、特定生産緑地の指定または指定の期限の延長がされなかった生産緑地については、現に適用を受けている納税猶予に限り、その猶予を継続することとされました。

③その他の改正

㋑三大都市圏特定市以外の生産緑地について、従来は20年営農免除でしたが、終身農地利用により、相続税が猶予されることとなりました。

㋺納税猶予を受けられる農地の範囲に、②㋩の特定生産緑地である農地の他に、三大都市圏特定市の田園居住地域内農地が追加されました。

(7)　特定貸付け

農地を相続したばあいの納税猶予は、従来は、相続農地について相続人自らが農業を行なうばあいのみを対象としていましたが、平成21年から、農地の効率的な利用を促進する観点から、市街化区域外の農地に限り、特定貸付けを行なったばあいも適用できることとなりました。

特定貸付けとは、農業経営基盤強化促進法に基づく次の事業による貸付けのことをいいます。

①農地保有合理化事業

②農地利用集積円滑化事業

③利用権設定等促進事業（農用地利用集積計画による利用権の設定等）

相続税の納税猶予の適用を受ける農業相続人が、納税猶予の適用を受ける市街化区域外の農地について、特定貸付けを行なったばあいにおいて、特定貸付けを行なっている旨等を記載した届出書を2ヶ月以内に税務署長に提出する必要があります。

また、既に特定貸付けが行なわれている農地を相続したばあいや、農地の相続に伴い新たに特定貸付けを行なったばあいについても、市街化区域外の農地であれば、相続税の納税猶予の適用を受けることができます。

また、20年営農による免除規定はなく、終身農地利用が求められます。

注意すべき点は、平成21年12月15日前に相続税の納税猶予の適用を受け、免除事由が「20年営農免除」の者が、特定貸付けを行なったばあいには、免除事由は「終身農地利用」に変更される点です。

(8) 営農困難時貸付け

相続税の納税猶予の適用を受けている者が、一定の障害となったことにより営農が困難となり、特定貸付けも行なえないため、特例農地等について特定貸付け以外の貸付けを行ない、当該貸付けを行なっている旨等を記載した届出書を2ヶ月以内に税務署長に提出したばあいには、納税猶予が継続されます。

精神障害または身体障害等の基準は、精神障害者保健福祉手帳（障害等級が1級のもの）、身体障害者手帳（身体上の障害の程度が1級または2級のもの）または介護保険制度の被保険者証（要介護状態区分が5）の交付を受けている農業相続人に限られます。

適用対象農地は、特定貸付け（農業経営基盤強化促進法に基づく事業による貸付け）を行なうことができない、次の農地です。

・特定貸付けの申込みから1年経過しても貸付けができなかった農地
・市街化区域内など特定貸付けを行なうための事業が実施されていない区域にある農地
障害等の基準を満たしていても、農業経営基盤強化促進法に基づく事業による農地の貸付けが行なえるばあいには、特定貸付けの適用が優先されます。

このため、特定貸付けに係る申込みを行ない、申込みから1年を経過しても貸付けができなかったばあいに限り、営農困難時貸付けが認められます。

なお、農地が市街化区域内であるなど、特定貸付けを行なうことができない区域に存するばあいには、その旨の市町村長の証明を添付することにより、上記申込みを行なうことなく、営農困難時貸付けを行なうことが可能となっています。注意すべき点は、平成21年12月15日前に相続税の納税猶予の適用を受け、免除事由が「20年営農免除」の者が、営農困難時貸付けを行なっても、免除事由は変更されませんが、特定貸付けを行なったばあいには、「終身農地利用」に変更される点です。

また、贈与税の納税猶予を受けている者についても、同様に、営農困難時貸付けの適用があります。

6　個人事業者の事業承継税制の創設〈その1〉
――個人の事業用資産についての贈与税・相続税の納税猶予

(1)　創設の背景

平成30年度税制改正において、事業承継税制が抜本的に拡充され、法人について、中小企業経営者の高齢化に伴う世代交代に向けた非上場株に係る相続税・贈与税の納税猶予の特例が創設されました。

令和元年度税制改正では、個人事業者についても、社会全体の高齢化が急速に進んでいく中で、円滑な世代交代を通じた事業の持続的な発展の確保が喫緊の課題となっていることを踏まえ、個人事業者の事業用資産に係る相続税・贈与税の納税猶予制度としての新たな事業承継税制を、10年間の時限措置として創設されました。

(2) 制度の概要

①事業用の宅地、建物、その他一定の減価償却資産について、適用対象部分の課税価格の100％に対応する相続税・贈与税額を納税猶予します。
②事業用宅地の面積上限（400㎡）、事業用建物の床面積上限（800㎡）、建物以外の減価償却資産は、固定資産税または営業用として自動車税もしくは軽自動車税の課税対象となっているもの等に制限があります。また、これらの資産は、農家の方が毎年の所得税の確定申告で作成している青色申告決算書の中にある貸借対照表に計上されていなければなりません。具体的には、農業用耕うん機、トラクター、農機具、これらの収納や農作業を行なうための建物、この建物の敷地の用に供されている土地が対象となります。
③法人の事業承継税制と同様、担保を提供し、猶予取消しのばあいは猶予税額および利子税を納付

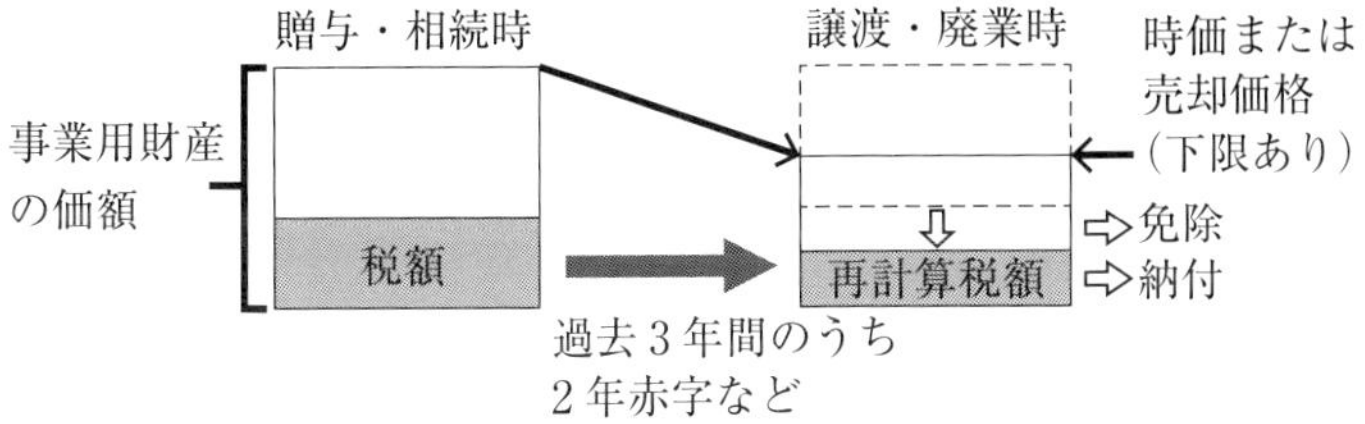

する必要があります。

④相続時・生前贈与時いずれにも適用可能です。

⑤平成31年1月1日から令和10年（２０２８年）12月31日までの相続または贈与について適用します（令和６年（２０２４年）３月31日までの間に承継計画を都道府県に提出したばあいに限ります）。

⑥事業等の継続要件

相続税の申告期限後、終身の事業・資産保有の継続要件がありますが、個人事業者の特性も考慮した緩和措置も設けられています。

※後継者の死亡・一定の重度障害、一定の災害のばあいは猶予税額を免除

※経営環境変化や心身の不調等により適用対象資産を譲渡または廃業するばあい、その時点の資産価額で猶予税額を再計算し、差額免除。

⑦貸付事業（アパート、駐車場等）は、本措置の対象外となっており、また、現行の事業用の小規模宅地特例との選択適用となっていることに注意が必要です。

詳しくは、次ページ以降の国税庁作成「個人の事業用資産についての贈与税・相続税の納税猶予・免除（個人版事業承継税制）のあらまし」を参照ください。

個人の事業用資産についての贈与税・相続税の納税猶予・免除（個人版事業承継税制）のあらまし

〈国税庁〉＊参照ページは本書のページに合わせて変更しています。

○　令和元年度税制改正により創設された個人版事業承継税制は、青色申告（正規の簿記の原則によるものに限ります。）に係る事業（不動産貸付業等を除きます。）を行っていた事業者の後継者※1として円滑化法の認定を受けた者が、平成31年1月1日から令和10年12月31日まで※2の贈与又は相続等により、特定事業用資産を取得した場合は、

①　その青色申告に係る事業の継続等、一定の要件のもと、その特定事業用資産に係る贈与税・相続税の全額の納税が猶予され、

②　後継者の死亡等、一定の事由により、納税が猶予されている贈与税・相続税の納税が免除されるものです。

※1　平成31年4月1日から令和6年3月31日までに「個人事業承継計画」を都道府県知事に提出し、確認を受けた者に限ります。

2　先代事業者の生計一親族からの特定事業用資産の贈与・相続等については、上記の期間内で、先代事業者からの贈与・相続等の日から1年を経過する日までにされたものに限ります。

○　贈与税については120ページ、相続税については128ページをご確認ください。

贈与税・相続税の納税が猶予 → 贈与税・相続税の免除

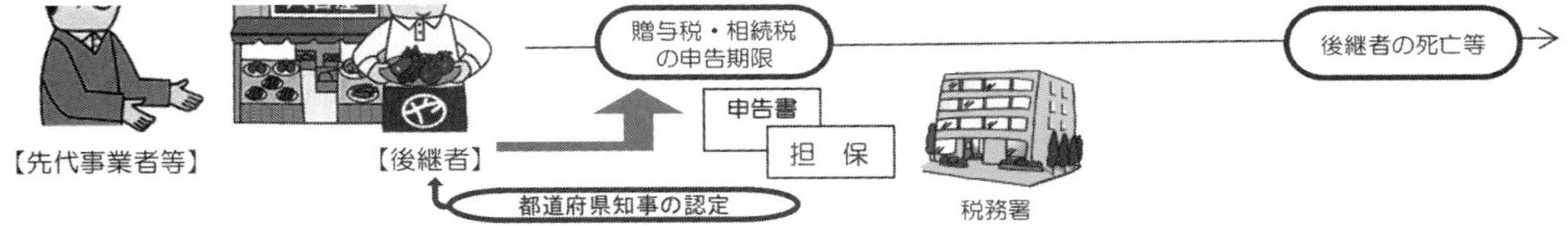

この制度の対象となる「特定事業用資産」とは、先代事業者（贈与者・被相続人）の事業の用に供されていた次の資産で、贈与又は相続等の日の属する年の前年分の事業所得に係る青色申告書の貸借対照表に計上されていたものをいいます。

①　宅地等（400㎡まで）
②　建物（床面積800㎡まで）
③　②以外の減価償却資産で次のもの
- 固定資産税の課税対象とされているもの
- 自動車税・軽自動車税の営業用の標準税率が適用されるもの
- その他一定のもの（貨物運送用など一定の自動車、乳牛・果樹等の生物、特許権等の無形固定資産）

（注）1　先代事業者が、配偶者の所有する土地の上に建物を建て、事業を行っている場合における土地など、先代事業者と生計を一にする親族が所有する上記①から③までの資産も、特定事業用資産に該当します。
2　後継者が複数人の場合には、上記①及び②の面積は各後継者が取得した面積の合計で判定します。
3　先代事業者等からの相続等により取得した宅地等につき小規模宅地等の特例の適用を受ける者がいる場合には、一定の制限があります（138ページ参照）。

○　事業承継税制に関する情報等につきましては、国税庁ホームページ【www.nta.go.jp】の「事業承継税制特集」に掲載しております。
○　申告のための具体的な計算方法等について、税務署での面接による個別相談を希望される場合は、事前予約制とさせていただいております。あらかじめ税務署に電話で面接日時をご予約ください。

❶ 個人の事業用資産についての贈与税の納税猶予及び免除

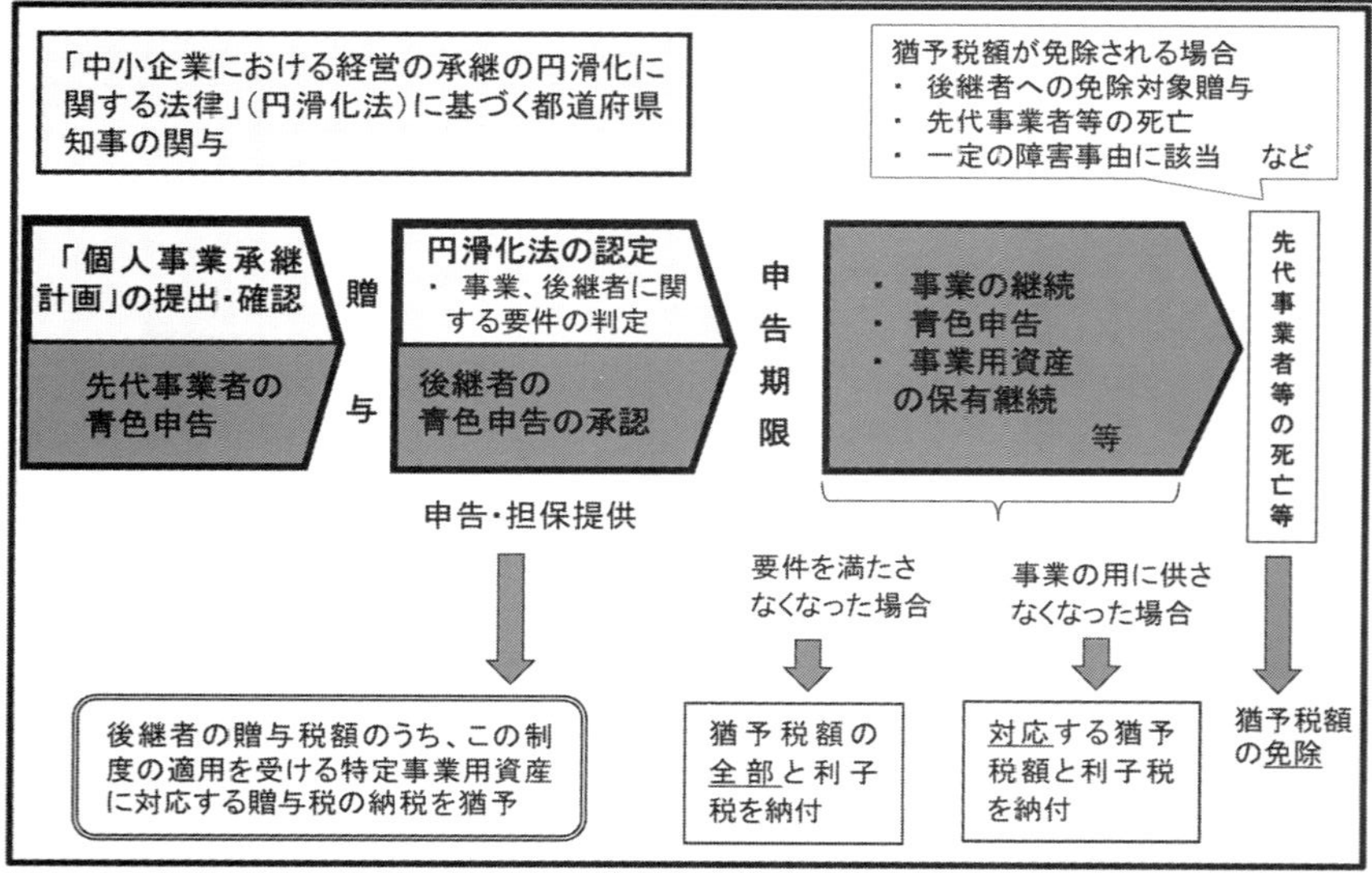

個人事業承継計画の策定・提出・確認

後継者は、先代事業者の事業を確実に承継するための具体的な計画を記載した**「個人事業承継計画」を策定**し、認定経営革新等支援機関（税理士、商工会、商工会議所等）の所見を記載の上、**令和６年３月31日までに都道府県知事に提出**※し、その確認を受けてください。

「個人事業承継計画」とは、中小企業における経営の承継の円滑化に関する法律施行規則（以下「円滑化省令」といいます。）第１６条第３号の計画のことをいい、**「個人事業承継計画の確認」**とは、円滑化省令第１７条第１項第３号の都道府県知事の確認をいいます。

「円滑化法の認定」とは、中小企業における経営の承継の円滑化に関する法律第１２条第１項の認定（円滑化省令第６条第１６項第７号又は第９号の事由に限ります。）をいいます。

「個人事業承継計画」の具体的内容や**「円滑化法の認定」**の手続等については、都道府県の担当課（140ページ参照）にお尋ねください。

「青色申告」は、租税特別措置法第２５条の２第３項の規定による６５万円の青色申告特別控除の適用に係るもの（正規の簿記の原則によるもの）に限ります。

※　贈与後でも、円滑化法の認定申請時までは個人事業承継計画を提出することが

贈　与

※　贈与の時期についての要件は、136ページを参照

この制度の適用を受けるためには、先代事業者等である贈与者から、**特定事業用資産の全ての贈与を受ける**必要があります。

贈与税の申告期限までの間

都道府県知事の円滑化法の認定

後継者(受贈者)の要件、先代事業者等(贈与者)の要件を満たしていることについての**都道府県知事の「円滑化法の認定」**を受けてください※。

開業届出書の提出・青色申告の承認

申告書の作成・提出

事業承継後、**一定の期限**（右記参照）**までに**、**開業届出書を提出**し、**青色申告の承認**を受けるとともに、**贈与税の申告期限までに**、この制度の適用を受ける旨を記載した贈与税の申告書及び一定の書類を**税務署へ提出**し、一定の**担保を提供**する必要があります。

◆　**この制度の適用を受けるための主な要件**

1　後継者である受贈者の主な要件

(1)　贈与の日において２０歳以上※であること

(2)　円滑化法の認定を受けていること

(3)　贈与の日まで引き続き３年以上にわたり、特定事業用資産に係る事業（同種・類似の事業等を含みます。）に従事していたこと

(4)　贈与税の申告期限において開業届出書を提出し、青色申告の承認を受けていること

(5)　特定事業用資産に係る事業が、資産管理事業（次ページ参照）及び性風俗関連特殊営業に該当しないこと

可能です。

※　**「円滑化法の認定」**を受けるためには、贈与を受けた年の翌年の１月１５日までにその申請を行う必要があります。

〈開業届出書〉
事業の開始の日（贈与の日）から１か月以内に税務署に提出してください。

〈青色申告の承認〉
業務を開始した日（贈与の日）から２か月以内に、税務署長に申請を行う必要があります。
なお、後継者が、贈与前から他の業務を行っている場合には、青色申告をしようとする年分のその年の３月１５日までに申請を行うことが必要です。

※　令和４年４月１日以後の贈与については、１８歳以上になります。

贈与税の申告期限までの間

2　先代事業者等である贈与者の主な要件

(1)　贈与者が先代事業者である場合

①　廃業届出書を提出していること又は贈与税の申告期限までに提出する見込みであること

②　贈与の日の属する年、その前年及びその前々年の確定申告書を青色申告書により提出していること

(2)　贈与者が先代事業者以外の場合

①　先代事業者の贈与又は相続開始の直前において、先代事業者と生計を一にする親族であること

②　先代事業者からの贈与又は相続後に特定事業用資産の贈与をしていること※

3　担保提供

納税が猶予される贈与税額及び利子税の額に見合う担保を税務署に提供する必要があります。

<納税が猶予される贈与税などの計算方法>

ステップ1

贈与を受けた全ての財産の価額の合計額に基づき贈与税を計算します。

A　1年間（1月1日～12月31日）に贈与を受けた全ての財産の価額の合計額

→ 贈与税の計算 →

①　Aに対応する贈与税

「**資産管理事業**」とは、有価証券、自ら使用していない不動産、現金・預金等の特定の資産の保有割合が特定事業用資産の事業に係る総資産の総額の７０％以上となる事業（資産保有型事業）やこれらの特定の資産からの運用収入が特定事業用資産に係る事業の総収入金額の７５％以上となる事業（資産運用型事業）をいいます。

※　先代事業者からの贈与又は相続開始の日から１年を経過する日までの贈与に限ります（136ページ参照）。

「暦年課税」又は「相続時精算課税」を適用して、贈与税の計算を行います。

ステップ2

贈与を受けた財産がこの制度の適用を受ける特定事業用資産のみであると仮定して贈与税を計算します。

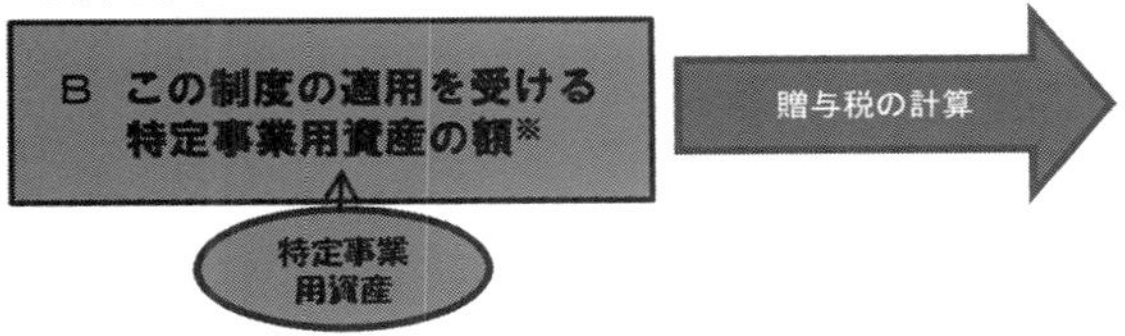

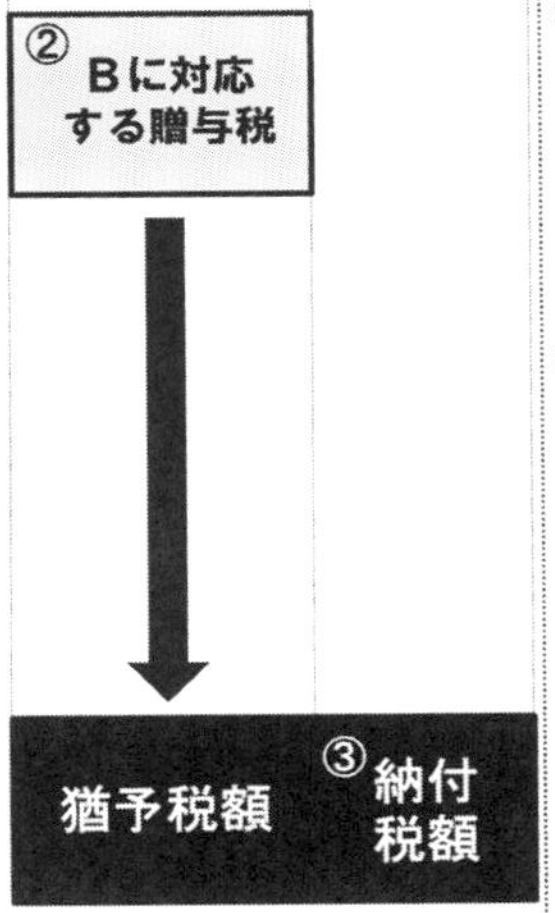

相続時精算課税を適用※する場合には、「相続時精算課税」を選択した贈与者ごとに、この制度の適用を受ける特定事業用資産の額の合計額から、特別控除額2,500万円（前年以前にこの特別控除を適用した金額がある場合は、その金額を控除した残額）を控除した残額に20%の税率をかけた金額を算出し、その合計額が②の贈与税額となります。

ステップ3

「②の金額」が「納税が猶予される贈与税」となります。

なお、「①の金額」から「納税が猶予される贈与税（②の金額）」を控除した「③の金額（納付税額）」は、贈与税の申告期限までに納付する必要があります。

※　「B」の算定に当たり、特定事業用資産とともに引き受けた債務がある場合は、特定事業用資産の額からその債務（事業に関するもの以外の債務であることが明らかなものを除きます。）の金額を控除します。

※　この制度の適用を受ける場合には、２０歳（注）以上の推定相続人（直系卑属）・孫のほか、これら以外の２０歳（注）以上の者も、相続時精算課税の適用を受けることができます。

（注）令和４年４月１日以後の贈与については、１８歳以上になります。

申告期限までの間

（前ページからの続き）

贈与税の申告期限

◆ **贈与税の申告期限**

贈与を受けた年の翌年の２月１日から３月１５日までに、受贈者の住所地の所轄の税務署に贈与税の申告をする必要があります。

納税猶予期間中

事業の継続

特例受贈事業用資産の継続保有等

申告後も事業を継続し、特例受贈事業用資産を保有すること等により、納税の猶予が継続されます。

ただし、**この制度の適用に係る事業を廃止するなど一定の場合（確定事由）には、納税が猶予されている贈与税の全部又は一部**について利子税と併せて**納付**する必要があります。

◆ **納税が猶予されている贈与税を納付する必要がある主な場合**

(1) 贈与税の全額と利子税の納付が必要な場合

① 事業を廃止した場合※

② 資産管理事業又は性風俗関連特殊営業に該当した場合

③ 特例受贈事業用資産に係る事業について、その年のその事業に係る事業所得の総収入金額がゼロとなった場合

④ 青色申告の承認が取り消された場合

(2) 贈与税の一部と利子税の納付が必要な場合

納税が猶予されている贈与税の全部又は一部と利子税（133ページ参照）は、納税猶予期限の確定事由に該当することとなった日から２か月を経過する日までに納付する必要があります。

「特例受贈事業用資産」とはこの制度の適用を受ける特定事業用資産をいいます。

※ やむを得ない理由がある場合や破産手続開始の決定があった場合を除きます（126ページ参照）。

特例受贈事業用資産が事業の用に供されなくなった場合には、納税が猶予されている贈与税のうち、その事業の用に供されなくなった部分に対応する贈与税と利子税を併せて納付します※。

ただし、次の場合には納税猶予は継続されます。

① 特例受贈事業用資産を陳腐化等の事由により廃棄した場合において、税務署にその旨の書類等を提出したとき

② 特例受贈事業用資産を譲渡した場合において、その譲渡があった日から1年以内にその対価により新たな事業用資産を取得する見込みであることにつき税務署長の承認を受けたとき（取得に充てられた対価に相当する部分に限ります。）

③ 特定申告期限の翌日から5年を経過する日後の会社の設立に伴う現物出資により全ての特例受贈事業用資産を移転した場合において、その移転につき税務署長の承認を受けたとき※

「継続届出書」の提出

引き続きこの制度の適用を受けるためには**「継続届出書」**に一定の書類を添付して3年ごとに所轄の**税務署へ提出**する必要があります。

なお、**「継続届出書」の提出がない場合には、猶予されている贈与税の全額と利子税を納付**する必要があります。

※ 事業の用に供されなくなった部分以外の部分に対応する贈与税については、引き続き納税が猶予されます。

「特定申告期限」とは、後継者の最初のこの制度の適用に係る贈与税の申告期限又は最初の「個人の事業用資産についての相続税の納税猶予及び免除」（128ページ参照）の適用に係る相続税の申告期限のいずれか早い日をいいます。

※ ③の適用を受けた後の確定事由は、原則として「非上場株式等についての贈与税の納税猶予」における経営贈与承継期間後の確定事由と同様となります。詳しくは、税務署にお尋ねください。

納税猶予期間中

（前ページからの続き）

先代事業者等（贈与者）の死亡等

「免除届出書」・「免除申請書」の提出

先代事業者等（贈与者）の死亡等があった場合には、「免除届出書」・「免除申請書」を提出することにより、その死亡等のあったときにおいて納税が猶予されている贈与税の全部又は一部についてその納付が**免除**されます。

◆ **猶予されている贈与税の納付が免除される主な場合**

(1) 先代事業者等（贈与者）が死亡した場合（下記参照）

(2) 後継者（受贈者）が死亡した場合

(3) 特定申告期限の翌日から５年を経過する日後に、特例受贈事業用資産の全てについて「免除対象贈与」を行った場合

(4) 事業を継続することができなくなったことについて、やむを得ない理由（133ページ参照）がある場合

(5) 破産手続開始の決定などがあった場合

(6) 事業の継続が困難な一定の事由が生じた場合において、特例受贈事業用資産の全ての譲渡・事業の廃止をしたとき（137ページ参照）

「免除対象贈与」とは、この制度の適用を受けている特例受贈事業用資産が後継者に贈与され、その後継者が「個人の事業用資産についての贈与税の納税猶予及び免除」（120ページ参照）の適用を受ける場合における贈与をいいます。

125ページ(2)③の現物出資による納税猶予の継続の適用を受けた場合には、(3)の「免除対象贈与」は「非上場株式等についての贈与税の納税猶予等」の適用を受けるものになります。また、(4)の適用はありません。

民事再生計画の認可決定があった場合などには、その時点における特例受贈事業用資産の価額に基づき、納税猶予税額の再計算を行い、再計算後の納税猶予税額で納税猶予を継続することができる場合があります（その差額は、免除されます。）。

先代事業者等（贈与者）が死亡した場合の取扱い

先代事業者等（贈与者）の死亡

「個人の事業用資産についての贈与税の納税猶予及び免除」（120ページ参照）の適用を受けた特例受贈事業用資産は、

「円滑化法の確認」とは、円滑化省令第１３条第６項又は第９項の確認をいいます。

（相続開始）

相続等により取得したものとみなして、贈与の時の価額※により他の相続財産と合算して相続税を計算します。

なお、その際、**都道府県知事の「円滑化法の確認」を受け、一定の要件を満たす場合には、**そのみなされた特例受贈事業用資産について**「個人の事業用資産についての相続税の納税猶予及び免除」**の適用を受けることができます。

なお、具体的な要件やその手続については、都道府県の担当課（140ページ参照）にお尋ねください。

また、**「円滑化法の確認」**を受けるためには、相続開始後８か月以内にその申請を行う必要があります。

※　贈与時に承継された債務がある場合（123ページ参照）には、その控除後の金額

相続税の申告期限までの間

◆ **「個人の事業用資産についての相続税の納税猶予及び免除」の適用を受ける場合**

都道府県知事の円滑化法の確認

「中小企業における経営の承継の円滑化に関する法律」に基づき、後継者がこの制度の適用要件を満たしていることについての**都道府県知事の「円滑化法の確認」**を受けてください。

「免除対象贈与」における、①先代事業者等（贈与者）に贈与をした者、又は、②後継者（受贈者）のうち最も古い時期に贈与税に係るこの制度の適用を受けていた者に贈与をした者が死亡したときに、相続等により取得したものとみなされた特例受贈事業用資産についての相続税の取扱いについては、税務署にお尋ねください。

申告書の作成・提出

相続税の申告期限までに、「個人の事業用資産についての相続税の納税猶予及び免除」の適用を受ける旨を記載した相続税の申告書及び一定の書類を**税務署へ提出**するとともに、納税が猶予される相続税額及び利子税の額に見合う**担保を提供**する必要があります。

「継続届出書」の提出期限は、「個人の事業用資産についての贈与税の納税猶予及び免除」の提出期限が引き継がれることになります。

相続税の申告期限

◆ **納税が猶予される相続税などの計算方法**

134ページを参照してください。

② 個人の事業用資産についての相続税の納税猶予及び免除

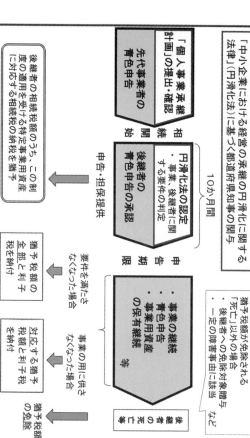

「中小企業における経営の承継の円滑化に関する法律」(円滑化法)に基づく都道府県知事の関与

「個人事業承継計画」の提出・確認
先代事業者の青色申告

相続開始

10か月間

円滑化法の認定
・ 事業、後継者に関する要件の判定
後継者の青色申告の承認

申告期限

申告・担保提供

後継者の相続税額のうち、この制度の適用を受ける特定事業用資産に対応する相続税の納税を猶予

・ 事業の継続
・ 青色申告
・ 事業用資産の保有継続
等

要件を満たさなくなった場合
猶予税額の全部と利子税を納付

事業の用に供さなくなった場合
対応する猶予税額と利子税を納付

猶予税額が免除される「死亡」以外の場合
・ 後継者への免除対象贈与
・ 一定の障害事由に該当　など

後継者の死亡等

猶予税額の免除

個人事業承継計画の策定・提出・確認

後継者は、先代事業者の事業を確実に承継するための具体的な計画を記載した**「個人事業承継計画」を策定**し、認定経営革新等支援機関（税理士、商工会、商工会議所等）の所見を記載の上、**令和６年３月３１日までに都道府県知事に提出**※し、その確認を受けてください。

「個人事業承継計画」とは、円滑化省令第１６条第３号の計画のことをいい、「**個人事業承継計画の確認**」とは、円滑化省令第１７条第１項第３号の都道府県知事の確認をいいます。

「**円滑化法の認定**」とは、中小企業における経営の承継の円滑化に関する法律第１２条第１項の認定（円滑化省令第６条第１６項第８号又は第１０号の事由に限ります。）をいいます。

「**個人事業承継計画**」の具体的内容や「**円滑化法の認定**」の手続等については、都道府県の担当課（140 ページ参照）にお尋ねください。

「**青色申告**」は、租税特別措置法第２５条の２第３項の規定による６５万円の青色申告特別控除の適用に係るもの（正規の簿記の原則によるもの）に限ります。

※　相続後でも、円滑化法の認定申請時までは個人事業承継計画を提出することが可能です。

相続開始

※　相続等の時期についての要件は、136ページを参照

相続開始後に後継者（相続人等）の要件、先代事業者等（被相続人）の要件を満たしていることについての**都道府県知事の「円滑化法の認定」**を受けてください※。

相続税の申告期限までの間

開業届出書の提出・青色申告の承認

申告書の作成・提出

事業承継後、**一定の期限**（右記参照）**までに、開業届出書を提出し、青色申告の承認**を受ける（見込みを含みます。）とともに、**相続税の申告期限までに**、この制度の適用を受ける旨を記載した相続税の申告書及び一定の書類を**税務署へ提出**し、一定の**担保を提供**する必要があります。

◆　この制度の適用を受けるための要件

1　後継者である相続人等の主な要件

(1)　円滑化法の認定を受けていること

(2)　相続開始の直前において特定事業用資産に係る事業（同種・類似の事業等を含みます。）に従事していたこと（先代事業者等が60歳未満で死亡した場合を除きます。）

(3)　相続税の申告期限において開業届出書を提出し、青色申告の承認を受けていること（見込みを含みます。）

(4)　特定事業用資産に係る事業が、資産管理事業（130ページ参照）及び性風俗関連特殊営業に該当しないこと

(5)　先代事業者等から相続等により財産を取得した者が、特定事業用宅地等について小規模宅地等の特例の適用を受けていないこと（138ページ参照）

※　**「円滑化法の認定」**を受けるためには、相続開始後8か月以内にその申請を行う必要があります。

〈開業届出書〉

事業の開始の日から1か月以内に税務署に提出してください。

〈青色申告の承認〉

先代事業者の相続開始があったことを知った日（死亡の日）に応じ、次の期限までに、税務署長に申請を行う必要があります。

死亡の日	申請期限
その年1/1～8/31	死亡の日から4か月以内
その年9/1～10/31	その年12/31まで
その年11/1～12/31	その年の翌年2/15まで

なお、後継者が相続前から他の業務を行っている場合には、青色申告をしようとする年分のその年の3月15日までに申請を行うことが必要です。

相続税の申告期限までの間

2　先代事業者等である被相続人の主な要件

(1)　被相続人が先代事業者である場合

相続開始の日の属する年、その前年及びその前々年の確定申告書を青色申告書により提出していること

(2)　被相続人が先代事業者以外の場合

①　先代事業者の相続開始又は贈与の直前において、先代事業者と生計を一にする親族であること

②　先代事業者からの贈与又は相続後に開始した相続に係る被相続人であること※

3　担保提供

納税が猶予される相続税額及び利子税の額に見合う担保を税務署に提供する必要があります。

「**資産管理事業**」とは、有価証券、自ら使用していない不動産、現金・預金等の特定の資産の保有割合が特定事業用資産の事業に係る総資産の総額の70％以上となる事業（資産保有型事業）やこれらの特定の資産からの運用収入が特定事業用資産に係る事業の総収入金額の75％以上となる事業（資産運用型事業）をいいます。

※　先代事業者からの贈与又は相続開始の日から1年を経過する日までの相続に限ります（136ページ参照）。

相続税の申告期限

◆ **相続税の申告期限**

相続開始があったことを知った日（通常は被相続人が死亡した日）の翌日から10か月以内に、所轄の税務署※に相続税の申告をする必要があります。

※　通常は、被相続人の住所地を所轄する税務署となります。

納税猶予期間中

事業の継続

特例事業用資産の継続保有等

申告後も事業を継続し、特例事業用資産を保有すること等により、納税の猶予が継続されます。

ただし、**この制度の適用に係る事業を廃止するなど一定の場合（確定事由）には、納税が猶予されている相続税の全部又は一部について利子税と併せて納付する必要があります。**

納税が猶予されている相続税の全部又は一部と利子税（133ページ参照）は、納税猶予期限の確定事由に該当することとなった日から2か月を経過する日までに納付する必要があります。

◆ **納税が猶予されている相続税を納付する必要がある主な場合**

「**特例事業用資産**」とは、この制度の適用を受ける特定

(1)　相続税の全額と利子税の納付が必要な場合

①　事業を廃止した場合※

②　資産管理事業又は性風俗関連特殊営業に該当した場合

③　特例事業用資産に係る事業について、その年のその事業に係る事業所得の総収入金額がゼロとなった場合

④　青色申告の承認が取り消された場合

⑤　青色申告の承認の申請が却下された場合

(2)　相続税の一部と利子税の納付が必要な場合

特例事業用資産が事業の用に供されなくなった場合には、納税が猶予されている相続税のうち、その事業の用に供されなくなった部分に対応する相続税と利子税を併せて納付します※。

ただし、次の場合には納税猶予は継続されます。

①　特例事業用資産を陳腐化等の事由により廃棄した場合において、税務署にその旨の書類等を提出したとき

②　特例事業用資産を譲渡した場合において、その譲渡があった日から1年以内にその対価により新たな事業用資産を取得する見込みであることにつき税務署長の承認を受けたとき（取得に充てられた対価に相当する部分に限ります。）

③　特定申告期限の翌日から5年を経過する日後の会社の設立に伴う現物出資により全ての特例事業用資産を移転した場合において、その移転につき税務署長の承認を受けたとき※

事業用資産をいいます。

※　やむを得ない理由がある場合や破産手続開始の決定があった場合を除きます（132ページ参照）。

※　事業の用に供されなくなった部分以外の部分に対応する相続税については、引き続き納税が猶予されます。

「特定申告期限」とは、後継者の最初のこの制度の適用に係る相続税の申告期限又は最初の「個人の事業用資産についての贈与税の納税猶予及び免除」（120ページ参照）の適用に係る贈与税の申告期限のいずれか早い日をいいます。

※　③の適用を受けた後の確定事由は、原則として「非上場株式等についての相続税の納税猶予」における経営承継期間後の確定事由と同様となります。詳しくは、税務署にお尋ねください。

納税猶予期間中

特例事業用資産の継続保有等

引き続きこの制度の適用を受けるためには、**「継続届出書」**に一定の書類を添付して３年ごとに所轄の**税務署へ提出**する必要があります。

なお、**「継続届出書」の提出がない場合には、猶予されている相続税の全額と利子税を納付**する必要があります。

後継者の死亡等

「免除届出書」・「免除申請書」の提出

後継者の死亡等があった場合には、**「免除届出書」・「免除申請書」を提出**することにより、その死亡等があったときに納税が猶予されている相続税の全部又は一部についてその納付が**免除**されます。

◆ **猶予されている相続税の納付が免除される主な場合**

(1) 後継者が死亡した場合

(2) 特定申告期限の翌日から５年を経過する日後に、特例事業用資産の全てについて「免除対象贈与」を行った場合

(3) 事業を継続することができなくなったことについて、やむを得ない理由（下記参照）がある場合

(4) 破産手続開始の決定などがあった場合

(5) 事業の継続が困難な一定の事由が生じた場合において、特例事業用資産の全ての譲渡・事業の廃止をしたとき（137ページ参照）

「免除対象贈与」とは、この制度の適用を受けている特例事業用資産が後継者に贈与され、その後継者が「個人の事業用資産についての贈与税の納税猶予及び免除」（120ページ参照）の適用を受ける場合における贈与をいいます。

131ページ(2)③の現物出資による納税猶予の継続の適用を受けた場合には、(2)の「免除対象贈与」は「非上場株式等についての贈与税の納税猶予等」の適用を受けるものになります。また、(3)の適用はありません。

民事再生計画の認可決定があった場合などには、その時点における特例事業用資産の価額に基づき、納税猶予税額の再計算を行い、再計算後の納税猶予税額で納税猶予を継

続することができる場合があります（その差額は、免除されます。）。

「やむを得ない理由」とは、次に掲げる事由のいずれかに該当することになったことをいいます。

① 精神保健及び精神障害者福祉に関する法律の規定により精神障害者保健福祉手帳（障害等級が１級）の交付を受けたこと

② 身体障害者福祉法の規定により身体障害者手帳（身体上の障害の程度が１級又は２級）の交付を受けたこと

③ 介護保険法の規定による要介護認定（要介護状態区分が要介護５）を受けたこと

（参考）利子税の計算方法

○ 猶予の期限が確定した贈与税・相続税を納付する場合に、これと併せて納付する利子税は、贈与税・相続税の申告期限の翌日から納税猶予の期限までの期間（日数）に応じ、年3.6%の割合で計算します。

なお、各年の特例基準割合が7.3%に満たない場合には、その年における利子税の割合は、次の計算式のとおり軽減されます（0.1%未満の端数は切捨て。令和元年は0.7%に軽減。）。

（計算式）

$$利子税の割合 = 3.6\% \times \frac{特例基準割合^{※}}{7.3\%}$$

※ 特例基準割合とは、各年の前々年の10月から前年の9月までの各月における銀行の新規の短期貸出約定平均金利の合計を12で除して得た割合として、各年の前年の12月15日までに財務大臣が告示する割合に1%の割合を加算した割合（令和元年は1.6%）をいいます。

〔参考〕納税が猶予される相続税などの計算方法

ステップ1　全ての財産の価額に基づき後継者の相続税を計算

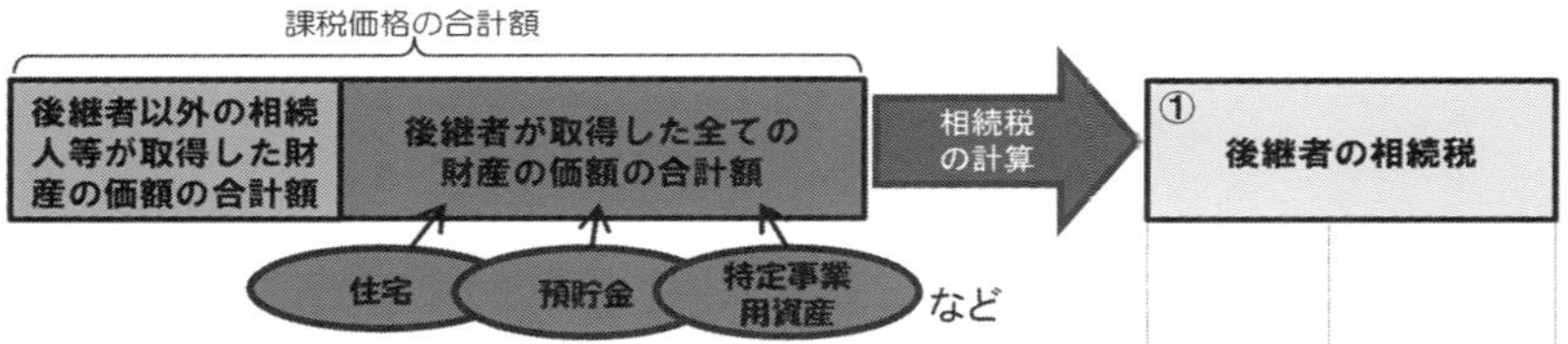

課税価格の合計額に基づいて計算した相続税の総額のうち、後継者の課税価格に対応する相続税を計算します。

ステップ2　特定事業用資産のみとした場合の後継者の相続税を計算

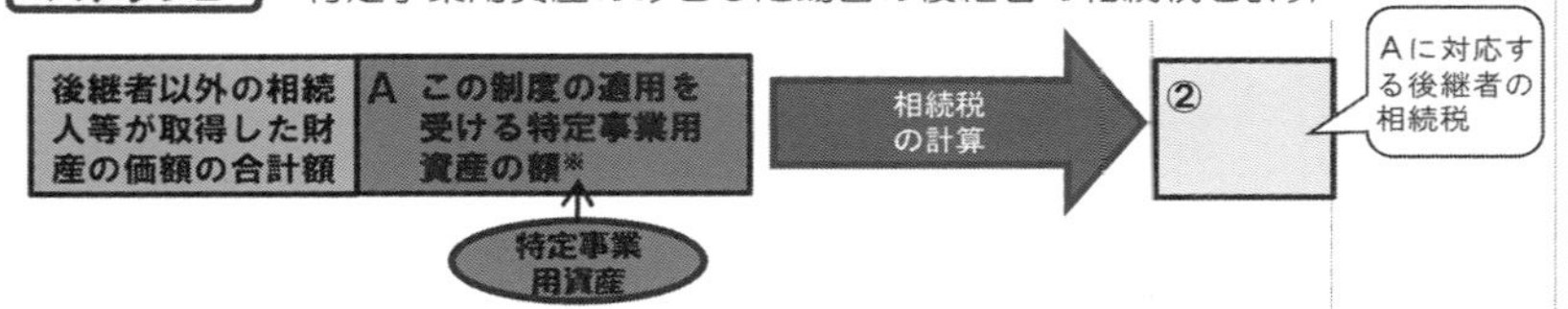

後継者が取得した財産が特定事業用資産のみであると仮定した相続税の総額のうち、Aに対応する後継者の相続税を計算します。

※　「A」の算定に当たり、後継者が負担した債務や葬式費用の金額がある場合には、その債務（事業に関するもの以外の債務であることが明らかなものを除きます。）の金額を特定事業用資産の額から控除します。

ステップ3　猶予税額等の計算

「②の金額」が「納税が猶予される相続税」となります。なお、「③の金額（納付税額）」は、相続税の申告期限までに納付する必要があります。

〔後継者の相続税の計算方法〕

① 課税価格の合計額から「基礎控除額」を差し引き、「課税遺産総額」を算出します。

② 法定相続分で取得したと仮定して「課税遺産総額」をあん分します（図は子２人が法定相続人の場合です。）。

③ ②であん分した額と「相続税の速算表」を基に、各法定相続人別に相続税額を計算します。

④ ③の相続税額を合計し「相続税の総額」を算出します。

⑤ 「相続税の総額」をそれぞれの相続人等が実際に取得した正味の遺産額の割合に応じてあん分します。このあん分後の金額が、それぞれの相続人等の相続税額となります。

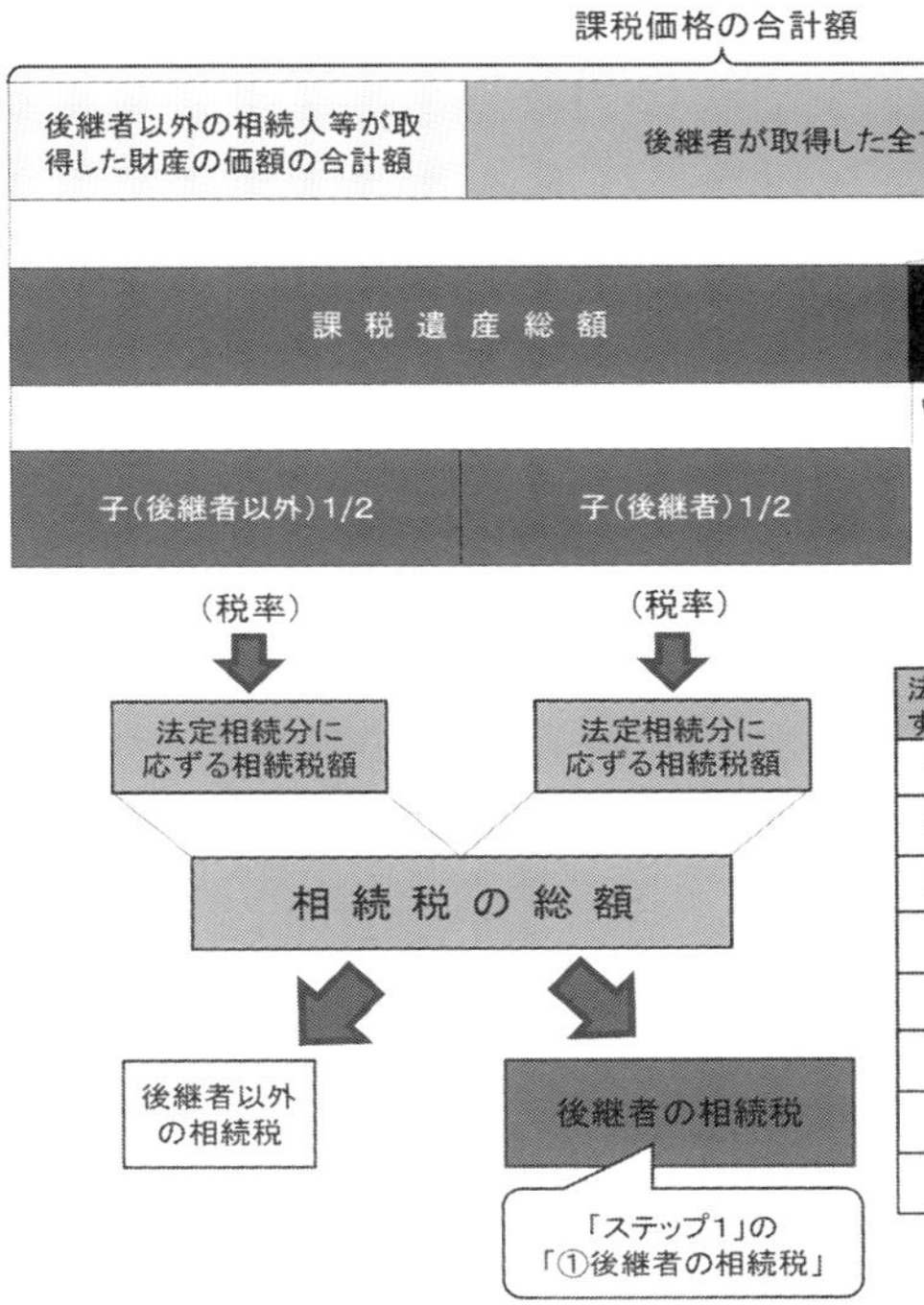

【相続税の速算表】

法定相続分に応ずる取得金額	税率	控除額
1,000万円以下	10%	－
3,000万円以下	15%	50万円
5,000万円以下	20%	200万円
1億円以下	30%	700万円
2億円以下	40%	1,700万円
3億円以下	45%	2,700万円
6億円以下	50%	4,200万円
6億円超	55%	7,200万円

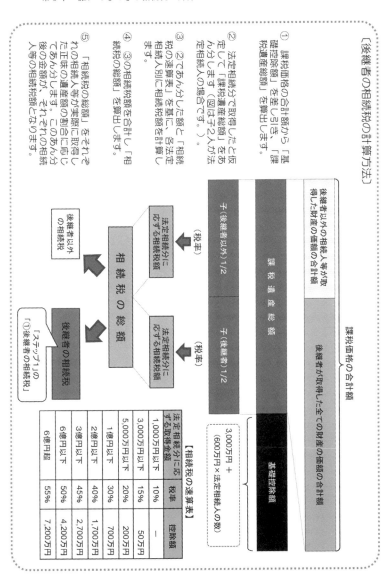

個人版事業承継税制の適用対象となる贈与・相続等について

個人版事業承継税制の適用対象となる贈与・相続等は、**平成３１年１月１日から令和１０年１２月３１日までの間の**特定事業用資産の**贈与・相続等であること**が要件となります。

また、**先代事業者以外の者からの贈与・相続等について個人版事業承継税制の適用を受けようとする場合**には、上記の期間内の贈与・相続等で、先代事業者からの**最初の**その適用に係る**贈与・相続等の日**から**１年を経過する日まで**の**贈与・相続等であること**が要件となります。

（例）最初に贈与税の個人版事業承継税制の適用を受けている場合（×１年１１月１日に贈与）

最初の贈与の日から１年を経過する日（×２年１１月１日）までの間の贈与（相続等）が対象となります。

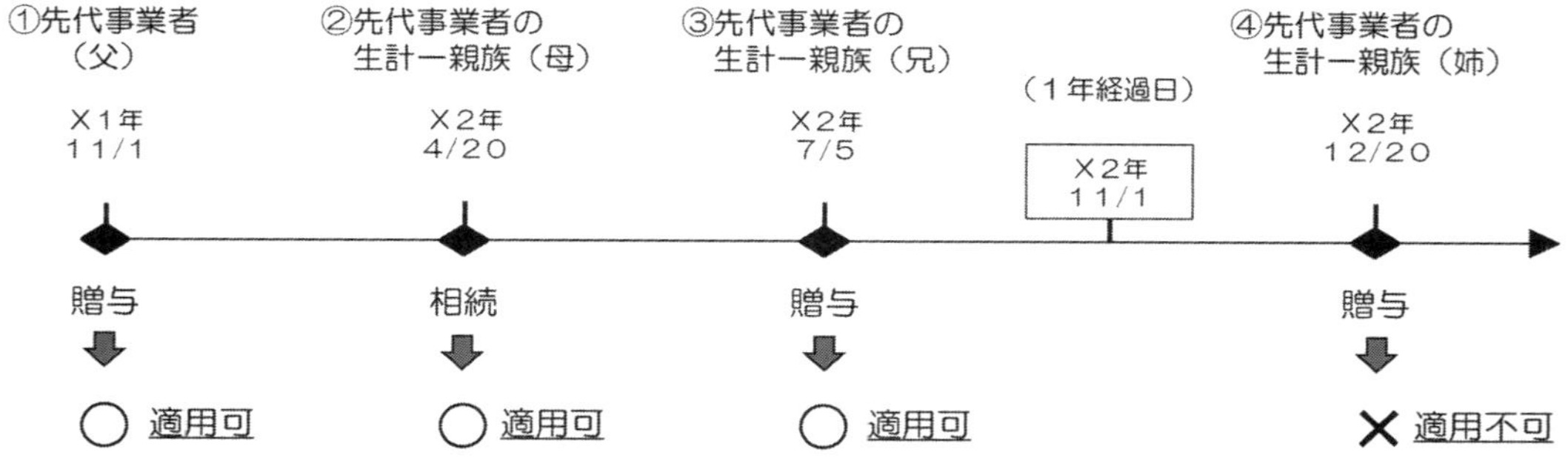

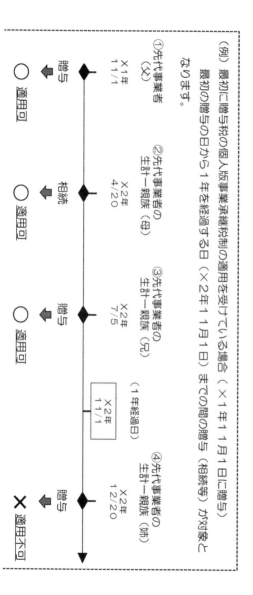

（注）適用対象となるものは平成３１年１月１日から令和１０年１２月３１日までの間の贈与・相続等に限ります。

事業の継続が困難な事由が生じた場合の納税猶予額の免除について

事業の継続が困難な一定の事由が生じた場合※1に、特例事業用資産等の全部の譲渡等をしたとき又はその事業を廃止したときには、その対価の額（譲渡等の時の相続税評価額の５０％に相当する金額が下限になります。）を基に贈与（相続）税額等を再計算し、再計算した税額と過去５年間の必要経費不算入対価等の合計額が当初の納税猶予税額を下回る場合には、その差額は免除されます（再計算した税額は納付）。

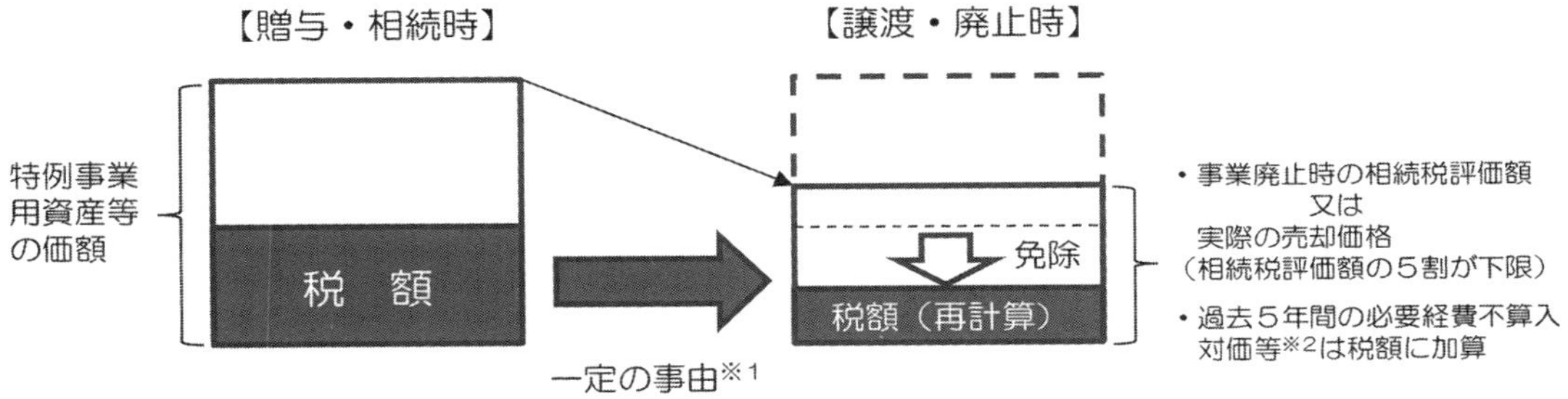

※1　特例事業用資産等に係る事業について、①直前３年中２年以上その事業に係る事業所得の金額が０未満の場合、②直前３年中２年以上その事業に係る総収入金額が前年を下回る場合、③後継者が心身の故障等によりその事業に従事できなくなった場合。

2　「必要経費不算入対価等」とは、後継者の親族など、特別関係者が当該事業に従事したことその他の事由により後継者から支払を受けた対価又は給与であって、所得税法第５６条又は第５７条の規定により、その事業に係る事業所得の金額の計算上必要経費に算入されるもの以外のものをいいます。

〔参考〕 小規模宅地等の特例

(1) 特例の概要

小規模宅地等の特例は、相続等により取得した宅地等のうち被相続人又は被相続人と生計を一にしていた被相続人の親族の事業の用又は居住の用に供されていた一定の宅地等について、一定の面積までの部分につき、その相続税の課税価格を次のとおり減額する特例です。

なお、この特例の適用を受けるためには、その宅地等を取得した者が相続税の申告期限まで、その宅地等を保有し、事業の用又は居住の用に供しているなど、一定の要件を満たす必要があります。

用途	区分	限度面積	減額割合
事業用	特定事業用宅地等	400㎡	80%
貸付事業用	特定同族会社事業用宅地等	400㎡	80%
	貸付事業用宅地等	200㎡	50%
居住用	特定居住用宅地等	330㎡	80%

(2) 個人版事業承継税制との適用関係

先代事業者等（被相続人）に係る相続等により取得した宅地等について小規模宅地等の特例の適用を受ける者がある場合、その適用を受ける小規模宅地等の区分に応じ、個人版事業承継税制の適用が次のとおり、制限されます。

	適用を受ける小規模宅地等の区分	個人版事業承継税制の適用
イ	特定事業用宅地等	適用を受けることはできません。

ロ	特定同族会社事業用宅地等	「400㎡－特定同族会社事業用宅地等の面積」が適用対象となる宅地等の限度面積となります※1。
ハ	貸付事業用宅地等	「$400㎡-2\times\left(A\times\frac{200}{330}+B\times\frac{200}{400}+C\right)$」が適用対象となる宅地等の限度面積となります※2。
ニ	特定居住用宅地等	適用制限はありません※1。

※1　他に貸付事業用宅地等について小規模宅地等の特例の適用を受ける場合には、ハによります。
　2　Aは特定居住用宅地等の面積、Bは特定同族会社事業用宅地等の面積、Cは貸付事業用宅地等の面積です。

【参考】個人版事業承継税制と小規模宅地等の特例（特定事業用宅地等）の主な違い

	個人版事業承継税制	小規模宅地等の特例
事前の計画策定等	5年以内の個人事業承継計画の提出 平成31年4月1日から 令和6年3月31日まで	不要
適用期限	10年以内の贈与・相続等 平成31年1月1日から 令和10年12月31日まで	なし
承継パターン	贈与・相続等	相続等のみ
対象資産	・宅地等（400㎡まで） ・建物（床面積800㎡まで） ・一定の減価償却資産	宅地等（400㎡まで）のみ
減額割合	100%（納税猶予）	80%（課税価格の減額）
事業の継続	終身	申告期限まで

円滑化法の認定等に関する窓口について

個人版事業承継税制の適用を受けようとしている方、又は、適用を受けている方の「**中小企業における経営の承継の円滑化に関する法律施行規則」に基づく認定、確認及びそれに係る申請書の提出に関する窓口は後継者の主たる事務所が所在する都道府県**です。

また、**個人事業承継計画の提出に関する窓口については先代事業者の主たる事務所が所在する都道府県**になります。

＜各都道府県のお問合せ先＞

平成31年4月1日現在

北海道	経済部地域経済局　中小企業課	011-204-5331	滋賀県	商工観光労働部　中小企業支援課	077-528-3732
青森県	商工労働部 地域産業課　創業支援グループ	017-734-9374	京都府	商工労働観光部　ものづくり振興課	075-414-4851
岩手県	商工労働観光部　経営支援課	019-629-5544	大阪府	商工労働部 中小企業支援室　経営支援課	06-6210-9490
宮城県	経済商工観光部　中小企業支援室	022-211-2742	兵庫県	産業労働部 産業振興局　経営商業課	078-362-3313
秋田県	産業労働部　産業政策課	018-860-2215	奈良県	産業振興総合センター 創業・経営支援部 経営支援課	0742-33-0817
山形県	商工労働部　中小企業振興課	023-630-2359	和歌山県	商工観光労働部 商工労働政策局　商工振興課	073-441-2740
福島県	商工労働部　経営金融課	024-521-7288	鳥取県	商工労働部　企業支援課	0857-26-7453
茨城県	産業戦略部　中小企業課	029-301-3560	島根県	商工労働部　中小企業課	0852-22-5288
栃木県	産業労働観光部　経営支援課	028-623-3173	岡山県	産業労働部　経営支援課	086-226-7353
群馬県	産業経済部　商政課	027-226-3339	広島県	商工労働局　経営革新課	082-513-3370

埼玉県	産業労働部　産業支援課	048-830-3910	山口県	商工労働部　経営金融課	083-933-3180
千葉県	商工労働部　経営支援課	043-223-2712	徳島県	商工労働観光部　商工政策課	088-621-2322
東京都	産業労働局　商工部　経営支援課	03-5320-4785	香川県	商工労働部　経営支援課	087-832-3345
神奈川県	産業労働局 中小企業部 中小企業支援課（かながわ中小企業成長支援ステーション）	046-235-5620	愛媛県	経済労働部 産業支援局経営支援課	089-912-2480
新潟県	産業労働部　創業・経営支援課	025-280-5240	高知県	商工労働部　経営支援課	088-823-9697
富山県	商工労働部　経営支援課	076-444-3248	福岡県	商工部　中小企業振興課	092-643-3425
石川県	商工労働部　経営支援課	076-225-1522	佐賀県	産業労働部　経営支援課	0952-25-7182
山梨県	産業労働部　企業立地・支援課	055-223-1541	長崎県	産業労働部　経営支援課	095-895-2616
長野県	産業労働部　産業立地・経営支援課	026-235-7195	熊本県	【製造業以外】商工観光労働部 商工労働局　商工振興金融課	096-333-2316
岐阜県	商工労働部　商業・金融課	058-272-8389		【製造業】商工観光労働部 新産業振興局　産業支援課	096-333-2319
静岡県	経済産業部　商工業局　経営支援課	054-221-2807	大分県	商工労働部　経営創造・金融課	097-506-3226
愛知県	経済産業局 中小企業部　中小企業金融課	052-954-6332	宮崎県	商工観光労働部 商工政策課　経営金融支援室	0985-26-7097
三重県	雇用経済部 中小企業・サービス産業振興課	059-224-2447	鹿児島県	商工労働水産部　経営金融課	099-286-2944
福井県	【建設業、商業、サービス業等】産業労働部　産業政策課	0776-20-0367	沖縄県	商工労働部　中小企業支援課	098-866-2343
	【製造業等】産業労働部地域産業・技術振興課	0776-20-0370			

○　事業承継税制に関連する情報につきましては、中小企業庁ホームページにおいてもご覧いただけますので、ぜひご利用ください。【www.chusho.meti.go.jp/zaimu/shoukei/index.html】

第4章

相続税を軽くする上手な贈与

贈与によって得た財産は最も不労所得の性格が強いので税金も高い。しかし、贈与を上手に使うことで相続税の大きな節税に役立つことも事実。そのノウハウをわかりやすく紹介。

1　相続税と贈与税

(1)　贈与税は相続財産の前渡し税（補完税）

六法全書のどこを見ても贈与税法などという法律はありません。というと、びっくりされる人もいるかもしれませんが、贈与税は相続税法の中で規定されている税なのです。そういう意味では、相続税と贈与税という二つの税金は兄弟のようなものですが、税率を比べてみると、じつは雲泥の差があります。

どちらの税も課税対象の財産を金額に応じていくつかの段階に区分して、上の区分ほど高い税率を適用することになっています。この区分の仕方と税率の上がり方が二つの税ではきわだった差があるのです。贈与税の方が区分が小きざみになっており、税率の上がり方も大幅になっています。

たとえば、子に基礎控除後課税価格1000万円の相続財産を相続したばあい相続税は100万円なのに対し、同じく基礎控除後課税価格1000万円を贈与されたばあいの贈与税は210万円と、はなはだしい違いがでてきます。

二つの税のあいだでなぜこんなに差があるかというと、第2章（49ページ）で説明したように、贈

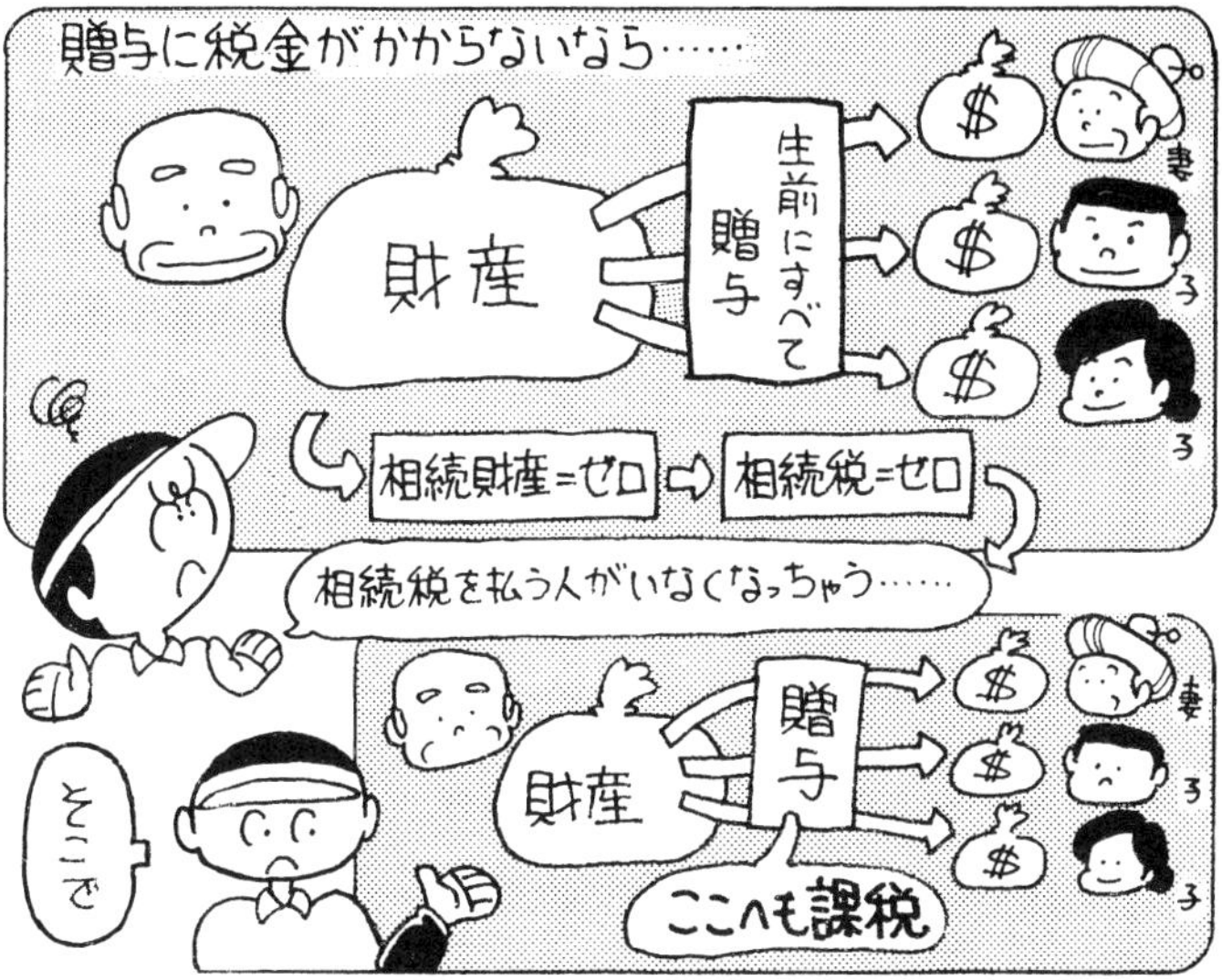

与税というのはもっとも不労所得の性格が強く、また相続税逃れをおさえるために設けられた税金だからです。極端にいえば、重い相続税を軽くするには引き継ぐべき遺産を軽くする、つまり生きているあいだに財産を妻や子に分けてしまえばよいわけです。そうなると相続税を納める人などいなくなるのは当たり前です。それを防ぐための考え方が贈与税という制度だといえます。相続税を軽くする、あるいは逃れようとするためには、重い贈与税という税金を前渡ししなければならないというわけです。

それなら、贈与などはばからしいと考えるのは、ちょっと早計です。次に節税対策として、どうすれば上手に贈与をすることができるかをみてみましょう。

(2) 上手な贈与で相続税を減らす

相続とは、いまさらいうまでもありませんが、亡くなった人の財産（マイナスの財産も含めて）を妻や子など一定の身分関係のある人が受け継ぐことをいいます。しかし、相続財産という点では、亡くなってからの相続を考えるのでは不十分なのです。財産を相続してなるべく税金を軽くするという意味での相続対策には、贈与をどう上手に行なうかということも含まれるということを忘れてはなりません。つまり、贈与財産を含めた総体が相続財産なのだということを、はっきり認識しておく必要があります。こういってもよいでしょう。相続税に関しては、節税の鍵はむしろ贈与にあるのです。

では、肝心な贈与財産がどの範囲のものなのかを見てみます。

2 贈与および贈与とみなされるもの

(1) 本来の贈与財産

一般的に財産とは、金銭で見積もれる経済的価値をもつものといわれています。この財産がタダでやりとりされたときに贈与税が課せられるわけです。また、贈与とは、「あげましょう」「もらいましょう」といって成立する契約のことをさしています。かたいことばでいえば、このような無償による財産の移転によって贈与税が生じる財産には、次のようなものがあります（これを「本来の贈与財産」といいます）。

　これらは、とくに解説の必要もなくうなずけるものばかりだと思います。ところが、くれる人とも

本来の贈与財産

具体的財産	土地	田（耕作権及び永小作権含む）
		畑（耕作権及び永小作権含む）
		宅地（借地権）
		山林
		その他の土地
	家屋	家屋（配偶者居住権含む）
		構築物
	事業用財産	機械器具、農耕具
		じゅう器、備品
		農産物、原材料
		売掛金
	有価証券	株式、出資、公社債投資
	預貯金	現金、小切手、預貯金、金銭信託
	家庭用財産	家具、じゅう器、備品、書画、骨とう
	その他の財産	生命保険金
		生命保険契約に関する権利
		退職金、功労金
		定期金に関する権利
		立木
		自動車
		貸付金、未収金その他

みなし贈与財産

種類	贈与によって取得したとみなされる財産	贈与者	受贈者	贈与の時期
信託財産	委託者以外の者を受益者とする信託にかかる受益権	委託者	受益者	信託行為があったとき
生命保険金	受取人以外の者が保険料を負担した満期保険金	保険料負担者	保険金受取人	保険事故が発生したとき
	被相続人以外の者が掛金を負担した定期金の受給権			
定期金(郵便年金など)	受取人以外の者が掛金を負担した定期金の受給権	掛金負担者	定期金受取人	定期金給付事由が発生したとき
低額譲渡	著しく低い価額で財産を譲りうけたばあい	譲渡者	譲り受けた者	財産の譲渡があったとき
債務免除益	債務の免除や債務の肩代りなどがあったばあい	債務免除等をした者	債務免除等をうけた者	債務免除があったとき
その他の経済的利益	不平等に新株引受権が与えられたばあいその新株引受権と払込額との差額	本来の新株引受権者	実際に新株を引受けた者	引受けがあったばあい
	失権株により持分が増加したばあいのその利益	失権した株主	持分が増加した株主	失権した時
	共有持分の放棄により持分が増加したばあいのその利益	放棄した者	他の共有者	放棄した時
	無償による貸与があったばあいにおけるその利益	貸与者	貸与をうけた者	貸与した時

らう人のあいだで、はっきり「あげましょう」「もらいましょう」という意識がないまま、結果として贈与と同じことになる財産が問題なのです。こういうものの中には、贈与を受けたとみなされて、贈与税がかかるばあいがあります。これを「みなし贈与財産」といいます。

(2)　みなし贈与財産とされるもの

みなし贈与財産とされるものには、前ページの表のように6種類があります。贈る方も受けとる方も、とくに「あげた」とか「もらった」という意識がうすいばあいも多いだけに、後味の悪い思いをすることがないように、十分注意したいところです。

よくある、贈与とみなされるものは、次のようなばあいです。

①**親子間の借金**には注意しなければなりません。親から子がお金を借りるばあいは、ある時払いの催促なしといったような借金の仕方になりがちですが、これは贈与とみなされてしまいます。親から子が借金をしても、親の口座に元金と利息をきちん振り込んでいさえすれば、借入金の返済を果たしているわけですから、贈与税はかかりません。

もし、親子間で借用証書を作成していたらどうなるでしょう。このばあいでも、返済が実行されていなかったり、利息の支払いが行なわれていなかったり、借りた者の収入からみて返済不能な額だったりすると、贈与税の対象になってしまいます。

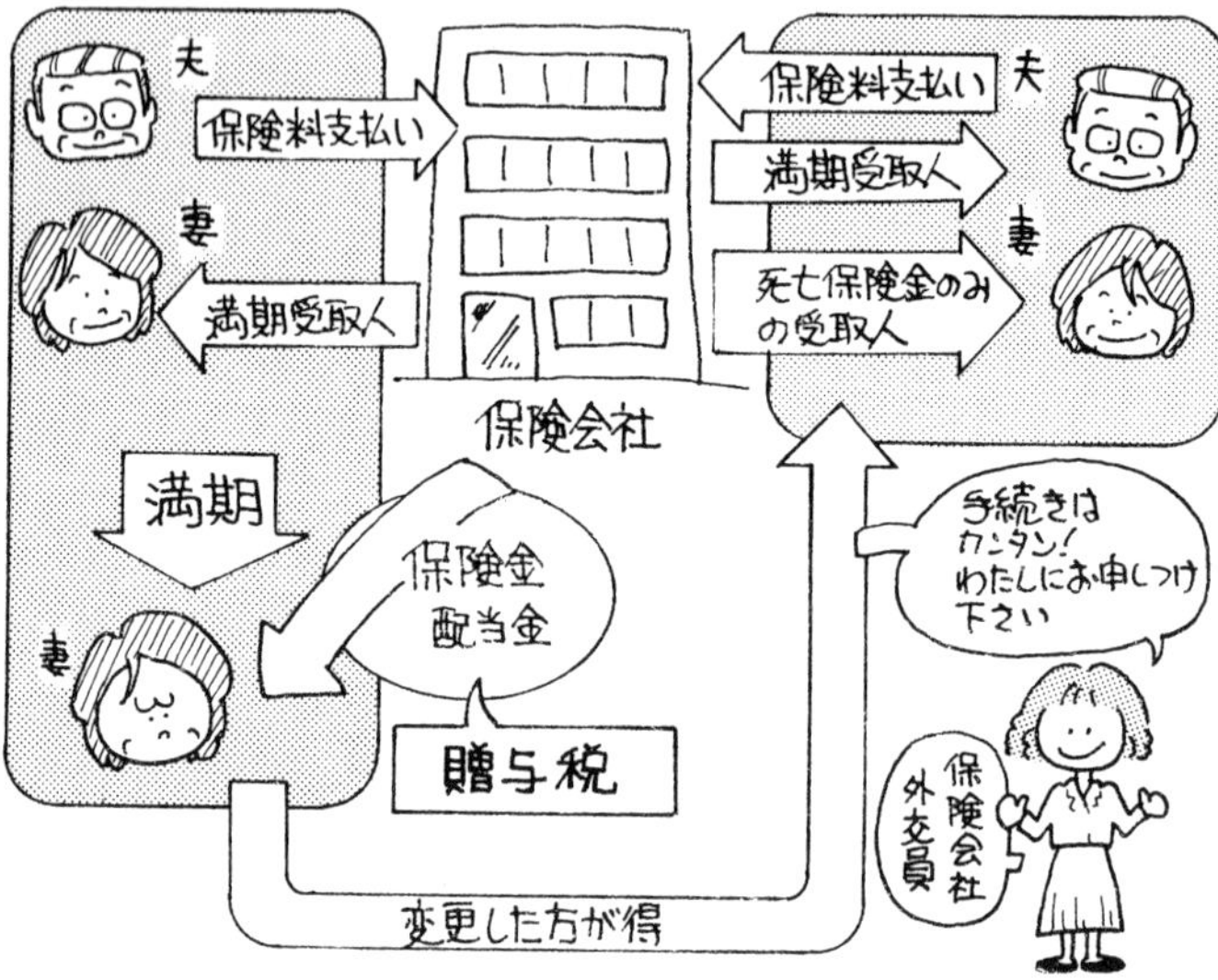

②夫が保険料を払い、妻を受取人にした生命保険は、満期になって妻が保険金を受けとると、配当金を含めた全額が贈与とみなされます。したがって、満期受取日をもって贈与税の申告をする必要があります（そうならないようにするには、満期の保険金の受取人は保険料支払者である夫にし、死亡保険金の受取人を妻にしておくことです。受取人の変更は保険会社や担当の外交員に申し出ればすぐできます）。

ただし、こういうケースには、次のようなやり方もあります。妻が婚姻して20年を過ぎていれば、2000万円の住宅資金贈与を夫から無税で受けられることになっているので、生命保険の満期金を妻の非課税贈与財産として受けたことにしてもよいのです。もっとも、そのお金を非課税にするには、妻の居住用の建物を建築することが条件に

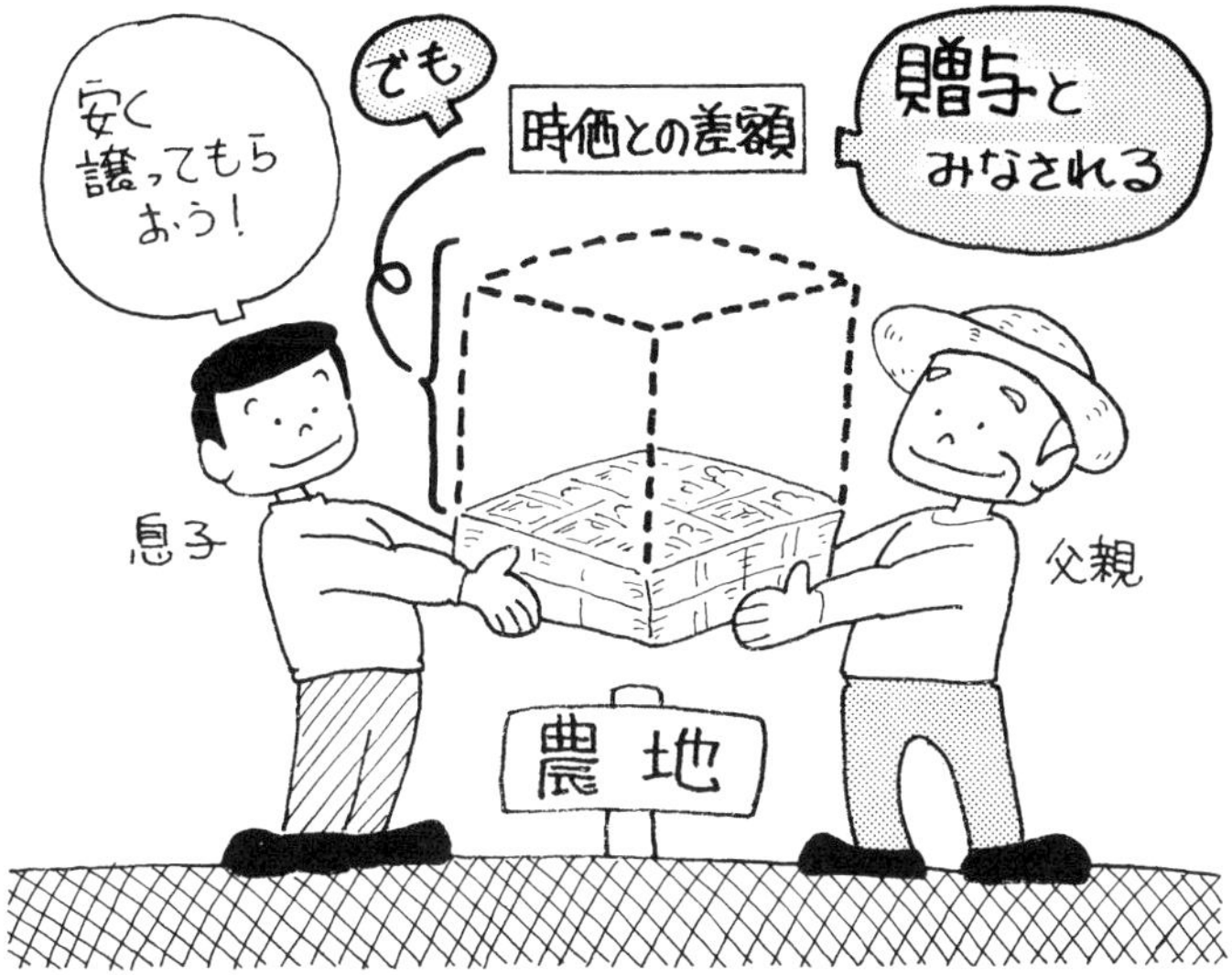
安く
譲ってもら
おう！
でも
時価との差額
贈与と
みなされる
息子
父親
農地

なります。

もう一つ、保険に関連したこんなケースも問題になります。子が生まれたときに、子本人を受取人にして入った保険が満期になったばあいです。こういう例はよくあるようです。子が生まれたうれしさのあまり保険に入るのですが、いつのまにか長い年月が過ぎて、満期になってしまうのです。もちろんこのばあいには、子に贈与税がかかってきます。せっかくの子への愛情も税金でどっさりもっていかれるので、これも、満期保険金の受取人は保険料支払者に、死亡保険金の受取人のみを子にするのが利口なやり方です。

③農地を子に安く譲るばあいも問題になります。現実の時価とあまりかけはなれた価額でわけてやったりすると、時価との差額が贈与とみなされて、贈与税がかかってくるというわけです。

これらのケースに典型的にあらわれているように、みなし贈与というのは、贈与を受けた（つまり「もらいました」）という意識がうすいところに盲点があるといえるでしょう。

④同族会社の株を親が子に額面金額で譲ったり、増資分を子に過分に割当てたりしたときには問題が生じます。

最近では、農家でも会社法人にしているばあいが少なくありませんが、子に株を少しずつ贈与していく方法がよい節税対策になる反面で、意外に盲点にもなりますので注意していただきたいところです。

株というものは、いつまでも最初に払いこんだ価額で定着しているものではありません。したがって成長株を額面金額で譲ったり贈与したりしたばあいには、プレミア部分に相当する金額がみなし贈与財産とされます。増資にともなう割当ての仕方でも、持株比率を逸脱した割当てをしたりすると、会社の利益に対する持分比率もそれにともなって変わってしまいます。そうなると、子はその分の利益を親から贈与されたとみなされるわけです。当然のことながら、利益をあげている会社ほどこの利益分が大きくなるので、同族会社にしている農家などでは、増資のさいにはとくに注意してください。

⑤専従者給与が多すぎるとみなされるばあいにも贈与税がかかるといわれています。

3　税額の出し方

(1)　暦年課税による贈与税の計算

前節で贈与税がかかってくる財産がどの範囲のものかをみて、贈与とみなされるケースにもふれましたので、次は税額の計算についてみてみましょう。

暦年課税による贈与税額の計算は、相続税の計算に比べるとじつはとても簡単です。暦年を区切りにして、贈与された財産の合計額から基礎控除、配偶者控除などを差し引いて税率をかけるだけで出てきます。とはいっても、直接税といわれている所得税、相続税、贈与税の中では税率の高くなるカーブが急なのが贈与税ですから、多額の贈与にふみきることには、別のむずかしさがあるのも当然です。要は、毎年心がけておいて、上手な贈与をしていくことでしょう。

はじめにふれたように、贈与税は暦年課税ですから、その年の1月1日から12月31日までに贈与された金額を合計して、翌年の2月1日から3月15日まで申告することになっています。もちろん、みなし贈与も含めて計算して合計金額を出します。2人以上、たとえば父と母の2人から受けたものも合計しなければなりません。この合計金額が課税価格というわけです。

贈与税の速算表

平成27年以降の贈与税の税率は、次のとおり、「一般贈与財産」と「特例贈与財産」に区分されました。

【一般贈与財産用】（一般税率）

この速算表は、「特例贈与財産用」に該当しないばあいの贈与税の計算に使用します。

例えば、兄弟間の贈与、夫婦間の贈与、親から子への贈与で子が未成年者のばあいなどに使用します。

基礎控除後の課税価格	200万円以下	300万円以下	400万円以下	600万円以下	1000万円以下	1500万円以下	3000万円以下	3000万円超
税　率	10%	15%	20%	30%	40%	45%	50%	55%
控除額	–	10万円	25万円	65万円	125万円	175万円	250万円	400万円

【特例贈与財産用】（特例税率）

この速算表は、直系尊属（祖父母や父母など）から、その年の1月1日において20歳以上の者（子・孫など）※への贈与税の計算に使用します。

※「その年の1月1日において20歳以上の者（子・孫など）」とは、贈与を受けた年の1月1日現在で20歳以上の直系卑属のことをいいます。

例えば、祖父から孫への贈与、父から子への贈与などに使用します。（あくまで直系卑属への贈与が対象で、例えば夫の父から妻への贈与、すなわち義父からの贈与等には使用できません）

基礎控除後の課税価格	200万円以下	400万円以下	600万円以下	1000万円以下	1500万円以下	3000万円以下	4500万円以下	4500万円超
税　率	10%	15%	20%	30%	40%	45%	50%	55%
控除額	–	10万円	30万円	90万円	190万円	265万円	415万円	640万円

（国税庁ホームページより）

次に、この課税価格から基礎控除額を差し引きます。贈与税では、贈与された人は年間110万円の基礎控除額しか認められていません。したがって、何人から贈与を受けても基礎控除は年間110万円と決められています。基本的には贈与税額の計算は、課税価格から基礎控除を引いた残額に税率をかければよいのですが、実際には表のような「贈与税の速算表」がありますので、この表を使って計算すれば贈与税額は簡単に求められます。このあとでふれる配偶者控除などの特別なものがない限り、贈与税額の計算はこれで終わりなのです。

「贈与税の速算表」をみておわかりのように、まず一般贈与財産用と特例贈与財産用があります。それぞれが基礎控除後の価額は8段階に区分されており、税率は10％から55％です。ここで、特例贈与財産とは、贈与を受けた年の1月1日において20歳（令和4年4月以降は18歳、以下同）以上の者が、直系尊属（父母、祖父母など）から贈与を受けた財産です。この区分による税率の大きな差が、贈与を上手に使おうとするときに非常に重要なポイントになってきます。たとえば、妻に100万円の贈与と1000万円の贈与のケースを例にとって、速算表を使って計算してみると一目瞭然となります。

100万円の贈与をすると、基礎控除後の価額は0円ですから、無税になります。これに対して1000万円の贈与をすると、基礎控除後の価額は890万円ですから、

890万円×0.4（税率）－125万円＝231万円

となります。贈与金額が10倍になっただけで実質０％の税率が23・１％もの莫大な税率になってしまうことがわかります。

１０００万円の贈与を受けて贈与税を２３１万円納めると、手元に残るお金は７６９万円になってしまいます。これが、１００万円の贈与を受けると無税ですから、手元に１００万円残ります。

つまり、小きざみな贈与を上手に心がけることが結局は相続税を軽くすることにつながることが、これでよくおわかりいただけると思います。

（２）相続時精算課税による贈与税の計算

①制度の概要

79ページでも説明した相続時精算課税の制度は、平成15年にスタートしました。

原則として60歳以上の父母または祖父母から、20歳（令和４年４月以降は18歳、以下同）以上の子または孫に対し、財産を贈与したばあいにおいて選択できる贈与税の制度です。この制度を選択するばあいには、贈与を受けた年の翌年の2月1日から3月15日の間に贈与税の申告書を提出する必要があります。

なお、この制度を選択すると、その選択に係る贈与者から贈与を受ける財産については、その選択をした年分以降全てこの制度が適用され、「暦年課税」へ変更することはできませんので、要注意です。

また、この制度の贈与者である父母または祖父母が亡くなった時の相続税の計算上、相続財産の価額にこの制度を適用した贈与財産の価額（贈与時の時価）を加算して相続税額を計算します。

このように、相続時精算課税の制度は、贈与税・相続税を通じた課税が行なわれる制度です。

②適用対象者

贈与者は贈与をした年の１月１日において60歳以上の父母または祖父母、受贈者は贈与を受けた年の１月１日において20歳以上の者のうち、贈与者の直系卑属（子や孫）である推定相続人または孫とされています。

③適用対象財産等

贈与財産の種類、金額、贈与回数に制限はありません。

ただし、農地等の贈与税の納税猶予の適用を受けるばあいは、贈与を受けた農地等については、相続時精算課税の制度の適用はありません。

④贈与税額の計算

相続時精算課税の適用を受ける贈与財産については、その選択をした年以後、相続時精算課税に係る贈与者以外の者からの贈与財産と区分して、１年間に贈与を受けた財産の価額の合計額を基に贈与税額を計算します。

その贈与税の額は、贈与財産の価額の合計額から、複数年にわたり利用できる特別控除額（限度額：２５００万円。ただし、前年以前において、既にこの特別控除額を控除しているばあいは、残額が限度額となります）を控除した後の金額に、一律20％の税率を乗じて算出します。

なお、相続時精算課税を選択した受贈者が、相続時精算課税に係る贈与者以外の者から贈与を受けた財産については、その贈与財産の価額の合計額から暦年課税の基礎控除額１１０万円を控除し、贈与税の税率を適用し贈与税額を計算します。

（注）相続時精算課税に係る贈与税額を計算する際には、暦年課税の基礎控除額１１０万円を控除することはできませんので、贈与を受けた財産が１１０万円以下であっても贈与税の申告をする必要があります。

⑤相続税額の計算

相続時精算課税を選択した者に係る相続税額は、相続時精算課税に係る贈与者が亡くなった時に、それまでに贈与を受けた相続時精算課税の適用を受ける贈与財産の価額と相続や遺贈により取得した財産の価額とを合計した金額を基に計算した相続税額から、既に納めた相続時精算課税に係る贈与税相当額を控除して算出します。

その際、相続税額から控除しきれない相続時精算課税に係る贈与税相当額については、相続税の申告をすることにより還付を受けることができます。

なお、相続財産と合算する贈与財産の価額は、贈与時の価額とされています。

⑥適用手続

相続時精算課税を選択しようとする受贈者（子または孫）は、その選択に係る最初の贈与を受けた年の翌年２月１日から３月15日までの間（贈与税の申告書の提出期間）に納税地の所轄税務署長に対して「相続時精算課税選択届出書」を次の書類とともに贈与税の申告書に添付して提出することとされています。

ⅰ　受贈者の戸籍の謄本
ⅱ　受贈者の戸籍の附表の写し
ⅲ　贈与者の住民票の写し

また、マイナンバー制度が導入されたことに伴い、個人番号を記載した各種申告書、申請書、届出書等を提出する際には、個人番号カード等の一定の本人確認書類の提示または写しの添付が必要になりますので、注意が必要です。

なお、相続時精算課税は、受贈者（子または孫）が贈与者（父母または祖父母）ごとに選択できますが、いったん選択すると選択した年以後贈与者が亡くなる時まで継続して適用され、暦年課税に変更することはできません。

⑦相続時精算課税の選択は、得か損か？

相続時精算課税の制度は、それほど消費に積極的ではない上の世代から、消費に積極的な下の世代に早期に財産を移転させて、消費を活性化させ、景気を浮揚させようとする国の政策です。2500万円までの贈与は贈与税が非課税ですから、2500万円までの現金や不動産を子や孫に贈与しても贈与税はかかりません。しかし、将来、相続財産に加算され、相続税の対象になります。まさに、相続時に精算される課税です。つまり、完全な免税ではなく、課税の先送りです。少しわかりづらい制度ですね。

では、どのようなばあいに、年間110万円の基礎控除がある暦年課税ではなく、相続時精算課税の制度を選択するのでしょうか。

例えば、太郎さんは、妻の花子さん、長男の一郎さん、次男の二郎さんの4人家族とします。もし、将来、太郎さんが亡くなったときには、相続税の基礎控除額は、3000万円＋600万円×法定相続人の数3人（花子さん、一郎さん、二郎さん）＝4800万円です。つまり、相続財産が4800万円までであれば、相続税はかかりません。

太郎さんは、今時点で所有する財産、今後の財産の増加や家族の生活費などを考慮しても、自身が亡くなったときには相続財産が4800万円を超えることはないと判断しこの制度を使うことにしました。相続時精算課税を使って、お金が必要な長男の一郎さんに、例えば500万円を贈与しても、2500万円以下ですから、贈与税はかかりません。将来、相続税もかからない予定です。もちろん、贈与税の確定申告は、行なわなければなりませんが、贈与税は発生しません。

もし、暦年課税で５００万円を贈与したら、50万円近くの贈与税がかかるので、このケースでは、使い勝手がよい制度です。

次に、賃貸物件などの不動産を相続時精算課税を使って、子や孫に贈与するケースです。賃貸物件を相続発生時まで本人が所有していたばあい、そこから生じた果実である家賃は相続財産となります。つまり、賃貸物件を所有していた期間が長ければ長いほど相続財産は増えることになります。そこで相続時精算課税制度を利用して賃貸物件を子や孫に生前贈与すれば、贈与後の家賃については子や孫の財産になりますから、相続財産がそれ以上増えなくなります。

また、この家賃が将来、相続が起こった時の納税資金になるわけですね。

最後に、これは長所にもなり短所にもなりますが、相続時精算課税の贈与は、相続時に相続財産に加算されますが、その評価額は、相続時の評価額ではなく、贈与時の評価額で加算されるという点です。つまり、将来、値上がりするような資産は、相続時精算課税を適用し、生前に贈与してしまえば、その値上がり部分は相続財産に加算されませんので、得をします。逆に、将来、値下がりするような資産は、実際に相続時に評価が下がっていたとしても、下がる前の贈与時の高い評価額で相続財産に加算されますので、損をするといった具合です。

相続時精算課税の制度の適用に当たっては、慎重に判断し、必要に応じて、税理士等のアドバイスを受けることをお勧めします。

(3) 妻への優遇──配偶者控除

(1) 暦年課税による贈与税の計算の１００万円の贈与財産と１０００万円の贈与財産の計算例では、誰にでも認められる基礎控除だけを考慮に入れましたが、この他に夫婦のあいだで贈与が行なわれるばあいには大きな優遇措置があります。

これは婚姻の期間が20年を経過した夫婦にだけ配慮されたもので、「税のフルムーンパス」といわれているだけあって、居住用財産に対して、最高２０００万円の贈与が無税になるというものです。

結婚して子どもを育てながら20年たったら夫からの２０００万円の贈与を無税で受けることができるのですから、妻にとっては老後の生活保障という意味でも大変な恩典といえます（以下、一般的な例として夫から妻への贈与として説明しますが、この制度は配偶者間に当てはまることなので、妻から夫への贈与でも全く同じであることを念のためつけ加えておきます）。

もう少しくわしくみていきましょう。この優遇措置の条件を整理すると、次のようになります。

㋑贈与財産となるものは、日本国内にある居住用の不動産（建物および借地権を含む敷地）か、居住用の不動産を取得するための金銭であること。

㋺贈与された妻が翌年の３月15日までに居住用不動産を取得して住むか、その後も引き続いて住む見込みであること。

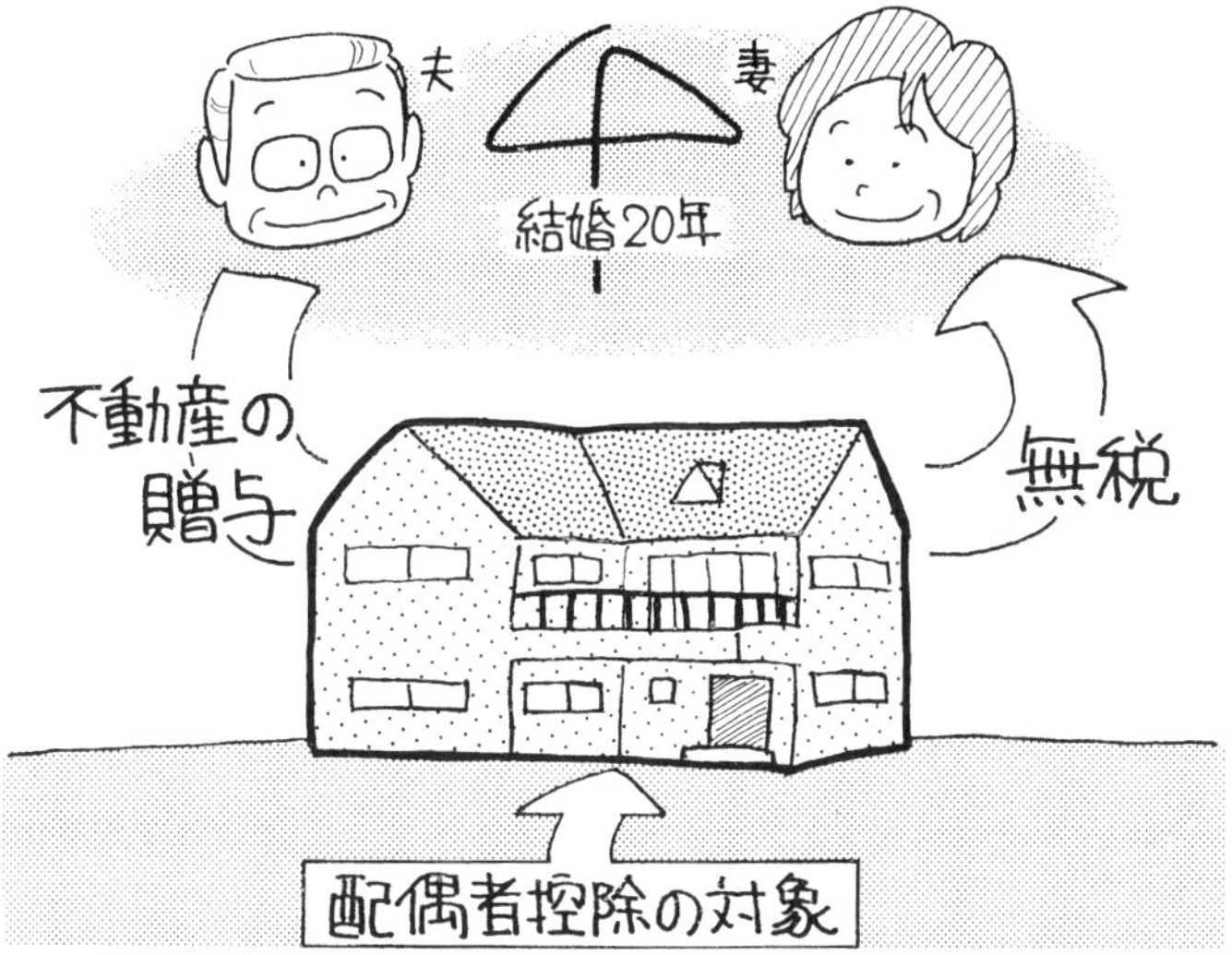

㈧贈与された年の翌年の３月15日までに贈与税の申告をすること。

これらの条件を満たしてはじめて贈与された金額から最高２０００万円の控除が受けられることになります。「最高２０００万円」というところにも注意する必要があります。たとえば、居住用の不動産の額が１２００万円だったとすると、その配偶者控除額も１２００万円ということになります。限度額の２０００万円との差額８００万円は考慮にいれてもらえないのです。次の年にその８００万円の控除を受けようとしてもできません。また、前年以前に贈与税でこの配偶者控除をすでに受けているばあいも、この控除は受けられません。つまり、別の人と結婚しない限り、一生に一度の恩典だということを憶えておいてください。

さて、贈与を受けたときの申告のやり方については次の項でふれますが、この配偶者控除に必要な書類については、ここで先に説明しておきましょう。

①贈与によって取得した土地や建物の登記事項証明書、その他の書類で贈与を受けた人がその土地や建物を取得したことを証するもの。

②贈与を受けた日から10日を過ぎた日以後に作成された戸籍謄本か抄本、および戸籍の附表の写し（この戸籍の附表というのは、いままでの住民票所在地がすべて記載されているもので、住民票代わりのものです）。

③居住の日以後の住民票の写し。ただし、戸籍の附表の写しに記載されている住所が居住用の不動産の所在場所であるばあいには、住民票の写しは不要です。

念のために注意しておきますが、この配偶者控除を適用すれば贈与税がゼロになることがわかったとしても、これらの書類をそろえて申告手続きをしないと控除は受けられません。

●農家の注意点――事業用地の贈与はダメ

さいごに、この本の読者である農家のかたのために一つだけつけくわえておくことがあります。贈与を受けた居住用不動産の持分を按分するばあいの注意点です。

この2000万円の配偶者控除の対象となる財産のかたちは、図のように、建物部分だけでもかまいませんし、土地部分だけでもかまいません。また、土地と家あるいは土地だけを按分してもかまいません。ここで留意しておかなければいけないのは、事業用分についてはこの特例を受けることがで

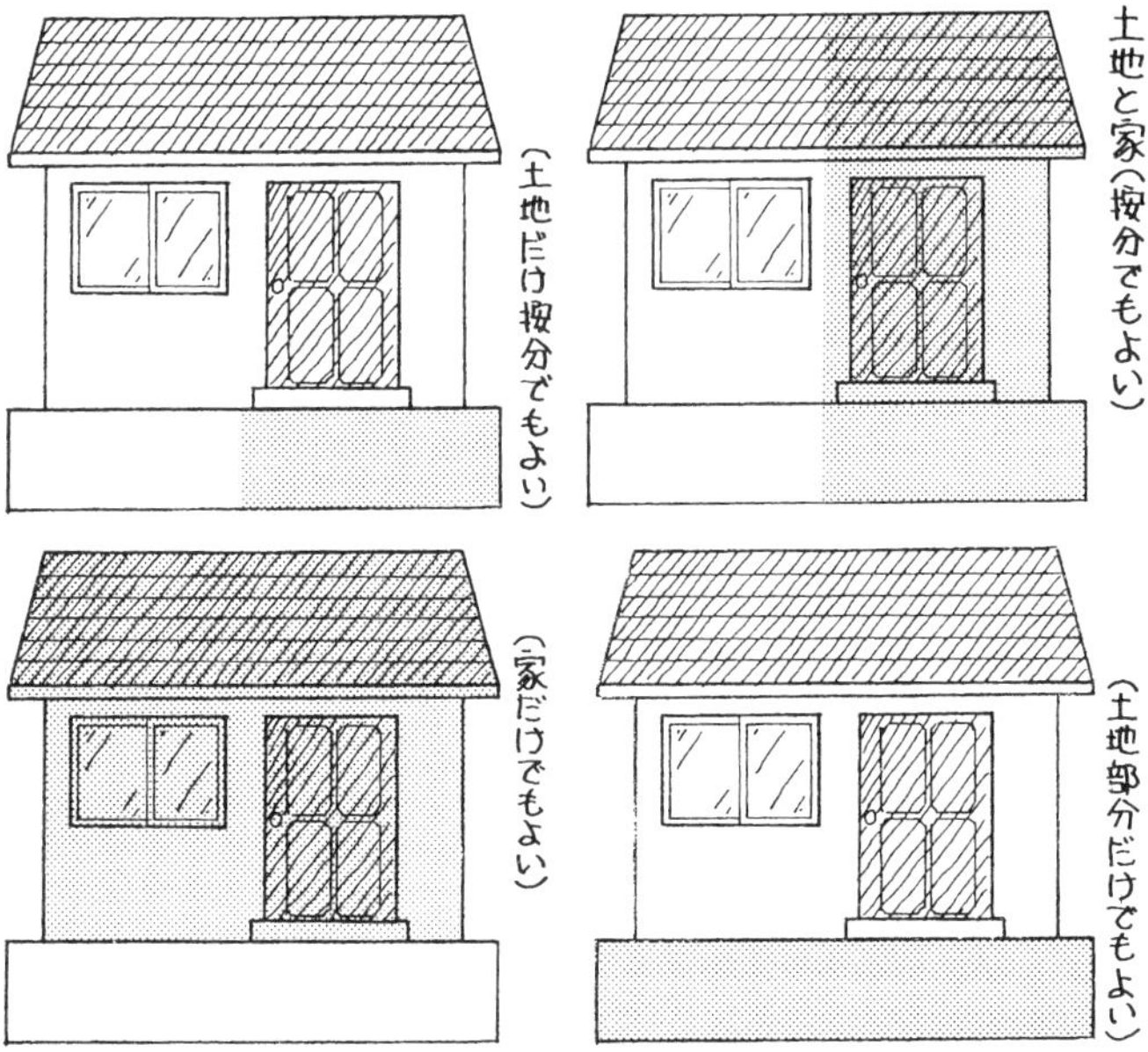

きないということです。

農家のばあい、一般的に邸は広く、事業用に供されている面積がかなりの部分を占めるケースが少なくありません。そのばあいに、単純に敷地などについて持分按分というかたちで贈与をすると、事業用地とみなされる宅地部分は、この適用を受けられなくなってしまいます。ということは、その部分の贈与にたいしては配偶者控除の対象外として一般贈与の税金がかかってくるというわけです。

前にもいいましたが、この贈与は、同一の夫に嫁している妻にとっては一生に一度しか適用されないものなので、とにかく慎重を期してください。もちろん、この適用をうけたあとで、べつの異なる夫のところ

へ嫁したばあいには、もう一回この贈与を受けることは可能です。

もし、この贈与を受けたあとで夫に死なれたばあいはどうなるか。次の2点がポイントになります。

①贈与を受けた年に夫が亡くなったばあいにも、この特例は受けられます。そして、この贈与財産を除いたものが相続財産となって、相続税の対象になります。

②妻の贈与財産のばあいは、一般の贈与財産と違う特殊性があります。暦年課税のばあいには、一般の贈与財産は、贈与を受けたあとで相続が発生したばあいには、贈与された財産を過去3年にさかのぼって相続財産に加算しなければならないことになっています。ところが、配偶者控除の対象となる居住用財産のばあいは、この加算があり

ません。贈与された年に相続が発生したとしても、相続財産と考える必要がないのです。「おしどり贈与」と言われるだけあって、なんと大きな恩典だということがおわかりいただけると思います。

4　申告のしかたと納め方

前にも書きましたが、贈与税というのは暦年（1月1日～12月31日）を単位として課税されるものですから、暦年課税のばあいその期間に贈与を受けた財産価額が基礎控除額の110万円をこえるばあいには申告書を提出しなければなりません。また、相続時精算課税を選択したばあいには、必ず申告書を提出しなければなりません。

贈与を受けた人は、翌年の2月1日から3月15日までのあいだに税務署へ申告することになっています。この税務署は、もちろん贈与を受けた人の住所地の管轄税務署でなければいけません。

前項でみた配偶者控除にあたる贈与を受けたケースで、同じ年に贈与を受けたその配偶者が亡くなってしまったときは、その贈与税の申告は、相続人がすることになります。

次に、申告書を提出した人は、それによる贈与税を納めなければなりませんが、この期限も申告期限と同じで翌年3月15日までとなっています。納め方は、全額を現金で一度にするのが原則になっています。

さてそうなると、金銭で贈与を受けた人はともかく、土地や建物など不動産の贈与を受けた人のなかには、贈与税を納めるのに困ってしまう人だってでてくるのではないでしょうか。そんなときには、贈与税の延納という制度を活用してはいかがでしょうか。

贈与税には10万円をこえる税額について最長5年の延納が認められています。ただし、物納制度はありませんので、現金で納めなければなりませんし、延納のばあいは担保を提供しなければなりません。これには例外もあって、100万円未満の税額で延納期間が3年以下のばあいは、担保の必要はありません。いわば延べ払いになるわけですから、この延納額にたいしては原則として年利6・6％の利子税がかかることも承知しておいてください。ただし、軽減措置により、令和元年は1・6％です。

参考までに書いておきますと、贈与税に関しては刑事罰もあります。現実にはめったに実刑が科されることはないのですが、申告をしなかった贈与が発覚したばあいに、1年以下の懲役または20万円以下の罰金を支払わなければならないこともないわけではありません。

贈与を「仮装」したり、「隠ぺい」したりしたばあいには、刑事罰はもっとシビアになります。この場合は、過小申告や無申告は悪質とみなされて、5年以下の懲役、500万円以下の罰金、または両方を科されることもあります。

刑事罰だけではなく、贈与税に関する行政罰も次のようなものがあります。

①過小申告したばあいは、過小申告加算税が納付税額の10％かかってきます。

②無申告のばあいは、無申告加算税が納付税額の15％かかってきます。
③仮装・隠ぺいしたばあいは、過小申告にたいしては納付税額の35％の重加算税、無申告にたいしては40％の重加算税がかかってきます。
なかなか厳しいものがあるといえるでしょう。

5　農業後継者には納税猶予——農地の生前一括贈与

(1)　制度のあらまし

昔の相続は、現在の均分相続と違って家督相続だったため隠居制度があり、家長が老齢になると隠居をして、若い者が農家なら農業という家業を継ぐかたちを採っていました。

現在では、農業を営んでいる人のばあい、経営移譲年金制度が普及したために、60歳で後継者に事業を譲渡することができるようになり、農地は父親や祖父の名義のままにしておいてもよいことになったのはご承知のとおりです。

これによって農家のあととりが老齢になるまで専従者給与に甘んじることがなくなり、主たる経営者になることができるようになったわけです。

さらに、農業後継に関連した税制上の優遇措置も忘れてはなりません。昭和39年に立法化された「農地等を生前一括贈与した場合の贈与税の納税猶予の特例」と昭和50年に立法化された「農地等を相続した場合の相続税の納税猶予の特例」は、贈与税と相続税について農家にとってはまさしく福音をもたらすものといえるでしょう。

結論的にいえば、これらの制度があるために、農業を営んでいる人がたとえば農地だけの贈与を受けたとしても、贈与税は納めなくてもよいのですから助かります。なぜならば、相続するときに税金を納付することにはなるのですが、相続においても猶予制度を適用しさえすれば、相続後20年間、または生涯農業をつづける限り、この猶予を受けた税金は免除になるのです。

贈与にしろ、相続にしろ、現状と変わらずに農業経営を維持してゆけば、税負担という意味ではなにごともないわけです。もっとも、途中で農地などが移動したばあいには、確定する税金も出てきます。

(2) 贈与税の納税猶予制度

まず、贈与する側の要件としては、贈与者（親）が贈与の日まで3年以上農業を営んでいる人でなければなりません。ただし、相続時精算課税の適用を受けるばあいを除きます。また、「一括贈与」が受けられるのは、

①農地の全部、
②採草放牧地の三分の二以上、
③準農地の三分の二以上に限られます。
受贈者（子）の側の要件としては、
①年齢が18歳以上であること、
②贈与者の推定相続人のひとりであること、
③3年以上農業に従事していたこと、
④贈与を受けたあと、すみやかに農業経営を開始すること、などがあげられます。
贈与者と受贈者の両者について以上の要件を満たしていれば納税は猶予してもらえるので、農業を引き継ぐためには税制面で大変有利な扱いを受けられることになります。

ただし、三大都市圏の特定市の市街化区域内に所在する農地等については、生産緑地地区に限られます。

●こんなばあいは猶予されない

農家のばあい、贈与税が猶予されないいくつかのケースもあるので、以下に整理してみました。
①農地などを贈与した人が亡くなったばあいは、贈与者から相続されたものとみなされて、相続税の課税対象とされます。ただし、このばあいは、相続税の納税猶予制度に引き継がれます（97ページ）。

②この特例で認められている農地など以外の農業資材その他を贈与されたばあいは、税金を納める必要があります。およそ次の3種類の範囲がその対象になります。

㋑コンバイン、トラクターなどの農業資産。

㋺果樹（ブドウ、梨、柿など）・立木など。

㋩収穫の三ヵ月前の立毛および肥飼料など。

すこし説明しておきますと、㋑と㋺は固定資産なので、税務署長の承認をうけると、次の相続まで贈与税の課税を留保してもらうことができます。詳しくは最寄りの税務署に御確認ください。

㋩については、棚卸資産である肥料や飼料は一般贈与税の対象になりますが、とくに収穫三ヵ月前の立毛などが贈与税の対象になることに注意してください。つまり、節税という点では贈与の時期は、収穫後の方が大変有利になるわけです。

(3) 手続きと猶予期間中の注意点

●手続き

次に納税猶予を受けるための手続きについてみてみましょう。

まず、期限内（贈与を受けた翌年の2月1日から3月15日まで）に申告書を提出しなければなりません。

申告と同時に、猶予を受けたい贈与税額に対する担保を提供しなければなりません。このばあい、贈与税額にみあう金額分だけを担保に提供すると、申告期限から3年ごとに農業の継続届出書を提供する必要があります。

さて、納税猶予が確定したとします。この猶予期間中にも、農家経営のうえでさまざまなことがおこりうると思います。では、どんなことがおきたばあいに納税猶予が取消されるのかをみてみましょう。

これには、全部が取り消されるばあいと、一部が取り消されるばあいとがあります。

●納税猶予の全部が取り消されるばあい

一括生前贈与を受けた農地などの20％超の面積を、任意に譲渡したばあいには納税猶予はなくなり、贈与税を全額納めなければなりません。これには納付日までの利子税（原則として年利3・6％）をつけて納めなければなりません（次表参照、以下同じ）。もちろん、代替農地を買替えるようなばあいは、特例の適用を受けられます。

また、一括生前贈与を受けた人が農業経営をやめたばあいも、納税猶予は打切られてしまいます。ただ、60歳になって経営移譲年金を受給するために、農地の使用貸借によって農業経営を後継者に移譲したばあいには、生前贈与を受けた人が農業経営をやめたことにはならないとされています。

さらに、贈与税額にみあう分だけの担保を提供した人で3年ごとの継続届出をしなかった人や、担保の変更命令が出たときに応じなかった人も、納税猶予の全部が取り消されることになっています。

贈与税納税猶予の利子税一覧表　（単位：％）

納期限	利率
平成４年	6.6
平成５年	6.6
平成６年	6.6
平成７年	6.6
平成８年	6.6
平成９年	6.6
平成10年	6.6
平成11年	6.6
平成12年	4.0
平成13年	4.0
平成14年	3.7
平成15年	3.7
平成16年	3.7
平成17年	3.7
平成18年	3.7
平成19年	3.9
平成20年	4.2
平成21年 1/1～12/14	4.0
平成21年 12/15～12/31	2.2
平成22年	2.1
平成23年	2.1
平成24年	2.1
平成25年	2.1
平成26年	0.9
平成27年	0.8
平成28年	0.8
平成29年	0.8
平成30年	0.7
令和元年	0.7

●納税猶予の一部が取り消されるばあい

次に納税猶予の一部が取り消されるばあいです。これには、３つのケースがあります。

まず、農地などの20％以下の面積を任意に譲渡したばあいで、その譲渡した農地にたいする贈与税額に原則として年利３・６％の利子税をつけて納付しなければなりません。もし、国や地方公共団体に農地などが買収されたばあいには、それが20％以上の面積になったとしても猶予が全部打ち切りにはなりません。そのばあいは、売却した農地に応じた贈与税額に原

則として年利３・６％の利子税をつけて納付すればよいことになっています。もちろん、代替農地を求めることはできます。こうした代替農地は、買収された面積に応じて求めるのではなく、買収された金額や譲渡した金額に応じて求めることになります。

もう一つは、準農地を申告期限から10年以内に農地または採草放牧地としなかったばあいです。これには、その準農地にたいする贈与税額に原則として年利３・６％の利子税をつけて納付することになります。

(4)　申告書に添付する書類

生前一括贈与による納税猶予がどんなものであるかは、これまでみてきたことでおわかりいただけたと思います。若干順序が逆になりますが、ここでは納税猶予を受けるための申告書について実践的なところでみていくことにします。

申告書の提出には、手続き上特定の書類を添付しなければならないので、そのへんをくわしく説明しましょう。

申告書に添付しなければならない書類は、次の4つです。

①一括贈与された農地などで対応した担保の提供に関する書類。

②農業委員会が発行する「贈与税の納税猶予に関する適格者証明書」。

③贈与をする人の推定相続人であるという書類。

④贈与をする農地の中に準農地があるばあいには、その土地が準農地であるという市町村長の証明書。

具体的な例でやってみましょう。

山田太郎さんは経営移譲年金を受給するにあたり、長男の一郎さんに農地を一括贈与することにしました。

長男の一郎さんは果樹を四反、野菜・稲作に専業しています。農地は約44％を上回る実効税率で、猶予の税金は、2800万円にもなりました。この猶予の税金は、農業をつづけていく限り、山田太郎さんの相続まで認められることになります。

①まず、山田さんは固定資産税の評価証明書を市役所へ行って取りよせてきました。

②次に税務署へ行って、贈与税にたいする農地の評価額を計算するもとになる倍数を聞いてきまし

た。同時に「贈与税の申告書」、「農地等贈与税の納税猶予税額の計算書」（１７８、１７９ページ）と「農地等の贈与に関する確認書」（１８０ページ）をもらってきました。

③次に農業委員会へ出かけ、「贈与税の納税猶予に関する適格者証明書」をもらってきて書き入れます。農地の移動は、知事の認可を受けた日が移動の日となり、その日をもって権利は息子の一郎さんに移ることになります。このときに適格者証明書に証明を受け、それを税務署へ提出しなければなりません。

④一郎さんが山田太郎さんの推定相続人であることを証明するために、戸籍謄本を取ってきます。

こうして山田さんは、一つ一つ書類をそろえ、贈与税の申告に備えていきます。

さて、いよいよ贈与税の猶予税額の計算が終わりました。マイナンバー制度導入に伴い、申告時には、個人番号カード等の本人確認書類の提示または写しの添付が必要となりますので、注意が必要です。これで山田さんは、長男の一郎さんに農業経営をすっかりまかせることになります。

6　住宅取得等資金の贈与を受けたとき

子や孫が住宅の購入を考えているばあいに活用したいのが、この住宅取得等資金の贈与の非課税制度です。

農地等の贈与税の納税猶予税額の計算書

贈与者の氏名　山田　太郎　　　　受贈者の氏名　山田　一郎

生　年　月　日（明・大・㊼・平　27年　9月　1日）

提出用

（平成27年分以降用）

私（受贈者）は、租税特別措置法第70条の4第1項の規定による農地等についての贈与税の納税猶予の適用を受けます。

○農地等の明細についてこの計算書に書ききれない場合には、この計算書を追加して記入してください。

Ⅰ　納税猶予の適用を受ける農地等の明細

田・畑 採草放牧地 準農地の別	地上権、永小作権、使用貸借による権利、賃借権（耕作権）の場合のその別	所在場所	面積 固定資産税評価額	単価 倍数	価額
田		○○市○○町101番地	969㎡ 98,838円	円 54倍	5,337,252円
〃		〃　102　〃	770 78,540	54	4,241,160
〃		〃　103　〃	969 98,838	54	5,337,252
〃		〃　104　〃	969 98,838	54	5,337,252
〃		〃　105　〃	969 98,838	54	5,337,252
〃		〃　106　〃	1,938 197,676	54	10,674,504
計			(6,584)		(36,264,672)
畑		○○市○○町107番地	945 88,830	51	4,530,330
〃		〃　108　〃	700 65,800	51	3,355,800
〃		〃　109　〃	1,000 94,000	51	4,794,000
〃		〃　110　〃	1,000 94,000	51	4,794,000
〃		〃　111　〃	1,000 94,000	51	4,794,000
〃		〃　112　〃	1,000 94,000	51	4,794,000
計			(5,645)		(27,062,130)
合計			12,229㎡		Ⓐ 63,326,802

Ⅱ　納税猶予税額の計算（農地等以外の財産に対する贈与税額の計算）

A　農地等以外の財産として、一般贈与財産又は特例贈与財産のどちらか一方のみを贈与により取得している場合

農地等以外の財産の課税価格 （申告書第一表の④の金額－上欄のⒶの金額）	①	1,200,000円	差引税額の合計額 （申告書第一表の⑭の金額）	⑤	28,484,300円
基礎控除額	②	1,100,000	相続時精算課税分の差引税額の合計額 （申告書第一表の⑫の金額）	⑥	
農地等以外の財産の基礎控除後の課税価格（①－②） （1,000円未満の端数は切り捨てます。また、この金額が1,000円未満のときは、その金額を切り捨てます。）	③	100,000	農地等以外の財産に対する贈与税額（④＋⑥） （100円未満の端数は切り捨てます。また、この金額が100円未満のときは、その金額を切り捨てます。）	⑦	10,000
③に対する税額 （申告書第一表（控用）の裏面の速算表を使用して、一般税率又は特例税率により計算します。）	④	10,000	納税猶予税額（⑤－⑦）	⑧	28,474,300

B　農地等以外の財産として、一般贈与財産及び特例贈与財産の両方を贈与により取得している場合

農地等以外の財産（特例贈与財産）の価額の合計額 （納税猶予の適用を受ける農地等が特例贈与財産である場合には、「申告書第一表の①の金額」から「上欄のⒶの金額」を差し引いた金額となります。）	⑨	円	農地等以外の財産（特例贈与財産）に対応する税額（⑮×⑨／⑫）	⑯	円
農地等以外の財産（一般贈与財産）の価額の合計額 （納税猶予の適用を受ける農地等が一般贈与財産である場合には、「申告書第一表の②の金額」から「上欄のⒶの金額」を差し引いた金額となります。）	⑩		⑭の金額に「一般税率」を適用した税額 （申告書第一表（控用）の裏面の速算表を使用して、一般税率により計算します。）	⑰	
配偶者控除額 （申告書第一表の③の金額）	⑪		農地等以外の財産（一般贈与財産）に対応する税額（⑰×（⑩－⑪）／⑫）	⑱	
農地等以外の財産の課税価格の合計額 （⑨＋⑩－⑪）	⑫		差引税額の合計額 （申告書第一表の⑭の金額）	⑲	00
基礎控除額	⑬	1,100,000	相続時精算課税分の差引税額の合計額 （申告書第一表の⑫の金額）	⑳	
農地等以外の財産の基礎控除後の課税価格（⑫－⑬） （1,000円未満の端数は切り捨てます。また、この金額が1,000円未満のときは、その金額を切り捨てます。）	⑭	,000	農地等以外の財産に対する贈与税額（⑯＋⑱＋⑳） （100円未満の端数は切り捨てます。また、この金額が100円未満のときは、その金額を切り捨てます。）	㉑	00
⑭の金額に「特例税率」を適用した税額 （申告書第一表（控用）の裏面の速算表を使用して、特例税率により計算します。）	⑮		納税猶予税額（⑲－⑳）	㉒	00

（資5－11－1－A4統一）（平27.10）

○○ 税務署長
平成　年　月　日提出

平成28年分贈与税の申告書（兼贈与税の額の計算明細書）

FD4725

第一表（平成27年分以降用）

住所	〒　－　（電話　－　－　） ○○市○○町○○番地
フリガナ	ヤマダイチロウ
氏名	山田一郎　㊞
生年月日	3 58.10.01（明治1 大正2 昭和3 平成4）
職業	農業

（税務署整理欄：整理番号、名簿、補完、確認、申告書提出年月日、災害等延長年月日、出国年月日、死亡年月日、財産細目コード、事案処理、関与区分、訂正、修正、作成区分、枚数）

私は、租税特別措置法第70条の2の5第1項又は第3項の規定による直系尊属から贈与を受けた場合の贈与税の税率の特例の適用を受けます。

Ⅰ 暦年課税分

i 特例贈与財産分

贈与者の住所・氏名（フリガナ）・申告者との続柄・生年月日	取得した財産の明細（種類・細目・利用区分・銘柄等・所在場所等・数量・単価・固定資産税評価額・倍数）	財産を取得した年月日・財産の価額（単位：円）
住所 ○○市○○町○○番地 フリガナ ヤマダタロウ 氏名 山田太郎　続柄 1 生年月日 3 27.09.01	農地等（措置法第70条の4第1項適用分） 別添計算書記載の通り	平成28年10月01日 63326802
住所 同上 氏名 同上	トラクター 中古 1	平成28年10月01日 1200000
特例贈与財産の価額の合計額（課税価格） ①		64526802

ii 一般贈与財産分

贈与者の住所・氏名（フリガナ）・申告者との続柄・生年月日	取得した財産の明細	財産を取得した年月日・財産の価額
住所 フリガナ 氏名　続柄 生年月日		平成　年　月　日
住所 フリガナ 氏名　続柄 生年月日		平成　年　月　日
一般贈与財産の価額の合計額（課税価格） ②		
配偶者控除額（右の事実に該当する場合には、「□」にレ印を記入します。□ 私は、今回の贈与者からの贈与について、初めて贈与税の配偶者控除の適用を受けます。）（最高2,000万円）（贈与を受けた居住用不動産の価額及び贈与を受けた金銭のうち居住用不動産の取得に充てた部分の金額の合計額）③		

【合計欄】暦年課税分（③の控除後の課税価格）　（単位：円）

Ⅰ	④ 暦年課税分の課税価格の合計額（①＋（②－③））	64526802
	⑤ 基礎控除額	1100000
	⑥ ⑤の控除後の課税価格（④－⑤）	63426000
	⑦ ⑥に対する税額	28484300
	⑧ 外国税額の控除額	
	⑨ 医療法人持分税額控除額	
	⑩ 差引税額（⑦－⑧－⑨）	28484300
Ⅱ 相続時精算課税分	⑪ 相続時精算課税分の課税価格の合計額	
	⑫ 相続時精算課税分の差引税額の合計額	

Ⅲ 合計	⑬ 課税価格の合計額（①＋②＋⑪）	64526802
	⑭ 差引税額の合計額（納付すべき税額）（⑩＋⑫）	28484300
	⑮ 農地等納税猶予税額	28474300
	⑯ 株式等納税猶予税額	00
	⑰ 医療法人持分納税猶予税額	00
	⑱ 申告期限までに納付すべき税額（⑭－⑮－⑯－⑰）	10000
この申告書が修正申告書である場合	⑲ 差引税額の合計額（納付すべき税額）の増加額	00
	⑳ 申告期限までに納付すべき税額の増加額	00

⑦欄の税額の計算方法等については、申告書第一表（控用）の裏面をご確認ください。

作成税理士の事務所所在地・署名押印・電話番号　㊞
□ 税理士法第30条の書面提出有
□ 税理士法第33条の2の書面提出有
通信日付印　確認者印

（資5－10－1－1－A4統一）（平27.10）

（住宅取得等資金の非課税の申告は申告書第一表の二又は第一表の三と、相続時精算課税の申告は申告書第二表と、一緒に提出してください。）

（平成26年分以降用）

平成28年分　農地等の贈与に関する確認書

1　農地等の受贈者

住所	○○市○○町○○番地	氏名	山田　一郎

2　前年以前の農地等の贈与の状況
次のいずれか該当する項目の□の中に✓印を記入してください。

☑ 私は、農地等を贈与した年の前年以前において、その農業の用に供していた租税特別措置法第70条の4第1項に規定する農地を私の推定相続人に贈与したことはありません。

□ 私は、農地等を贈与した年の前年以前において、その農業の用に供していた租税特別措置法第70条の4第1項に規定する農地を私の推定相続人に贈与したことはありますが、当該農地は相続税法第21条の9第3項の規定（相続時精算課税）の適用を受けるものではありません。

3　本年における農地等の贈与の状況
次に該当する場合は□の中に✓印を記入してください。

☑ 私は、農地等を贈与した年において、今回の贈与以外の贈与により租税特別措置法第70条の4第1項に規定する農地及び採草放牧地並びに準農地の贈与をしていません。

4　採草放牧地に関する事項（今回の贈与以前に採草放牧地を所有していた場合のみ記入してください。）

贈与者が今回の贈与の日までその農業の用に供していた租税特別措置法第70条の4第1項に規定する採草放牧地の面積	①	㎡
贈与者が今回の贈与をした年の前年以前において贈与をした採草放牧地のうち相続時精算課税の適用を受けるものの面積	②	㎡
①の面積と②の面積の合計（①+②）	③	㎡
③の面積の$\frac{2}{3}$（③×$\frac{2}{3}$）	④	㎡
贈与者が今回贈与をした租税特別措置法第70条の4第1項に規定する採草放牧地の面積（「農地等の贈与税の納税猶予税額の計算書」に記載した採草放牧地の面積の合計を記入します。）	⑤	㎡
上記のとおり、⑤の面積は、④の面積以上となります。		

5　準農地に関する事項（今回の贈与以前に準農地を所有していた場合のみ記入してください。）

贈与者が今回の贈与の日まで有していた租税特別措置法第70条の4第1項に規定する準農地の面積	①	㎡
贈与者が今回の贈与をした年の前年以前において贈与をした準農地のうち相続時精算課税の適用を受けるものの面積	②	㎡
①の面積と②の面積の合計（①+②）	③	㎡
③の面積の$\frac{2}{3}$（③×$\frac{2}{3}$）	④	㎡
贈与者が今回贈与をした租税特別措置法第70条の4第1項に規定する準農地の面積（「農地等の贈与税の納税猶予税額の計算書」に記載した準農地の面積の合計を記入します。）	⑤	㎡
上記のとおり、⑤の面積は、④の面積以上となります。		

上記の事実に相違ありません。

平成29年3月1日

農地等の贈与者

住所　○○市○○町○○番地　　氏名　山田　太郎　㊞

（資5－45－A4統一）（平27.10）

平成27年1月1日から令和3年12月31日までの間に、父母や祖父母などの直系尊属から住宅取得等資金の贈与を受けた受贈者が、贈与を受けた年の翌年3月15日までにその住宅取得等資金で自己の居住の用に供する家屋の新築等をし、その家屋を同日までに自己の居住の用に供したときは、住宅取得等資金のうち一定金額について贈与税が非課税となります。

次の要件の全てを満たす受贈者が非課税の特例の対象となります。

①贈与を受けた時に贈与者の直系卑属であること。なお、直系卑属とは子や孫のことですが、子や孫などの配偶者は含まれません。

②贈与を受けた年の1月1日において20歳以上であること。

③贈与を受けた年の合計所得金額が２０００万円以下であること。

住宅取得等資金とは、受贈者が自己の居住の用に供する家屋を新築若しくは取得または自己の居住の用に供している家屋の増改築等の対価に充てるための金銭をいいます。

平成27年1月1日から令和3年12月31日までの間に住宅取得等資金を贈与により取得したばあいにおける受贈者1人についての非課税限度額は、住宅の種類や住宅用家屋の取得等に係る契約の締結がいつになるかにより異なることとなりました。

各年分の非課税限度額は、次ページの表のとおりとなります。

良質な住宅用家屋とは、省エネ、耐震、バリアフリーが一定水準以上のもので、ハウスメーカー等

㋑　下記㋺以外のばあい

住宅用家屋の取得等に係る契約の締結期間	良質な住宅用家屋	左記以外の住宅用家屋
～平成27年12月	1500万円	1000万円
平成28年1月～令和2年3月	1200万円	700万円
令和2年4月～令和3年3月	1000万円	500万円
令和3年4月～令和3年12月	800万円	300万円

㋺　住宅用家屋の取得等に係る対価の額または費用の額に含まれる消費税等の税率が10%であるばあい

住宅用家屋の取得等に係る契約の締結期間	良質な住宅用家屋	左記以外の住宅用家屋
平成31年4月～令和2年3月	3000万円	2500万円
令和2年4月～令和3年3月	1500万円	1000万円
令和3年4月～令和3年12月	1200万円	700万円

から証明書が発行されます。

よって、現行では、良質な住宅用家屋であれば1500万円、良質な住宅用家屋以外の家屋であれば1000万円の非課税となっており、さらに贈与税の暦年課税の基礎控除110万円も別枠で使えます。

非課税の特例の適用を受けるためには、贈与を受けた年の翌年2月1日から3月15日までの間に、非課税の特例の適用を受ける旨を記載した贈与税の申告書に計算明細書、戸籍の謄本、登記事項証明書、新築や取得の契約書の写しなどの書類を添付して、納税地の所轄税務署に提出する必要があります。また、マイナンバー制度が導入されたことに伴い、個人番号を記載した各種申告書、申請書、届出書等を提出する際には、個人番号カード等の一定の本人確認書類の提示または写しの添付が必要になりますので、注意が必要です。

また、住宅取得等資金の贈与の非課税制度と相続時精算課税制度を併せて適用することもできます。例えば、令和3年3月までに、相続時精算課税の適用を受ける子に対し、良質な住宅用家屋取得のための資金提供をするばあい、取得する住宅に係る消費税の税率が10％であれば住宅取得等資金の贈与1500万円＋相続時精算課税贈与2500万円＝4000万円まで贈与税が非課税となります。

贈与者である父母等に相続が発生したばあいにおいて、贈与税の暦年課税の適用を受けていたときは、相続開始前3年以内の贈与財産は相続財産に加算して相続税を計算しますし、相続時精算課税の適用を受けていたときは、対象となる贈与財産はすべて相続財産に加算しなければいけません。しかし、この住宅取得等資金の贈与の非課税の金額は、相続財産に加算する必要がないのです。節税効果が非常に高いですので、この制度を大いに活用したいところですね。

7　教育資金の一括贈与を受けたとき

平成25年4月から、「子や孫への教育資金の一括贈与による贈与税非課税制度」が始まりました。

子や孫へ教育資金を贈与するばあい、金融機関等（JA含む）を経由して税務署に教育資金非課税申告書を提出することにより、１５００万円までなら非課税となります。うまく利用すれば相続税の節税対策に大きな効果が期待できます。実際は孫への贈与が大半のようです。

具体的に贈与税非課税の対象となる教育資金とは、

①入学金、授業料、入園料及び保育料並びに施設設備費

②入学または入園のための試験に係る検定料

③在学証明、成績証明その他学生等の記録に係る手数料及びこれに類する手数料

④学用品の購入費、修学旅行費または学校給食費その他学校等における教育に伴って必要な費用に充てるための金銭

等を言います。

贈与された子や孫が30歳になるまでに教育資金として使い切れば、贈与税はかかりません。また、教育資金の一括贈与制度と暦年贈与の併用も可能ですので、別途１１０万円までの贈与があっても贈与税はかかりません。

お孫さんが複数人いらっしゃるばあい、親族間で不満の声が出ないように、遺恨を残さないように、公平に贈与したいですね。

平成30年9月末時点の実績は、契約件数20万55件で信託財産設定額約1兆４３３３億円です。相当に利用されているものの、制度の趣旨に沿わない節税目的の利用で富裕層を優遇しているとの指摘も

あります。そこで、贈与者の相続開始前3年以内に行なわれた贈与について子や孫が学校等に在学しているばあい等を除き、相続時におけるその残高を相続財産に加算することや子や孫の前年の合計所得金額が1000万円を超えるときはこの制度の適用を受けることができないなどの見直しをしたうえで、適用期限を2年延長しました。

令和3年3月31日が期限です。

よく考えてから、この「子や孫への教育資金の一括贈与による贈与税非課税制度」を利用するようにしましょう。

8　結婚・子育て資金の一括贈与を受けたとき

平成27年4月1日から、子や孫の結婚・出産・育児を後押しする目的で、祖父母や両親の資産を早期に子や孫に移せる「結婚・子育て資金の一括贈与による贈与税の非課税制度」が始まりました。

20歳以上50歳未満の子や孫へ結婚・子育て資金の贈与を、金融機関等（JA含む）を経由して税務署に結婚・子育て資金非課税申告書を提出することにより、1000万円（結婚関係は300万円）までなら非課税となります。

具体的に贈与税非課税の対象となる結婚・子育て資金とは、次の通りです。

⑴　結婚に際して支払う次のような金銭（300万円限度）をいいます。

①挙式費用、衣装代等の婚礼（結婚披露）費用（婚姻の日の1年前の日以後に支払われるもの）

②家賃、敷金等の新居費用、転居費用（一定の期間内に支払われるもの）

⑵　妊娠、出産及び育児に要する次のような金銭をいいます。

①不妊治療・妊婦健診に要する費用

②分べん費等・産後ケアに要する費用

③子の医療費、幼稚園・保育所等の保育料（ベビーシッター代を含む）など

逆に、次のものは、贈与税非課税の対象外です。

結婚相談所費用、結婚指輪代、エステ代、お見合い費用、婚活費用、ベビー用品の購入費など

贈与された子や孫が50歳になるまでに結婚・子育て資金として使い切れば、贈与税はかかりません。

また、結婚・子育て資金の一括贈与制度と暦年贈与の併用も可能ですので、別途110万円までの贈与があっても贈与税はかかりません。

平成30年9月末時点の実績は、契約件数5409件で、信託財産設定額約159億円です。「7教育資産の一括贈与」と同様に、子や孫の前年の合計所得金額が1000万円を超えるときはこの制度の適用を受けることができないとしたうえで、適用期限を2年延長しました。

令和3年3月31日が期限です。

よく考えてから、この「結婚・子育て資金の一括贈与による贈与税の非課税制度」を利用するようにしましょう。

上手に活用して、お孫さんの喜ぶ顔が見たいですね。

9　個人事業者の事業承継税制の創設〈その2〉

115ページの第3章、誰にでもできる相続税の計算のしかたの「6　個人事業者の事業承継税制の創設」をご参照ください。

第5章

遺産（財産）評価の正しいやり方

残された遺産をおカネに換算するといくらになるのか、これが正確におさえられないと正しい税額も計算できない。相続税に特有な財産評価のしかたを紹介。

1 財産評価は時価が原則

わが家の相続財産はいくらくらいなのか、したがって相続税はどのくらいなのかについては、誰でもはじめは当惑するのではないでしょうか。所得税や法人税ならば、実際に得た収入が基になるわけですから、わかりやすいといえばいえます。そこが相続税の多少はやっかいなところなのです。つまり、実際にお金がやりとりされないのに相続財産を金額に計算して、相続税を出さなければならないのです。

このやっかいな仕事が「財産評価」というわけで、それによって相続税が決まり、贈与税が決まってきます。

さて、この財産評価をどんな基準で行なえばよいのかは、相続税法第二十二条に「相続遺贈又は贈与に因り取得した財産の価額は、当該財産の取得の時における時価により……」とあります。

難解な法律用語やいいまわしはともかく、相続や贈与でもらう財産は「時価」で評価されるというわけです。

時価といわれても、私たちが日常みかける「時価」という文字は、お寿司屋とか料理店などの値札や料金表などにあるもので、なんとなく高そうだなという感じしか受けません。その時どきの値段で

郵便はがき

1078668

おそれいりますが切手をはってお出し下さい

（受取人）

東京都港区

赤坂郵便局

私書箱第十五号

農文協

読者カード係 行

http://www.ruralnet.or.jp/

◎ このカードは当会の今後の刊行計画及び、新刊等の案内に役だたせていただきたいと思います。　はじめての方は○印を（　）

ご住所		（〒　－　） TEL： FAX：
お名前		男・女　歳
E-mail：		
ご職業	公務員・会社員・自営業・自由業・主婦・農漁業・教職員（大学・短大・高校・中学・小学・他）研究生・学生・団体職員・その他（　）	
お勤め先・学校名		日頃ご覧の新聞・雑誌名

※この葉書にお書きいただいた個人情報は、新刊案内や見本誌送付、ご注文品の配送、確認等の連絡のために使用し、その目的以外での利用はいたしません。

● ご感想をインターネット等で紹介させていただく場合がございます。ご了承下さい。

● 送料無料・農文協以外の書籍も注文できる会員制通販書店「田舎の本屋さん」入会募集中！
案内進呈します。　希望□

■毎月抽選で10名様に見本誌を1冊進呈■（ご希望の雑誌名ひとつに○を）

①現代農業　②季刊 地 域　③うかたま

お客様コード □□□□□□□□□□

17.12

お買上げの本

■ ご購入いただいた書店（　　　　　　書 店）

●本書についてご感想など

●今後の出版物についてのご希望など

この本をお求めの動機	広告を見て（紙・誌名）	書店で見て	書評を見て（紙・誌名）	インターネットを見て	知人・先生のすすめで	図書館で見て

◇ 新規注文書 ◇　　郵送ご希望の場合、送料をご負担いただきます。

購入希望の図書がありましたら、下記へご記入下さい。お支払いはCVS・郵便振替でお願いします。

（書名）	（定価）￥	（部数）	部
（書名）	（定価）￥	（部数）	部

変わることもあることは見当がつきますが、財産を時価で評価するということはどういうことなのでしょうか。

実際には相続や贈与などの財産評価については、国税庁から公表されている「**財産評価基本通達**」というものによって評価することになっており、この評価基準に基づいた価額が「時価」ということになります。

ひと口に財産といっても、その種類は数限りなくあるわけですが、相続や贈与などで問題になる財産の大半は土地・建物などの不動産や預貯金・株券などの有価証券類といってもよいでしょう。とりわけ農家にとっては、土地こそがもっとも財産的価値が大きいわけですから、そのあたりの財産評価のやり方については、十分にこころえておく必要があります。

土地の時価にもいろいろある

現実の取引に基づく実勢価格	――100とすると
公示価格（A）	90程度
相続税評価額	Aの80％
固定資産税評価額	Aの70％

☆土地の相続税評価額は
実勢価格（売買価格）の7～9割とみておけばよい

ところで土地の価額といっても上の図のようにいろいろなものがあり、それぞれみな「時価」といわれています。そしてそれらの価額にはかなりの格差があります。図のいちばん上にある現実の売買取引に基づく価額、いわゆる実勢価格がいちばん高く、以下、公示価格はその9割、相続税評価額は公示価格の8割、固定資産税評価額は7割くらいといわれています。

そこで、あなたの持っている不動産は、相続財産としてどの程度に評価されるのかといえば、およそ、現実に取引されている実勢価格の7割、少し高めにみて8割とふんでおけばほぼまちがいないでしょう（地価の下落時には注意が必要）。

大まかには右のように見当をつけて、以下もう少し詳しくみていきましょう。

2　土地の分類と評価の基本

土地というばあい、もっとも一般的なのは農地ならびに宅地ということになりますが、評価にかかわる分類でいうと農地・山林は割合に単純で、宅地はけっこう複雑に分けられるといえましょう。

農地は、①純農地、②中間農地、③市街地周辺農地、④市街地農地に分けられます。耕作放棄地も農地です（210ページ参照）。

山林は、①純山林、②中間山林、③市街地山林、④保安林に分けられます。

宅地は市街地の宅地と市街地以外の宅地に分けられ、さらに、①自用地、②借地、③貸付地の三つに分けられるのですが、市街地の宅地のばあいはこのあとにふれる路線価方式という評価方法が適用されるために、評価のしかたはそうとう複雑になっています。

土地の分類と評価方法

地目	種類	評価方法
宅地	市街地の宅地	路線価方式
	市街地以外の宅地	倍率方式 （固定資産税評価額×倍率）
農地	純農地	固定資産税評価額×倍率
	中間農地	固定資産税評価額×倍率
	市街地周辺農地	市街地農地としての評価×80％
	市街地農地	宅地評価額－造成費用 固定資産税評価額×倍率
山林	純山林 中間山林	倍率方式
	市街地山林	宅地比準方式または倍率方式
	保安林	
原野、牧場		山林に準ずる
池沼、鉱泉地、雑種地		略

なお、その他に特殊なものと思われる地目としては、原野、牧場、池沼、鉱泉地、雑種地などがあります。

さて、土地の評価は、宅地の評価方法が基本になっており、それには、①路線価方式と②倍率方式と呼ばれる二つの方法があります。これを基本に他の地目、農地、山林などの評価方法が定められています。全体の見取図は、上に掲げた表のとおりです。

●耕作放棄地の固定資産税と相続税

耕作放棄地（遊休農地）の固定資産税が平成29年から1・8倍になっていますが、相続税計算上の評価額は変わっていません。

農振地域内の耕作放棄地（遊休農地）の固定資産税が、平成28年度税制改正により高くなっています。

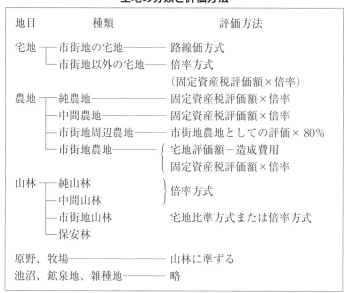

農地は大きく分けると一般農地と市街化区域農地になります。市街化区域農地はさらに生産緑地地区の農地や一般市街化区域農地、そして特定市街化区域農地に分けられます。

ただしこの項では、一般農地の中の農振地域に絞り、その地域内での耕作放棄地（遊休農地）の固定資産税について説明します。

現在、一般農地の固定資産税は、固定資産税の基礎となる価額に0・55（限界収益率）を乗じて計算されています。ですから農地の固定資産税はあまり負担のかからない価額になっています。そして低い固定資産税のため、他人に貸すこともなく耕作することもない農地が増えてきているのが現状です。そういった農地は害虫も増え集落農業にも悪影響を与えています。また農地を求める新規就農（希望）者もいます。

そういった状況を改善するために農振地域内の耕作放棄地に限って、固定資産税の基礎となる価額に0・55（限界収益率）を乗じないかたちで固定資産税が計算されることになりました。これは今までの固定資産税の約1・8倍に当たります。農振地域は総合的に農業の振興を図ることが必要であると認められた地域ですから、耕作を放棄した以上税金が上がるのはあたりまえの話ですが、かといって相続計算上の評価額が変わるわけではありませんので耕作放棄地を相続することを恐れる必要はありません。

ただし、耕作放棄地を相続したら自分で耕作するか、農業者に貸すかして本来の農地の在り方に戻し、地域に貢献することが大切になってきます。そのことにより毎年の固定資産税は低くおさえられます。

3　宅地の評価

宅地は市街地の宅地と市街地以外の宅地に分けられ、
①市街地の宅地――路線価方式
②市街地以外の宅地――倍率方式
によって評価することになっています。

なお、農家の持っている畜舎やガラス室の土地は農地でなく宅地ですので注意してください。

(1)　路線価方式による評価

路線価方式とは、税務署が毎年おもな市街地道路ごとに値段をつけ（これを「路線価」という）、それに次ページにある「奥行価格逓減率」をかけ、それにさらに実際の面積をかけてその土地の評価額とするものです。

奥行価格補正率表（平成19年分以降用）

地区区分 / 奥行距離（メートル）	ビル街地区	高度商業地区	繁華街地区	普通商業・併用住宅地区	普通住宅地区	中小工場地区	大工場地区
4未満	0.8	0.9	0.9	0.9	0.9	0.85	0.85
4以上　6未満		0.92	0.92	0.92	0.92	0.9	0.9
6　〃　8　〃	0.84	0.94	0.95	0.95	0.95	0.93	0.93
8　〃　10　〃	0.88	0.96	0.97	0.97	0.97	0.95	0.95
10　〃　12　〃	0.9	0.98	0.99	0.99	1	0.96	0.96
12　〃　14　〃	0.91	0.99	1	1		0.97	0.97
14　〃　16　〃	0.92	1				0.98	0.98
16　〃　20　〃	0.93					0.99	0.99
20　〃　24　〃	0.94					1	1
24　〃　28　〃	0.95				0.99		
28　〃　32　〃	0.96		0.98		0.98		
32　〃　36　〃	0.97		0.96	0.98	0.96		
36　〃　40　〃	0.98		0.94	0.96	0.94		
40　〃　44　〃	0.99		0.92	0.94	0.92		
44　〃　48　〃	1		0.9	0.92	0.91		
48　〃　52　〃		0.99	0.88	0.9	0.9		
52　〃　56　〃		0.98	0.87	0.88	0.88		
56　〃　60　〃		0.97	0.86	0.87	0.87		
60　〃　64　〃		0.96	0.85	0.86	0.86	0.99	
64　〃　68　〃		0.95	0.84	0.85	0.85	0.98	
68　〃　72　〃		0.94	0.83	0.84	0.84	0.97	
72　〃　76　〃		0.93	0.82	0.83	0.83	0.96	
76　〃　80　〃		0.92	0.81	0.82			
80　〃　84　〃		0.9	0.8	0.81	0.82	0.93	
84　〃　88　〃		0.88		0.8			
88　〃　92　〃		0.86			0.81	0.9	
92　〃　96　〃	0.99	0.84					
96　〃　100　〃	0.97	0.82					
100　〃	0.95	0.8			0.8		

路線価方式による宅地の評価

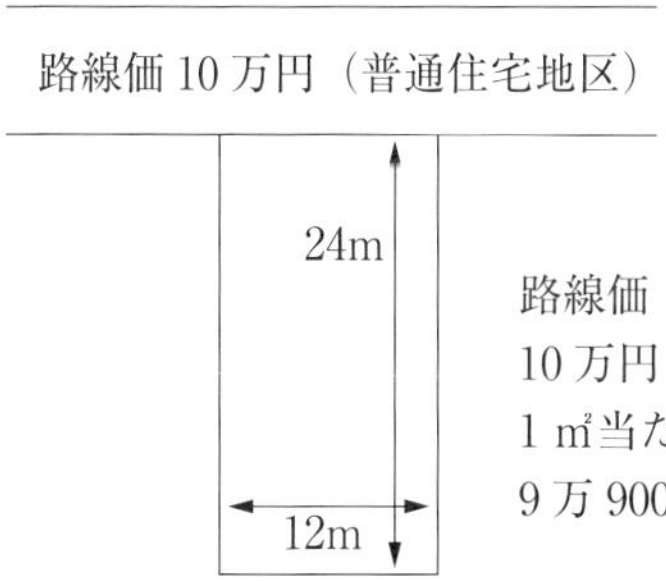

路線価	奥行価格逓減率	1㎡当たり
10万円	×0.99	＝9万9000円
1㎡当たり	面積	評価額
9万9000円	×24×12	＝2851万2000円

倍率方式による土地の評価

対象土地	市街地以外の宅地 純農地、中間農地 純山林、中間山林	
計算式	固定資産税評価額×倍率	
調べるところ	市町村役場の 固定資産税課	税務署の資産税担当課 国税庁ホームページ

市街地にある宅地の路線価がいくらになっているかは、税務署の資産税担当課に備えてある路線価図をみればすぐにわかります。また、国税庁ホームページでも確認できます。路線価図には、道路の一つ一つに一平方メートル当たりの価額が千円単位で表示されています。評価額を知りたい土地が路線価図のどの部分に当たるかを確認しさえすれば、そこの路線価に奥行価格逓減率と土地面積をかければ評価額がでてくるというわけです。具体例を上の図にしましたのでごらんください。

都市部で路線価方式の評価をすることが定められている地域にも、農地がまだまだあります。こうした農地は、宅地の評価とまったく同じ方法で評価が行なわれ、造成費用を差し引くだけですのでたいへん高い評価額になります（但し生産緑地は除く）。

なお、その地域が路線価方式によるのか、倍率方式によるのかなどがわからないときは、税務署の資産税部門で教えてくれます。

いまのべた市街地の評価のしかたは、じつはごく単純なケースで、実際にはその土地の形や立地条件などによって価額の修正が行なわれます。

なぜかというと、路線価そのものは、正方形かそれに近い長方形のごく一般的な形の土地を想定してあるからです。いうまでもなく土地のなかには間口がせまく、奥行ばかり深いものもあるかと思えば、三角地だってありますし、利用価値の高い角地があったり、袋地があったり、じつにさまざまなものがあります。

したがって、それらの条件によって相続税の評価を修正しなければならないばあいがでてくるわけです。ただ、そうした計算はたいへんめんどうなので、くわしいことは税務署なり税理士なりに相談する必要があります。

(2) 倍率方式による評価

市街地以外の宅地と純農地および中間農地、純山林、中間山林の評価は、その土地の固定資産税の評価額に税務署が定める倍率をかけて評価されます。例えば、固定資産税評価額が２３０万円の土地について倍率が３・３と定められているときは相続税評価額は230万円×3.3＝759万円となります。

(3) 小規模の宅地の評価は50％以下

事業用の宅地や居住用の宅地の相続に対して宅地の評価額をそのまま相続税の計算の基準にすると、小規模な事業や居住用の土地を手放さなければならなくなる可能性も生じます。

そこで、これらの宅地については、以降で詳しく説明するように一定の面積までの部分に限り、次のような低い評価額にすることが認められています。

①被相続人が居住していた家屋に同居していた親族が引き続き居住しているばあい等、事業を引き続き営んでいるばあい等で一定の要件を満たすとき――通常の評価額の80％減。

②貸付事業用は50％減額。ただし事業用や居住用の宅地と併用しているばあいは一定の調整計算が必要になります（２０６ページ）。

それでは、小規模の宅地の評価を詳しく見ていくことにしましょう。

この制度は小規模宅地等の評価減の特例といい、相続財産のうち、被相続人や被相続人と同一生計親族の居住の用か事業の用となっていた宅地が次の①～③に該当するばあいには、その宅地のうちそれぞれの適用対象面積まで、評価額を80％か50％減額するというもので、節税効果が抜群の制度です。

ただし、相続開始3年以内に贈与により取得した宅地や相続時精算課税を適用した宅地は、小規模宅地等の評価減の特例の適用対象外となっています。

Ⓐ下記①の特定居住用宅地に該当するばあいは、適用対象面積330㎡まで80％減額となります。

Ⓑ下記②の特定事業用宅地に該当するばあいは、適用対象面積400㎡まで80％減額となります。

Ⓒ下記③の貸付事業用宅地に該当するばあいは、適用対象面積200㎡まで50％減額となります。

例えば、相続が起こり、被相続人が所有していた敷地面積が330㎡で評価額が1億円の宅地があったとします。もし下記①の特定居住用宅地等に該当すれば、80％減額の2000万円で評価されるといった具合です。なんと8000万円も評価額が下がり、その分相続税が安くなったり、ゼロになったりするのです。

なぜこのような制度が設けられているかというと、被相続人が住んでいた土地や事業を行なっていた土地は、残された配偶者や子の生活基盤となる非常に重要な財産であり、このような財産に評価額をそのままフルで相続税をかけてしまうと、相続税の支払いのために相続した土地を売らなければならなくなる、といったような、相続後の相続人の生活を脅かす危険性があるため、このような特例措置が設けられているわけです。

①特定居住用宅地のばあい

相続開始の直前において被相続人か被相続人と同一生計の親族の居住の用に供されていた（後ほど

⑥で詳しく触れますが、老人ホームの入所により被相続人の居住の用に供されていなかったばあいを含みます）宅地で、次の㋑～㊁に該当するばあいは、小規模宅地等の評価減の特例の対象になります。

㋑被相続人の配偶者が相続するばあい

特に条件はありません。次の㋺～㊁のような居住継続や保有継続の要件はありません。相続直後に、売却や賃貸に出しても、80％の評価減が受けられます。

㋺被相続人と同居の親族が相続するばあい

相続開始の直前から相続税の申告期限まで居住を継続し、相続した宅地を申告期限まで保有しているばあいです。

㋩次の要件を全て満たす、被相続人と別居の親族（俗に言う〝家なき子〟）が相続するばあい

ｉ　相続開始の直前において、被相続人の居住の用に供されていた家屋に、被相続人の配偶者及び同居の親族がいないこと。つまり逆に言うと、被相続人に配偶者や同居親族がいるばあいに家なき子が相続するとその家なき子が相続した部分については80％評価減が適用されません。

ⅱ　その別居の親族が、相続開始前3年以内に、日本国内にある自己もしくは自己の三親等内の親族もしくは自己と特別の関係がある法人の所有する家屋に居住したことがないこと。または、相続開始時において居住の用に供している家屋を過去に所有していたことがないこと。

ⅲ　その宅地を相続税の申告期限まで保有すること。

㈡次の要件を満たす被相続人と同一生計の親族が相続するばあい
その宅地を相続開始の直前から相続税の申告期限まで自己の居住の用に供し、その宅地を相続税の申告期限まで保有していること。

②特定事業用宅地のばあい

相続開始前3年を超えて被相続人か被相続人と同一生計の親族の事業の用に供されていた宅地（その宅地の上で事業の用に供されている減価償却資産の価額が、その宅地の相続時の価額の15％以上であるばあいは、相続開始前3年以内に事業の用に供されたものを含む）で、次の㋑か㋺に該当するばあいは、小規模宅地等の評価減の特例の対象となります。ただし、農業は事業ではあるものの、農地は宅地ではないため、評価減の特例はありません。また、農機具置き場や作業場などの建物を有しているばあいのその宅地は、事業の用に供されていた宅地に該当します。なお、このばあいの事業には、不動産貸付業、駐車場業、自転車駐車場業は含まれません。

㋑被相続人が事業を行なっていたばあい
宅地を取得した親族が相続税の申告期限までに被相続人の事業を引き継ぎ、取得した宅地を申告期限まで保有し、承継した事業を申告期限まで営んでいること。

㋺被相続人と同一生計の親族が事業を行なっていたばあい
宅地を取得した親族が事業を営んでいた同一生計親族本人で、取得した宅地を申告期限まで保有し、事業を申告期限まで営んでいること。

付 相続した事業の用や居住の用の宅地等の価額の特例（小規模宅地等の特例）

（国税庁、No.4124参照［平成31年４月１日現在法令等］）

●事業的規模でない不動産貸付けのばあい

Q１　事業的規模でない不動産の貸付けのばあいであっても、小規模宅地等についての相続税の課税価格の計算の特例の対象となりますか。

A１　相続開始の直前において、被相続人等の貸付事業の用に供されていた宅地等で、一定の要件に該当する被相続人の親族が相続または遺贈により取得した部分は、貸付事業用宅地等として小規模宅地等についての課税価格の計算の特例の対象となります。その減額割合は50％です。ここでいう貸付事業とは「不動産貸付業」、「駐車場業」、「自転車駐車場業」および事業と称するに至らない不動産の貸付けその他これに類する行為で相当の対価を得て継続的に行なう「準事業」をいいますので、事業規模は問わずこの特例の対象となります。

ただし、この特例の対象となる不動産の貸付けは相当の対価を得て継続的に行なうものに限られていますので、使用貸借により貸し付けられている宅地等は特例の対象になりません。

（参考）相続開始前3年以内に新たに貸付事業の用に供されたばあい。

相続開始前3年以内に新たに貸付事業の用に供された宅地等（「3年以内貸付宅地等」といいます）は、貸付事業用宅地等の対象となりませんが、相続開始の日まで3年を超えて引き続き特定貸付事業（準事業以外の貸付事業をいいます）を行なっていた被相続人等の貸付事業の用に供された宅地等については、3年以内貸付宅地等に該当しないこととされております。

したがって、被相続人等が行なっていた不動産の貸付けが事業的規模でない準事業であったばあいには、相続開始前3年以内に貸付事業の用に供された宅地等については、3年以内貸付宅地等として、この特例の対象にはならないこととなります。

（注）平成30年3月31日までに貸付事業の用に供された宅地等については、3年以内貸付宅地等に該当しないこととされています。

（措法69の4、平30改正法附則118、措令40の2、措規23の2、措通69の4－13）

●農機具置き場や農作業を行なうための建物の敷地に係る小規模宅地等の特例

Q2　農業用耕うん機、トラクター、農機具等の収納や農作業を行なうための建物の敷地の用に供されている土地は、小規模宅地等の特例の対象となる事業用宅地等に該当しますか。なお、土地の地目は宅地となっています。

A2　農機具等の収納または農作業を行なうことを目的とした建物の敷地は、他の要件を満たす限り小規模宅地等の特例の対象となる事業用宅地等に該当します。

ただし、建物または構築物の敷地であっても、①温室その他の建物でその敷地が耕作の用に供されているものおよび、②暗きょその他の構築物でその敷地が耕作・養畜等の用に供されるものについては、たとえ建物等の敷地であっても同特例の対象となる事業用宅地等には該当しません。これらの土地は建物等の敷地とはいえ、農地または採草放牧地に該当し、それらについては、一定の要件を満たすばあいには、農地等の納税猶予の特例を適用することができます。（措法69の4、措規23の2）

国税に関する相談は、国税局電話相談センター等で行なっていますので、税についての相談窓口をご覧になって、電話相談を利用ください。

③貸付事業用宅地のばあい

相続開始前3年を超えて被相続人か被相続人と同一生計の親族の貸付事業の用に供されていた宅地（相続開始前3年を超えて事業的規模で貸付けを行なっていた者が相続開始前3年以内に貸付けを開始したものを含む）で、次の㋑か㋺に該当するばあいは小規模宅地等の評価減の特例の対象となります。このばあいの貸付事業は、不動産貸付業、駐車場業、自転車駐車場業です。

㋑被相続人が貸付事業を行なっていたばあい

宅地を取得した親族が相続税の申告期限まで被相続人の貸付事業を引き継ぎ、取得した宅地を申告期限まで保有し、承継した貸付事業を申告期限まで営んでいること。
㋺被相続人と同一生計の親族が貸付事業を行なっていたばあい
宅地を取得した親族が貸付事業を営んでいた同一生計親族本人で、取得した宅地を申告期限まで保有し、貸付事業を申告期限まで営んでいること。

④以上を併用できる条件

右記の①～③は併用できるのでしょうか。

答えは、①と②だけなら完全併用ができます。

つまり、特定居住用宅地である自宅敷地330㎡と特定事業用宅地である農機具置き場等400㎡の合計730㎡まで評価減の特例が使えるのです。

なお、③との併用は、次の調整計算が必要となります。

特定事業用宅地の面積×200／400＋特定居住用宅地の面積×200／330＋貸付事業用宅地の面積≦200㎡

例えば、特定居住用宅地240㎡と貸付事業用宅地200㎡の併用のばあい、80％評価減できる特定居住用宅地240㎡から優先的に小規模宅地等の評価減の特例を適用しますと、240×200／330＋貸付事業用宅地の面積≦200㎡となります。この計算式を満たす貸付事業用宅地の面積は54・5㎡です。

検算しますと、240×200／330＋54・5≦200㎡となります。

つまり、このケースでは、特定居住用宅地240㎡と貸付事業用宅地54・5㎡まで小規模宅地等の評価減の特例が使えます。

⑤適用を受けるための手続きなど

これらの特例を受けるためには、相続税の申告期限までに、相続税の申告書に、この制度の適用を受けようとする旨、計算に関する明細書、住民票の写し、戸籍謄本、遺言書や遺産分割協議書の写し、印鑑証明書を添付して、税務署に提出する必要があります。なお、特例を受けた結果、相続税の納税額が0になったばあいでも、相続税の申告をする必要があります。

相続税の申告期限までに、親族の間で遺産分割が整っていないばあい、つまり、だれが何を相続するのかが決まっていないばあいは、小規模宅地等の評価減の特例の適用はありません。このばあいは、相続税の申告書に、「申告期限後3年以内の分割見込書」を添付して、一旦は申告期限までに申告と納付を済ませておきます。そして、申告期限後3年以内に遺産分割を行ない、改めて相続税の申告を提出することにより小規模宅地等の評価減の特例の適用を受け、納めすぎた相続税を取り戻すことになります。

⑥被相続人が相続の直前に老人ホームに入所していたばあい（平成26年1月以降の相続から適用）

このばあいは、一定の要件を満たせば、上記①特定居住用宅地は使えます。ここで、老人ホームに入所していたということは、自宅に住んでいない、つまり、「相続開始の直前において被相続人の居住の用に供されていた宅地」に該当しないのではないか、という声もあると思います。しかし、例えば、長期治療のために病院に入院して、住民票は自宅のままというようなばあいと同様に、身体や精神上の理由で介護を受けるため老人ホームに居るものの、本人は自宅での生活を希望していて、自宅はいつ帰ってきても生活できるように維持管理がされているのであれば、実態は、病院に入院しているのと変わらないわけですね。

一定の要件とは、次の㋑と㋺の両方を満たすばあいです。

㋑老人ホーム入所要件

次のⓐかⓑのように、被相続人に介護が必要なため入所したものであること。

ⓐ要介護認定または要支援認定を受けていた被相続人が次の住居または施設に入居または入所していたこと。

・認知症対応型老人共同生活援助事業が行なわれる住居、養護老人ホーム、特別養護老人ホーム、軽費老人ホームまたは有料老人ホーム

・介護老人保健施設

・サービス付き高齢者向け住宅

ⓑ障害支援区分の認定を受けていた被相続人が、障害者支援施設などに入所または入居していた

こと。

㋺自宅要件

被相続人の居住の用に供さなくなった後に、その自宅を、事業の用（貸付事業を含みます。）または被相続人や被相続人と同一生計親族以外の人の居住の用に供していないこと。

⑦二世帯住宅の要件の緩和（平成26年1月以降の相続から適用）

被相続人と親族が居住するいわゆる二世帯住宅の敷地の用に供されている宅地について、二世帯住宅が構造上区分された住居であっても（つまり、建物の内部で行き来ができない住居であっても）、区分所有建物登記がされている建物を除き、上記①特定居住用宅地のばあいの㋺被相続人と同居の親族が相続するばあいの要件を満たすものであるばあいには、その敷地全体について特例の適用を受けることができます。

同じ敷地に、二棟の建物を建てて別々に住んでいたら同居ではありません。つまり、同居親族が要件の小規模宅地等の評価減の特例は適用できません。ところが、同じ敷地に、二世帯住宅を建てて親子で住み、相続時に、その宅地を子が相続したら、小規模宅地等の評価減の特例は適用できるのです。現在、この二世帯住宅を建てる方法が相続対策の有力な選択肢になっています。また、構造上区分されていますから、将来、賃貸にだすこともできるわけです。

なお、親の介護を徐々に進めることができるとか、子からしたら親が孫の面倒を見てくれるといったプラスの面もあれば、お互いのプライバシーの確保が難しく、細かいことでストレスがたまるといったマイナスの面もあるかもしれません。同居する家族で十分に話し合いをして、二世帯住宅に住むかどうかを決めることをお勧めします。

4 農地の評価（含、耕作放棄地）

(1) 農地の区分と評価方法

農地といっても純農村的なところと都市近郊とでは評価方法がちがってきます。

農地は、農地法や都市計画法などによって4種類に分けられており、それぞれ評価方法が定められています。一覧すると次ページの表のとおりです。

(2) 純農地や中間農地の評価額の調べ方

農村部で多い倍率方式のばあい、具体的にどのようにしらべたらよいか、手順を追ってみてみましょう。これは倍率方式で評価される市街地以外の宅地のばあいも同じです。

まず、市町村役場の固定資産税課へ行って、**固定資産税の評価証明書**を交付してもらう必要があり

農地の区分と評価方法

区分	どんなところか	評価方法
純農地	都市近郊のように宅地が散在していない農地	固定資産税評価額×倍率（倍率方式）
中間農地	都市近郊の農地で、地価が純農地より高い水準にある農地	固定資産税評価額×倍率（倍率方式）
市街地周辺農地	宅地などへの転用が認められている農地	市街地農地としての評価×80％
市街地農地	農地法の転用許可を受けた農地または転用許可のいらない農地	宅地評価額－造成費用（宅地比準方式）または倍率方式

ます。ちなみに相続がはじまっている家庭では、この評価証明書を相続税申告書に添付しなければなりませんし、相続の登記をするときにも必要になるので、登記用と税務署用の2部を用意します。

ただし、注意しておくことが一つあります。

相続税の申告は暦年の評価で行なわれることになっているのですが、その年の評価の倍数等がわかるのは、7月1日ごろなのです。したがって1～3月に亡くなった方のばあいでも、新しい評価の倍数が発表されてから相続税の計算に入るということになります。

また、固定資産税の評価証明書も、役所は年度がわりが4月なので、4月以降でないとその年の評価証明書にならないことにも注意する必要があります。

この2部必要な固定資産税評価証明書と同じことが記載されているもので、名寄せ帳というものも便利なものです。実際の登記には必要ありませんが、市町村役場で閲覧でき、その家の土地・家屋の評価額が全部でているので、相続税の試算をするのには役立ちます（これも4月にならないと新年度のものはでません）。

さて、固定資産税の評価証明書をもらったら、次は税務署の資産税課へ足を運びます。国税庁ホームページでも確認できます。ここでは各々の土地の**固定資産税の倍数**を教えてもらいます。税務署では、宅地・田・畑・山林・原野の地域ごとに固定資産税の評価にかける倍数を区分しています。

なお雑種地については、登記や市役所の評価には雑種地という地目はあるのですが、税務署の評価にはありません。したがって、税務署で雑種地を評価するときは、その付近の地目の評価額を用いる近傍類似評価ということになります。

税務署で実際に行なう評価は、必ずしも登記簿上の地目にそったものではなく、固定資産税の評価証明書に掲載されている事実（現況）にもとづいて行なわれるというわけです。たとえば、

田を埋め立てて畑にしてあれば、登記簿上の地目は田で、現況は畑。

平坦な山林を耕作してあれば、登記簿上の地目は山林で、現況は畑。

田を埋め立てて温室にしてあれば、登記簿上の地目は田で、現況は畑。

畑を整地して、豚舎を建ててあれば、登記簿上の地目は畑で、現況は宅地。

となります。相続税の評価額は、登記簿の地目評価額通りでなく、あくまでも土地の現況通りの評価になります。

このような倍率方式に当てはまる地域においては、相続が生じて申告書をつくる段階でさまざまな問題がでてくることがよくあります。先代の名前の固定資産税や、農地交換などで相手に引渡した土地が名義換えになっていなかったり、息子に贈与した農地の名義を変更していなかったり、農地法の許可をうけて第三者に売却した土地の名義が変わっていなかったり、あるいは単に農業委員会の許可をうけたまま未登記だったりなどいろいろなケースが出てきます。

現在、わが家で耕作している田の固定資産税の評価証明書もなければ登記簿もないというものも出てこないとはかぎりません。土地は百年でも二百年でもなくなるものではないので、古い権利書などをたどっていけばわかることですが、相続のときには、まごつかないように整理していくことが大切です。こうしたところから節税も可能になっていくものなのです。

(3) 市街地農地、市街地周辺農地の評価のしかた

市街化区域内にある田・畑・山林・原野などは、宅地比準方式または倍率方式により評価されます。宅地のばあいは、せいぜい50坪とか１００坪という単位ですみますが、農地となるとそんな程度ではすみません。生産基盤である農地も宅地なみの価額で計算されるために、たちまち億単位の評価額になってしまうばあいも少なくありません。

市街地農地は宅地に準じる扱いを受けるために、その農地を宅地とするばあいに造成費がどれくら

いかかるか、道路からどのくらい奥まっているかを考慮して、まわりの宅地の評価額からさしひいて評価額とします。倍率方式のばあいは、固定資産税評価額×倍率です。

また、市街地周辺農地は、市街地農地の評価額の80％で評価します。

5 山林の評価

(1) 山林の区分と評価法

山林は純山林、中間山林、市街地山林、保安林に分けられており、純山林と中間山林は倍率方式（198ページ）、市街地山林は宅地比準方式または倍率方式で評価額を出します。保安林については専門的知識を必要としますので省略します。

(2) 市街地山林の評価額

市街地山林も、宅地評価額から宅地にしたばあいの造成費分をひいて評価する宅地比準方式か倍率方式によって評価額を出します。

また、山林は地続きで並んでいても、一つの山林という利用区分で計算せず、一筆一筆評価してゆきます。

6　借地権、貸家建付地、区分地上権、家屋、ガラス室、その他の評価

(1)　借地権

土地を借りて家を建てている人は、図のように土地の借地権という占有権をもっています。借地権の評価額は、繁華街になればなるほど高くなり、土地の所有者である地主の所有権の評価額はその分低くなります。

また、他人に土地を貸すと、相手に借地権が発生します。高齢になったりして農業経営をつづけられなくなった人たちのなかには、手放しては先祖に申しわけないといううきもちで土地を貸すケースも多かったと思います。その土地に自然に権利がついて借地権という無体財産権になり、最近では借地権だけでも高い値段で売買され

借地権割合

A	90%
B	80%
C	70%
D	60%
E	50%
F	40%
G	30%

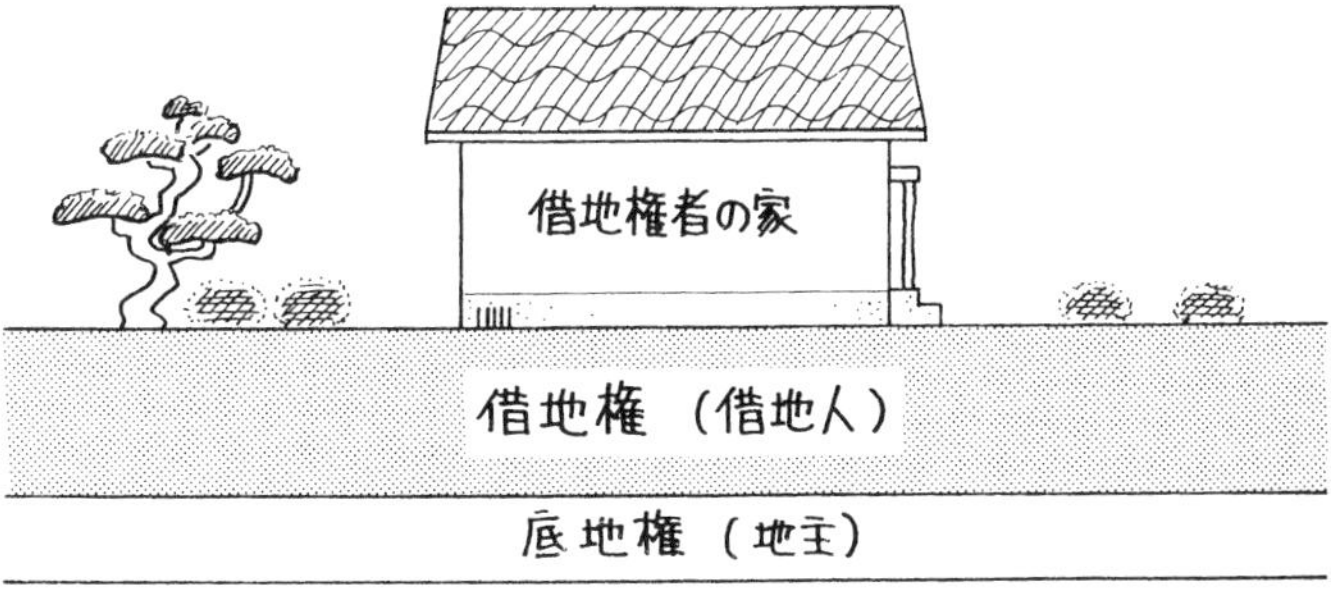

るようになっています。都市部では、土地の値段の7~8割もの値段で取引されることも少なくありません。

都市部のもと農家の人たちの中には、こうした高い借地権のついた底地をもっている人も多く、相続にさいして相続税の納付に苦労する例もあります。こうした底地権はどう評価されようとも、すぐ他人に売却できる土地とはちがい、買ってくれるのは借地権者だけです。相続上の借地権そのものの価額は、その土地の通常の評価額に前ページの表のような借地権割合をかけた金額で評価されます。この借地権割合は、各国税局で決められて公表されています。

(2) 貸家建付地

アパートやマンションなど、他人に貸している建物の敷地として使われてる土地のことを貸家建付地といいます。これと似たもので貸宅地というのがありますが、これは借地権が設定されているばあいのものなので、相続上の評価もちがってきます。

貸宅地の評価額は、その宅地の通常の評価額から借地権の価額をひいたものになるのに対して、貸家建付地のばあいには、建物も地主のものなので借地権こそ設定されていませんが、他人に建物を貸しているかぎり処分や利用には制約があるわけですから、それなりに低い価額で評価されることになっています。計算のしかたは、次ページの表のようになります。

貸宅地（借地権のついた土地）の評価方法と計算例

〔算　式〕

貸宅地の評価額 ＝ その宅地の通常の評価額（更地価額） － （その宅地の通常の評価額 × 借地権割合）

（その宅地の通常の評価額 × 借地権割合）＝ 借地権の価額

〔計算例〕

通常の評価額　　4000万円

借地権割合　　60％とする

4000万円－（4000万円×60％）＝1600万円

貸家建付地の評価方法と計算例

〔算　式〕

貸家建付地の評価額 ＝ その宅地の通常の評価額 － （その宅地の通常の評価額 × 借地権割合 × 借家権割合）

〔計算例〕

通常の評価額　4000万円、借地権割合　70％、

借家権割合　30％とすると

4000万円－（4000万円×70％×30％）＝3160万円

〔借地権割合別貸家建付地の評価額割合〕

貸家建付地評価額割合＝1－（借地権×借家権）

借地権80％の地区　76％＝1－（0.80×0.30）

借地権70％の地区　79％＝1－（0.70×0.30）

借地権60％の地区　82％＝1－（0.60×0.30）

借地権50％の地区　85％＝1－（0.50×0.30）

なお、駐車場づきでマンションを建てて貸しているばあいは、この土地全体を貸家建付地とみることになります。

(3) 区分地上権および区分地上権が設定されている土地

土地の地下に鉄道や道路などが走っていると、荷重制限等によりそれがない時より利用効率がわるくなります。これは地下の道路や鉄道などに土地に対する権利が発生するからで、この権利を区分地上権といいます。

> 区分地上権の価額＝自用地としての価額×区分地上権の割合
> 区分地上権の設定されている宅地の価額＝自用地としての価額－区分地上権の価額

区分地上権の割合の計算は「公共用地の取得に伴う損失補償基準細則」第12に定める土地利用制限率を基として行ないます。また地下鉄等のトンネルの所有を目的として設定した区分地上権を評価するばあいは一〇〇分の三〇とすることができます。

(4) 駐車場、家屋、ガラス室など

駐車場は、単なる利用権なので、更地の評価になります。

家屋の評価は、固定資産税の評価額そのもので評価します。物置でも、車庫でも、トイレでも、作業小屋でも、すべて同じです。令和２年４月１日以降発生する配偶者居住権については、２９７ページの第８章　民法（相続税）改正「⑶　配偶者居住権の新設」をご参照ください。

ガラス温室の評価のばあいは、土台のある温室は固定資産の建物の部門に入り、固定資産税評価額そのもので評価します。土台のないビニール温室などは、償却資産として申告します。したがって相続にさいしては、減価償却後の価額が相続の価額になります。ハウス・畜舎なども、固定資産の評価のあるものは、固定資産税評価額そのもので評価することになります。

７　有価証券、預貯金などの評価

⑴　株式の評価

ひと昔前までは、ひとにぎりの大金持ちのものだった株式投資も、現行の預貯金の金利が極めて低いことやＮＩＳＡの普及等もあってだいぶ国民一般にまで広がり、株式をもっている農家も多いと思います。では、父親がもっていた株券などが遺されたばあい、それらはどう評価するのでしょうか。

株式といってもピンからキリまでありますから、評価のしかたもどういう株式かによってちがってきます。

●上場株式の評価

いちばん一般的な、金融商品取引所に上場されている株式の評価は、次の四つのなかでもっとも低い金額が相続財産の評価額になります。

①被相続人の死亡の日の最終価額（終値《おわりね》）。
②死亡の月の終値の月平均額。
③死亡の月の前月の終値の月平均額。
④死亡の月の前々月の終値の月平均額。

これらは証券会社へ電話をして株価を教えてもらえば、簡単に評価額がはじき出されます。

●取引相場のない株式の評価

取引相場のない株価の評価はどうするのでしょう。

だいたい日本の会社の96％は、この取引相場のない、いわゆる中小同族会社だといわれています。つまり、中小企業のほとんどにあたるのがこの会社の株だということになります。父親が経営者だったのを相続するばあいなどでは、まずたいていこの株でしょう。

中小同族会社の株の評価方法は、従業員数や総資産価額や売上げのちがいによって異なった方式がとられます。

具体的には、次の二つの組合わせになります。

①株式を取得した人が会社の経営支配権をもつ大株主グループに属しているかどうか。

②会社の規模が大会社、中会社、小会社のどれにあたるのか。さらに中会社は、大・中・小のどれにあたるのか（次ページの会社規模判定表を参照）。

①の条件が単なる零細株主のばあいは配当還元方式が適用されます。①の条件が大株主グループだったばあいは、②の三つの会社規模の条件によって３通りの方式のどれかが適用されます。

大会社のばあいはⒶ類似業種比準価額方式か、Ⓑ純資産価額方式のどちらかを選択でき、中会社のばあいはⒶ方式とⒷ方式との併用方式かⒷ方式になり、小会社のばあいはⒷ方式を原則としますが、ⒶⒷ併用方式のどちらかを選択できるというわけです。

このばあい、従業員が70人以上なら大会社ですし、従業員が70人未満なら会社規模判定表により判定します。

さて、大会社に当たるばあいのⒶ類似業種比準方式ですが、いかめしい名称ですが、大変合理的な評価方式だといわれています。基本的には、評価する会社と類似の上場会社の平均株価を基準にして、配当（利回り）・利益（株価収益率）・純資産価額（株価純資産倍率）を加味して計算しようというものです。

計算式は２２３ページのようになります。

会社規模判定表

総資産価額（帳簿価額）			従業員数	年間の取引金額			会社の規模とLの割合
卸売業	小売業、サービス業	卸売業、小売業、サービス業以外		卸売業	小売業、サービス業	卸売業、小売業、サービス業以外	
20億円以上	15億円以上	15億円以上	35人超	30億円以上	20億円以上	15億円以上	大会社
4億円以上	5億円以上	5億円以上	35人超	7億円以上	5億円以上	4億円以上	中会社の大 L＝0.90
2億円以上	2.5億円以上	2.5億円以上	20人超35人以下	3.5億円以上	2.5億円以上	2億円以上	中会社の中 L＝0.75
7000万円以上	4000万円以上	5000万円以上	5人超20人以下	2億円以上	6000万円以上	8000万円以上	中会社の小 L＝0.60
7000万円未満	4000万円未満	5000万円未満	5人以下	2億円未満	6000万円未満	8000万円未満	小会社

総資産価額基準と従業員数基準とのいずれか下位の区分を採用し、それと取引金額基準のいずれか上位の区分により会社規模を判定します。

$$A \times \left(\frac{\frac{b}{B} + \frac{c}{C} + \frac{d}{D}}{3} \right) \times \begin{cases} \text{大会社 } 0.7 \\ \text{中会社 } 0.6 \\ \text{小会社 } 0.5 \end{cases} = \text{1株当たりの類似業種比準価額}$$

一見して面倒くさそうですが、じつはそれほどではありません。Aが上場類似会社の平均株価で、大文字のB、C、Dがそれぞれ上場会社の配当・利益・純資産価額、小文字のb、c、dがそれぞれ評価する会社（たとえば亡くなった父の会社）の一株当たりの配当・利益・純資産価額になります

ABCDは上場会社の平均値ですから、毎年国税局から「類似業種比準価額計算上の業種目及び業種目別株価等（令和〇〇年分）というものが公表されます。このうちAだけは月ごとの数値があり、評価にあたっては死亡日当日以前三か月か前年の平均値の低いものを選ぶことになっています。b、c、dの値は、実際に計算しなければでてきません。

次に**小会社**の株式評価のばあいは、原則としてⒷ純資産価額方式とよばれる方式がとられます。これは、評価しようとする会社の株式を相続税評価の基準で資産に評価替えをし、これを株価として考えようという方式です。

計算式は次ページのようになります。

$$1株当たりの評価額=\frac{\text{相続税評価による総資産}-\text{負債の合計}-\left\{\left(\text{相続税評価による総資産}-\text{帳簿価額による総資産}\right)\right\}\times 37\%}{\text{発行済の株式数}}$$

このばあい、親族などの持株の割合が50%以下のときは、この式で求められた評価額から20%の評価減が認められます。

Ⓐ Ⓑ併用方式のばあいはⒶ×0・5＋Ⓑ×0・5となります。

さて、**中会社**の評価は、類似業種比準価額と純資産価額の併用方式が原則です。

計算式は左のとおりです。

株式評価額＝類似業種比準価額×L＋純資産価額×（1－L）

ここでてくるLの割合は、会社の規模や内容によって3つに分かれます。

中会社の大　L＝0・90

中会社の中　L＝0・75

中会社の小　L＝0・60

また、先に述べたようにⒷ方式で評価してもよいです。

株式評価の最後は、配当還元方式です。これは先にもふれたように、中小同族会社の株式で大株主に属さない株主の株を評価する方式です。

計算式は左のとおりです。

$$1\text{株当たりの評価額}=\frac{1\text{株の年配当金額}}{10\%}\times\frac{1\text{株当たりの資本金等の額}}{50\text{円}}$$

年配当金額は、直前期末以前の2年間の平均額になります。つまり、2年間の配当総額の2分の1を期末の発行済株式数でわって、これを10%で還元して算出するわけです。このばあい、額面50円当たりで2円50銭（つまり配当率5%）未満の配当だったり、無配当のときは、2円50銭の配当があったものとして計算します。

(2)　公社債、預貯金、生命保険、ゴルフ会員権、年金などの評価

●公社債

債券には国が発行する国債、地方公共団体が発行する地方債、株式会社が発行する社債などがありますが、これらには年利を決めた利付債と利息前取りかたちの割引債とがあります。この利付債と割引債とでは、評価方法がすこしちがっています。

まず**利付債**のばあいは、原則として発行価額と源泉税相当額を控除した既経過利息との合計額で評価することになっており、計算式は次ページのとおりです。

評価額＝課税時期の取引価額＋既経過利息額（1 －源泉徴収税率 20.315％）

これに対して**割引債**のばあいは左のようになります。

評価額＝課税時期の取引価額

●定期預金や生命保険契約権利金など

次に**定期預金**などのばあいです。

相続税の申告には、亡くなったときの預貯金などの残高証明書を添付しなければなりませんが、そのまま相続財産とみとめられるわけではありません。定期預金などは残高証明書プラス死亡の日までの利息を加算して評価することになっているのです。実務上の問題としては、貯金期間中の死亡の日に解約したとみなされるために、解約利息として普通利息になるほかないといわれています。

評価額＝預入高＋課税時期において解約するとしたばあいの既経過利子額（1 －源泉徴収税率 20.315％）

生命保険契約権利金の評価にもふれておきますと、亡くなった父親が契約者で、被保険者が父親のばあいは、死亡により交付される生命保険金は法定相続人一人500万円が非課税財産で、500万円に法定相続人の人数分をかけた金額まで非課税財産ということになります。こうした生命保険の他に、父親が契約者で、被保険者が妻や子の名前になっている生命保険や郵便局の簡易保険などのばあいはどうでしょうか。こうしたばあいは、契約した父親が死亡してしまったのですから、あとの相続

保険会社等からの解約返戻金の額（評価証明書を取得すること） ＝生命保険契約に関する権利の評価

人たちが引き継がなければなりません。つまり、父親が掛けた分は相続財産として申告しなければならないわけです。そしてそのあとを誰が契約者となって引き継ぐかということになります。これを「生命保険契約権利金の評価」といい、上のような計算式が使われます。

火災保険料の解約返戻金のばあいも、生命保険の契約権利金と同様に、その評価証明書の通りの金額が相続財産になります。

火災保険会社・農協などの建更火災共済は契約期間が長いものもあり、積み立方式になっているので、評価証明書を添付し、その金額を相続財産にのせることになります。

●ゴルフ会員権、医療費還付金、年金など

相続税や贈与税を計算するときの**ゴルフ会員権**（以下「会員権」といいます）の評価方法は次のとおりです。

なお、株式の所有を必要とせず、かつ、譲渡できない会員権で、返還を受けることができる預託金等（以下「預託金等」といいます）がなく、ゴルフ場施設を利用して、単にプレーができるだけのものについては評価しません。

取引相場のある会員権は、原則として、課税時期（相続のばあいは被相続人の死亡の日、贈与のばあいは贈与により財産を取得した日）の取引価格の70％に相当する金額に

よって評価します。

このばあいにおいて、取引価格に含まれない預託金等があるときは合算します。取引相場のない会員権は、原則として株式の価額に相当する金額によって評価します。このばあいにおいて、返還を受ける預託金等があるときは合算します。

だんだん話がこまかくなってきますが、**高額医療費の還付金、出資配当金、国民年金、農業者年金**など死亡後に振り込まれるお金についてもふれておきます。

たとえば1月半ばに亡くなった人のばあい、11月・12月・1月の高額医療費の戻り金が死亡後に入っても、これは相続財産の未収金になります。

あるいは、こんなばあいもあります。3月のはじめに亡くなった人の農協出資配当金は5月に入ってきますが、これも未収金になります。

ところが、国民年金や農業者年金の給付の受給権者が死亡したばあいに、その死亡した者に支給すべき年金給付でまだその者に支給していない年金があるばあいには、死亡した受給権者に係る遺族がこの未支給の年金を固有の権利として請求することになるため、相続財産にはなりません。その遺族の一時所得として所得税の対象になります。

第6章

事例でみる農家の節税作戦

相続税の知識を実際の場面で駆使して上手に節税するノウハウを、農家の状況に即して紹介。知ってると知らないでは何百万、ときには億もの差が出てくる。

第5までで相続や贈与およびその税金について基本的な知識は身につけました。そこでこの章では、節税という観点から、今までの知識をいわばヨコ割りにして眺めてみたいと思います。そして、上手に節税している農家の事例を併せて紹介しておきます。

1　節税のポイントをおさえる

当たり前のことですが、相続税は相続した財産に対する課税ですから、財産、あるいはその評価額が低ければ低いほど税金は少なくてすみます。そのため、相続が発生する前から計画的に財産減らし、評価額減らしをはかることが大切です。そのためには、

①生前贈与を計画的におこなう……相続税の課税対象となる財産そのものを計画的に減らし、税を軽くする（財産減らし）

②財産の中味、形を変えていく……評価額の高い財産を評価額の低い財産に取り変えていく（評価額減らし）

の2点がまずはポイントとなるでしょう。

計画贈与はこんなに有利

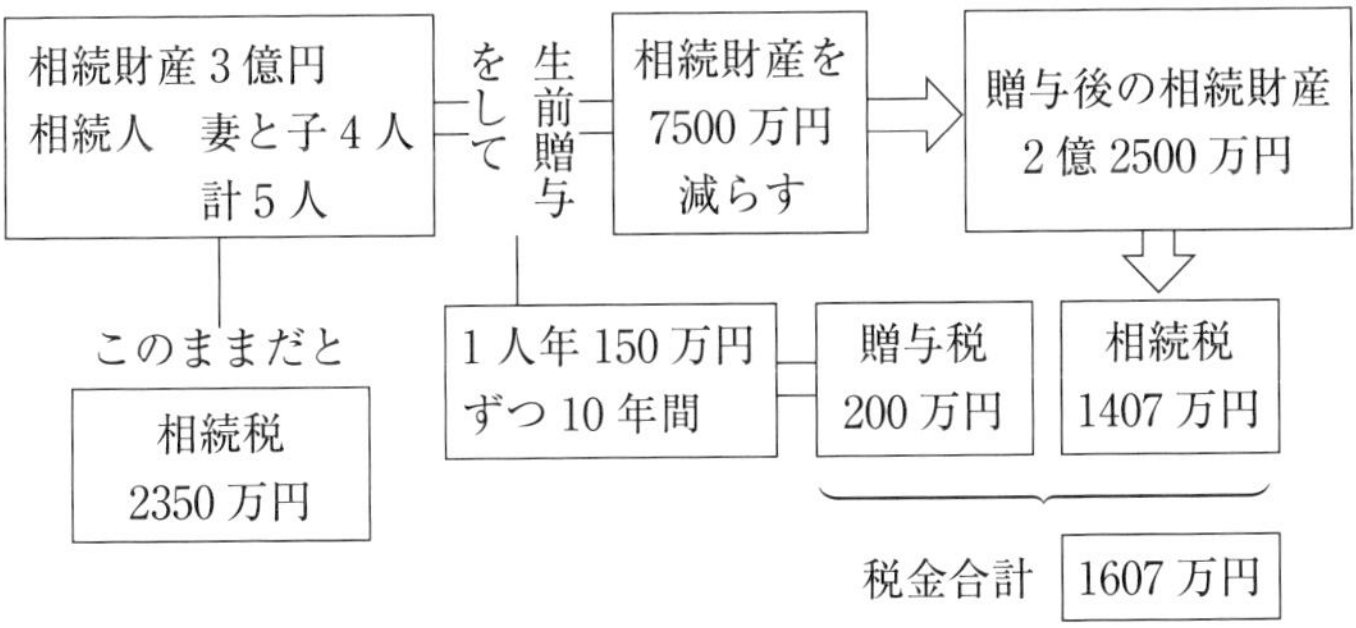

生前贈与しなかったばあいの税金　　2350万円
計画的に贈与していったばあいの税金　1607万円

差引　743万円の節税！

(1)　生前贈与を上手に活用する

①からみてみましょう。上の図をごらんください。

これは、ある農家が今、３億円の相続財産を持っていたとして、生前贈与を計画的におこなうことによってどれだけ節税できるかをみたものです。

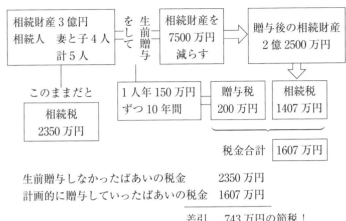

相続財産3億円、相続人は妻と子4人、計5人とします。この農家が、生前贈与をまったくおこなわなかったとすると、相続税は約２３５０万円となります（各相続人が法定相続分どおり財産を取得したものとし、妻には配偶者の税額軽減の特例を適用して計算）。

そこで、この農家のご主人は、妻と子4人、計5人に毎年１５０万円ずつ10年間生前贈与していく計画を立てました。こうすると、10年後の相続財産は3億円から１５０万円×5×10＝７５００万円減って2億2500万円となります。そうするとこれに対する相続税は約1407万円、この間の贈与税の合計は200万円、税負担の合計は1607万円となりました。生前贈与しなかったばあいの相続税2350万円に対して743万円もの節税になるわけです。

このように、生前贈与を上手に活用して相続財産そのものを減らしていくことは、節税の第一歩であり常道でもあるのです。判断に迷うばあいは農協の専門家やお近くの税理士、信託銀行等に相談してみるのも一法です。

(2) 評価額の高い財産を評価額の低い財産に取りかえる

計画的な生前贈与が、相続税の対象になる財産そのものを減らしていく節税策なのに対し、こちらは財産の形を変えて評価額を低くすることによって税負担を軽くする節税策です。

相続税は、すべて国税庁が公表している「相続税財産評価に関する基本通達」に基づく評価額によって課税されます。したがって、例えば1000万円なら1000万円でAとBを買ったばあいでも、Aの評価額が1000万円なら1000万円が課税対象になるのに対して、Bの評価額が700万円なら700万円に対してだけ税金がかかってくるというわけです。

●現金、預貯金よりも土地

この典型が土地や家屋です。第5章でも触れたように、土地の相続税評価額は、実勢価格の8〜9

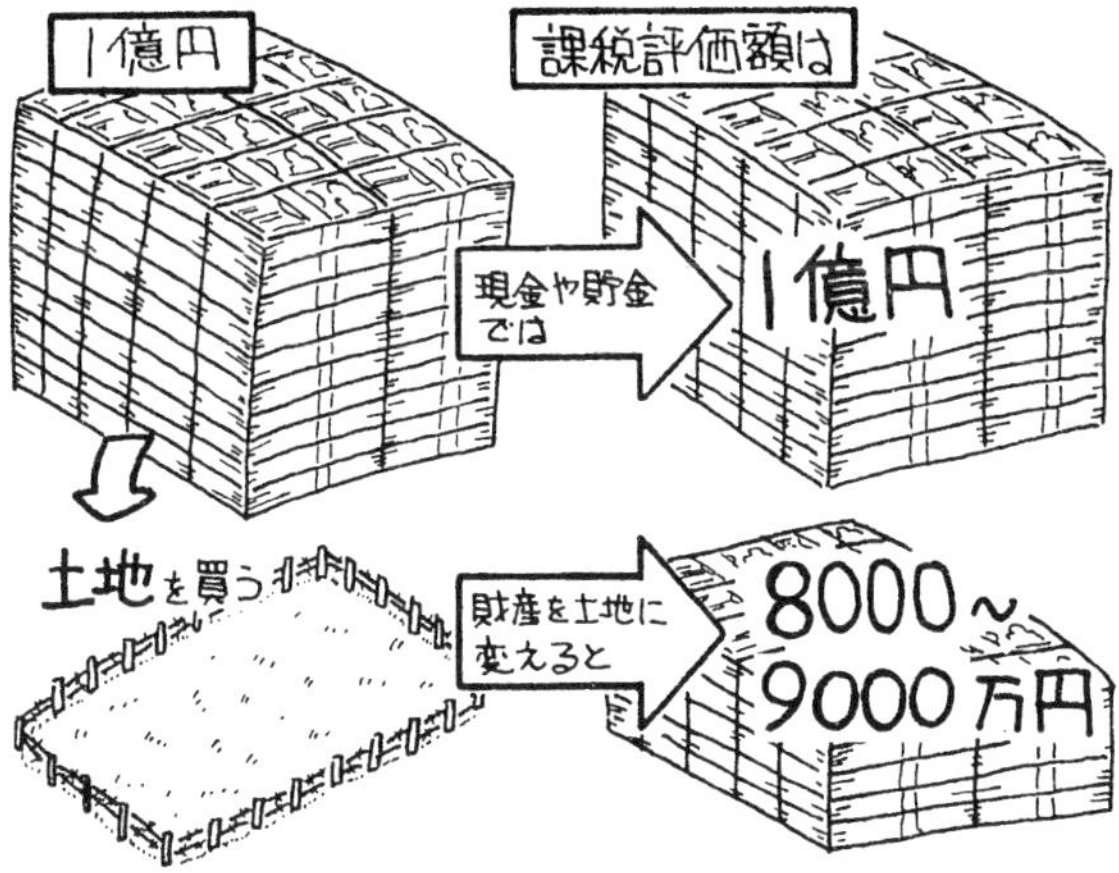

割、極端なところでは７割くらいというところもあります。ということは、例えば１億円の土地を買えば、その瞬間からその評価額は８０００万円なり９０００万円に下がるということです。１億円をキャッシュで持っていたり預貯金していれば１億円に税金がかかるのに対して、その１億円を土地にかえれば８、９０００万円にしか税金がかからなくなるわけです。これは借金をして土地を買っても同じことがいえます。

●お墓、仏壇、ゴルフ会員権など

財産の中身を変えて評価額を低くするには、不動産の他に、墓地やお墓、仏壇、ゴルフ会員権、生命保険なども考えられます。

墓地、お墓、仏壇などは、そもそも非課税財産ですから、いくら高額なものでも相続税は一銭もかかりません。いま墓地やお墓がなくていずれ買う予定のある人は、相続の前に買って相続税がまるまるかかる現金や預貯金を減らして

生命保険（共済）は一石三鳥

保険料の支払い	⇨	現金の相続財産を減らし相続税軽減
保険金の非課税枠	⇨	非課税財産の割合がふえる
納税資金に使える	⇨	譲渡所得税の節税

おくべきでしょう。

土地を買うほどの大金はないが、ゴルフ会員権ぐらいなら買えるという人はそれでもよいでしょう。これも評価額はおよそ時価の7割くらいなので節税効果はあります。ただしゴルフ会員権は値下がりの危険もあるので、買うなら相場の下がった安いところを買うよう注意が必要です。

●生命共済（保険）は一石三鳥

また、生命保険（共済）は財産の評価額を低くする手だてとして三重の意味で有効です。

まず、保険に入るため保険料を月づきにしろ一括にしろお金で払うために、キャッシュ部分の相続財産減らしに役立ちます。第二に、死亡保険金はもちろん相続財産に加算されますが、これには、法定相続人1人当たり500万円の非課税枠があり、仮に相続人が妻と子3人、計4人とすれば、合わせて2000万円か非課税となります。ということは、もし、保険金2000万円以上の保険に入っていれば、相続税の基礎控除5400万円にプラス2000万円、合計7400万円まで非課税枠が広がり、そのぶん税負担が軽くなるわけです。

さらに生命保険の節税効果として今ひとつあげるなら、保険金が現金として入ってくるので納税資金として使えるという点です。

これは、もし相続財産のほとんどが土地や家屋など不動産だけだとして、相続人も税金を払えるだけのお金を持っていないばあいを想定してみるとわかりやすいのではないでしょうか。相続人は土地や家をもらったはいいが、相続税を払うためにその一部を売り払ってお金を工面することになります。ところが、そうしてお金を工面すると、今度は土地を売却して得た所得に対して譲渡所得税が追いかけてきます。持てる者の悩みとは言え、これでは泣きっ面にハチ、２〜３回の相続でご先祖様の家、屋敷がスッカラカンということにもなりかねないわけです。

こんなとき、相続財産の中に生命保険金という非課税枠のあるお金が含まれているということは、相続税そのものの軽減に役立つと同時に、譲渡所得税を支払う必要も生じないという大きな節税効果があるのです。

したがって、自分が死んだら家族にどれくらい相続税がかかるのかをきちんと計算しておいて、その金額分くらいの生命保険には入っておくよう心掛けたいものです。相続される財産の大半が家や土地だけというばあいはとくにそう言えます。

なお、生命保険（共済）にはいろいろな種類がありますが、相続対策という面からは満期のある養老型よりも終身保険のほうが得策でしょう。

(3) 種々の特典を積極的に活用する

税法には、配偶者の税額軽減の制度や、農業相続人の納税猶予制度、農地の生前一括贈与、住宅取得等資金の贈与の特例など、様ざまな特例、特典があります。これらの特例措置は、自動的に適用されるものでもなければ、ましてや強制されるものではありません。自ら積極的に利用しないと損するだけ、まさに、〝知らなきゃ損する〟なのです。

たとえば、相続人が妻と子のばあい、妻の法定相続分は2分の1ですが、配偶者の税額軽減の制度によって配偶者の相続分は2分の1または1億6000万円のどちらか多いほうの金額まで無税となっています。もし、相続財産が2億円で妻が法定相続分の2分の1、1億円だけ相続すると、妻の税金はゼロですが、子の税金がふえてせっかくの特典を生かしたことにならないのです。そして、このように遺産分けしても、税務署のほうはもっとこうしたらいいとかいう筋合いではありません。

このようなばあい、妻は非課税枠をいっぱい使って1億6000万円相続し、残り4000万円を子どもたちで分けたほうが税金は少なくてすむ（次の相続が間近いばあいは必ずしもそうとばかりは言えないこともある）わけですが、それは、あくまでそういう特典を自分たち自らで活用していくという姿勢と知識にまかされているわけです。

また、特典の多くは課税を一時猶予するということですから、特例の条件を十分しらべてから受けることが必要です。農業相続人の課税猶予などはその代表例で、条件に背馳することが発生すると猶予は取り消され、かつそれまでの税金に利子税が加わるので注意が必要です。

以上を前提にして次節から農家の様ざまな節税実例をみてみましょう。

２　小きざみ贈与で節税をはかる

贈与税は個人からの贈与により、財産を取得した個人にかかる税金です。

贈与とは民法（５４９条）では、「当事者の一方が、自己の財産を無償で相手方に与える意志を示し、相手方がこれを受諾することによって成立する契約のことである」と言われています。

財産をたくさん持っている人が、生前に贈与をしていけば、その人の相続財産は少なくなります。したがって、贈与税の税率を相続税より高くしなければ、贈与がどんどんおこなわれて、ついには相続財産がなくなってしまいます。このため、贈与税は、相続税よりも高い税率になっているのです。

このように、贈与税と相続税とはきってもきれない縁があり、贈与税は相続税の補完税であると言われております。

しかしこのことは、贈与税を上手に活用していくことが、相続対策の一因となるということをも意味します。

(1) 年々小きざみに贈与した山田太郎さんのばあい

山田家では、農地を道路に買収されました。とにかく代替地を確保しましたが、その残金は、税金を納付してもなお1億円もありました。山田さんにはこの他にも約1億円の資産があり、山田さんが亡くなるとその相続税は1350万円にもなります（配偶者の税額軽減適用）。

山田太郎さんは、「お金は天下の回りもの」「土地は生きている間の御先祖からの預かり物」とかねがね考えていましたし、節税の意味もかねて、この1億円を子や孫に贈与することにしました。

山田さんの家族は妻、子2人とその子のそれぞれの妻、孫は12人で総勢17人です。この一人一人に100万円ずつ贈与しました。

贈与税は、贈与を受けた者それぞれにかかってきます。そこで、1人100万円の贈与のばあい、基礎控除110万円以下ですので贈与税は発生しません。合計1700万円の贈与額にたいして贈与税はなんとゼロなのです。

このように、小きざみに贈与を実行していけば、相続時にかかる相続税の節税対策になることは間違いなしです。

山田太郎さんは、翌年は80万円ずつ17人に贈与しました。贈与税はやはりゼロでした。この年、80万円にしたのは、毎年、決まった時期に、決まった額を定期的に贈与するという契約を結びますと、

「定期贈与」（民法５５２条）とみなされ、贈与金額をまとめて贈与税を算出されることがあるからです。この年は、合計１３６０万円の贈与にたいして贈与税はゼロでした。さらにその翌年は、１００万円ずつ17人に贈与したのです。こうして、山田太郎さんは、３年間で手持ちの現金を４７６０万円も減らしました。納付した贈与税はゼロです。所得税でも最低５％の税率ですから、こうした贈与は大きな節税効果をもたらすのです。

　こうした贈与は、その人その人の考え方が反映されてきますので、強いられるものではありませんが、毎年、小きざみに贈与することは、単純、確実、かつ最も有利な相続税の節税方法です。

⑵　持分共有にして土地を贈与してもらった鈴木二郎さん

　鈴木一平さんは、分家した次男（二郎）が家を建てるので、宅地を無償で提供しました。贈与することを考えたのです。

　面積にして１００坪。都市近郊にしては評価額の低い郊外でしたが、税務署に聞いたところ「１０００万円の評価額である」とのことでした。

　そして、その贈与税額は１７７万円だということでした。

　ところが困ったことに、二郎さんにはそんな大金はなく、税金を払う算段がたちません。あきらめかけていたところ、ひょいといい知恵がうかんできました。

二郎さんは４人家族です。二郎さんは、家族４人で共有して、父親の鈴木一平さんから土地を、それぞれに持分ずつ贈与してもらおうと思いついたのです。

４分の１ずつ共有したばあい、それぞれの税金は次のようになります。

１人分の贈与額は２５０万円。贈与税額14万円、４人分で56万円ですみます。背のびすれば、なんとか手の届きそうな金額に近づき１人で贈与を受けるより、１２１万円もの節税になったわけです。

3　農地の生前一括贈与で大節税

(1)　農地等の生前一括贈与の変遷

一般に、贈与税は相続税よりも税負担が重くなるように基礎控除や税率が定められています。したがって、相続税よりも贈与税のほうが、かなり高いのが普通です。

生前一括贈与することで所得が分散されるということもありますが、後継者対策もかねて相続税の節税対策にもなるのです。

農地の生前一括贈与は、経営者である父親の生存中に、農業後継者に農地を贈与して農業経営の若返りをはかるという主旨で、昭和39年、租税特別措置法第70条の４に成文化されました。その後、昭和50年に相続税の納税猶予制度が成文化され、贈与税の猶予制度を相続税の猶予制度にドッキングさせるために多少の改正がありました。

贈与税の猶予制度の適用を受けると、「贈与税の納税は、贈与者の死亡まで猶予し、贈与者が死亡したときは、その猶予税額が免除され、特例の適用を受けていた農地等は、受贈者が相続によって取得したものとみなされ、贈与者の死亡の日における価額で評価されて相続税が課税される」ことになっています。

そして、この制度の適用を受けていて、途中で農業経営ができなくなったばあい、「農地等の贈与税の納付においては、生前贈与を申告した時に評価を受けた贈与額によって算出された贈与額と、原則として年利３・６％の利子税を納付すること」になります。

次に、生前一括贈与を受けるにあたって、留意すべきことについて述べます。

(2)　農地等の生前一括贈与はサラリーマン後継者も対象になる

農地の生前一括贈与を受けることができるのは、農業を専業的にやっている後継者だけだと思われていないでしょうか。そんなことはありません。農業後継者であれば、サラリーマンでも生前一括贈与を受けることができるのです。

田中一郎さんは35歳。農家の長男ですが、学校を卒業しても、家で農業経営に専念するには農地が少なく、父と母で充分にまかなえたので会社に勤めました。

父も60歳になり、第二の人生として貸家経営に専念する勉強を始めたので、一郎さんが農地の生前一括贈与を受けて、会社勤務のかたわら、農業経営に専念することにしました。

農業委員会では、息子の一郎さんが〝反復継続〟して農業経営に専念できるとみて、農業後継者として生前一括贈与の特例を許可してくれたのです。つまり、納税猶予制度が適用されることになったのです。兼業農家でも、農地等の生前一括贈与が受けられることを知りました。

この納税制度が適用されるのは農地等に限られており、それ以外の財産は、納税猶予の対象からはずされます。

●農地と認められるもの——農作物の生産基盤である土地

よく話題になっているところですが、山林は農地ではありません。納税猶予の対象外なのです。

①栗の実の採取が目的なら農地　田中家では、中間農地2反には栗を植え、肥培管理しています。秋には、上質の実がなり、出荷しています。

栗林は、山林とみられるばあいも多いのですが、栗の実を採取するために、下地の雑草をとり、肥培管理しているばあいは農地なのです。

登記上の地目は山林でも、固定資産税の現況が農地であれば、農地としての扱いになります。

②筍の栽培が目的のばあいも　田中家では、母家の後は竹林になっております。上質の筍がとれる

田中家の財産

父の経営事業

貸家・アパート
２反

駐車場
２反

田中家農地
（長男が生前一括贈与をうける特例農地）

栗林

中間農地
２反　畑
１㎡
108円×222倍
4795万2000円

竹林
中間農地
２反　畑
１㎡
108円×222倍
4795万2000円

農振農用地
３反　畑
１㎡
68円×180倍
3672万0000円

農振農用地
２反　田
１㎡
68円×180倍
2448万0000円

ので、毎年竹林の手入れをしています。すぐに根が張って広がるので、隣家に迷惑のかからないように、毎年必ず２回は手入れをします。もちろん、筍は出荷しています。

登記上は山林になっていますが、筍を採取するため肥培管理をしているので、固定資産税の現況は農地になっています。

③農振地域の３反の野菜畑　農振地域のなかに３反あり、農用地の指定を受けています。この農地が作物の露地栽培のメインの農地で、自家消費野菜と出荷野菜とミックスの生産場所です。

トマト、サトイモ、ネギ、ナス、キュウリ、ホウレンソウ等々をつくります。

田中一郎さんは、休日である隔週の土曜や日曜・祭日に野菜つくりに取り組んでいますが、それだけでは忙しいので、妻や父や母も農業をおこない、活気に満ちています。

④**農振地域の2反の田んぼ**　農振地域のなかに田が2反あり、農用地の指定をうけています。お米は収穫の2分の1が自家消費です。

●特例の適用を受けられない財産

立毛・果樹および農業用財産は猶予の特例を受けることができません。稲、その他の収穫物も収穫前3ヵ月は収穫予想額の70％が贈与税の対象となります。栗や筍にしても然りです。

これらのことを考慮しますと、すべて収穫してしまってから贈与をおこなうことがベターでしょう。冬に入った頃が、贈与の時期としてはよいのではないかと判断されます。

〈田中家のばあい〉

1、果樹としての栗の木

2、筍の採取を目的とする立竹

3、耕うん機等の償却資産

4、肥料等の棚卸資産

田中家では、特例の受けられない財産は、栗の木と立竹と耕うん機です。栗は壮年期で10アール5万5０００円なので、全部で11万円が贈与税の対象となります。

立竹は10アール2万円なので、全部で4万円が贈与税の対象となります。

耕うん機は現在価額が10万円でした。肥料は、ちょうど購入在庫はありませんでした。

(3) 特例は認められなくても納税は猶予してもらえる

栗も立竹も耕うん機も、父の死亡時の相続税まで課税を留保（猶予）してもらうこともできます。

そのためには次のような手続きが必要です。

①果樹の贈与を留保したばあいは、父の相続において、贈与の時における果樹の評価額を相続財産

田中家の贈与財産の評価額

贈与財産	贈与財産の評価額
 中間農地 栗林	4795万2000円
 中間農地 竹林	4795万2000円
農振農用地 純農地 畑	3672万0000円
農振農用地 純農地 田	2448万0000円
栗の木	11万0000円
立竹（筍採取）	4万0000円
耕うん機	10万0000円
合計	1億5735万4000円

田中家の贈与税額

	贈与財産評価額	贈与税額
総贈与財産	1億5735万4000円	7953万9700円
特例適用農地贈与財産	1億5710万4000円	7940万2200円
届出を申出れば相続税まで保留される財産	（栗・立竹・耕うん機）25万0000円	13万7500円

に加えることを了承する旨の「農業の経営移譲にかかる果樹の申出書」を提出する。

②耕うん機等の農業用財産についても然りです。

それでは、田中家の贈与税額を算出してみましょう。

まず贈与財産の評価額ですが、1億5700万円強でした。この評価額から贈与税額を算出すると7953万円、うち特例適用農地等の分が7940万円でした（上表参照）。

田中家では、後継者の一郎さんが、栗の木と立竹と耕うん機に対する贈与税、13万7500円を納付しました。

このあと田中一郎さんは、精力的に農業経営に力を入れていきます。都市近郊なので、都市住民のニーズにあう商品作物を生産していくことに専念することにしました。

なお生産緑地については108～115ページを参照してください。

4　住宅取得等資金贈与の特例を生かす（177～183ページも参照）

(1)　自分の土地に無償で家を建てさせるばあい

●「特例」の適用を受けて都会暮らしの子へ住宅資金を用立てる

甲野太郎さんには、息子が2人、娘が2人います。長女の春子さんと、長男の一郎さんについては住宅の心配はないのですが、都会へ嫁にいった娘が心配です。小さな子どもが3人いて、まだ、アパート暮らしだからです。次男の二郎さんも2人の子どもがいます。

太郎さんは何とかして夏子さんと二郎さんにマイホームを持たせてやりたいと常々考えていました。まず、身近な二郎さんのことから考えることにしました。

●建築資金のうち1310万円を父親が贈与

家を建てるには土地がいります。父親の太郎さんは、街道沿いに持っている調整地域の畑を50坪ほど、農地法第4条の転用の申請をしました。そして、息子の二郎さんが家を建てる許可をうけました。土地は、親子の間における無償使用ということになります。土地を贈与するのは後まわし、まず住居をつくることです。

甲野太郎さんの家族構成

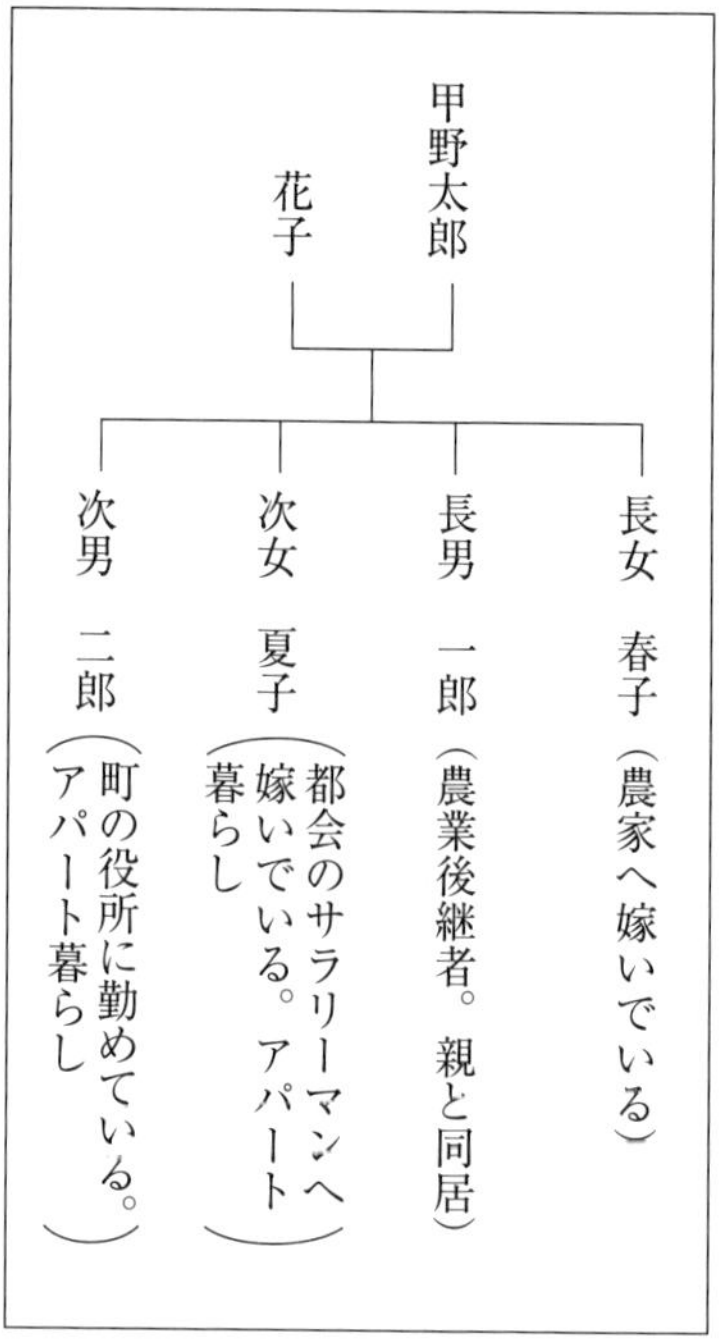

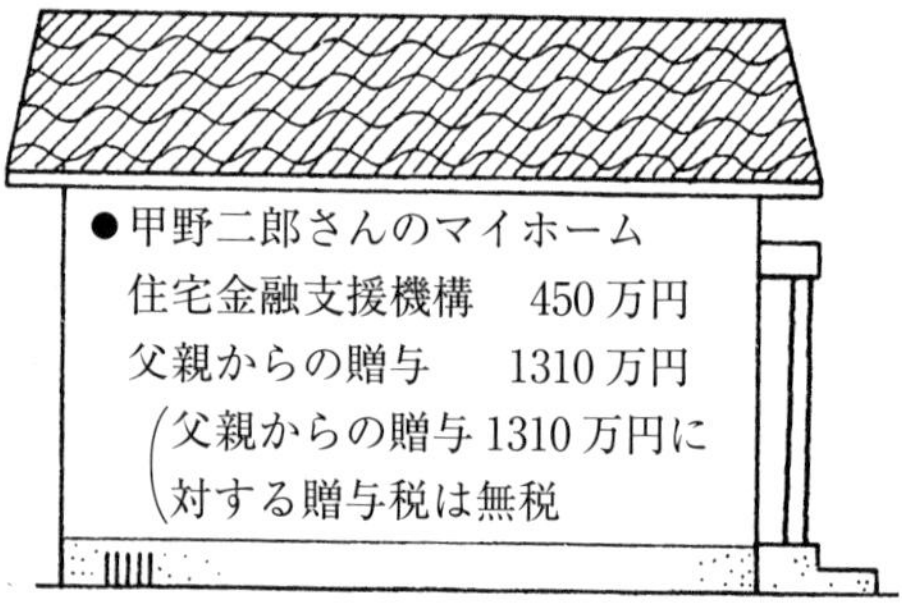

土地は父親の甲野太郎さんから無償使用

二郎さんは小さな子どもが2人いるので、貯金もあまり持っていません。マイホームをつくるために、二郎さんは、住宅金融支援機構で４５０万円借りました。あとは父親の太郎さんが、建築資金として１３１０万円を贈与することで話がまとまりました。建築資金は、あわせて１７６０万円。これで30坪あまりの家を建ててもらうことになりました。はじめは小さく建てて、子どもが成長するとともに徐々に増築していくことにしました。

住宅金融支援機構から借りた資金の返済は、今までのアパートの家賃より安いので、何とかうまくいきそうです。こうして住宅は秋までに建ち上がり、息子の二郎さんは新しいマイホームに移ることができました。

二郎さんは、翌年の3月1日に、所轄《しょかつ》の税務署へ父親の太郎さんから贈与された１３１０万円の、贈与税の申告に行きました。そして、「特例」の適用をうけるため、取得した住宅の登記簿謄本や住民票などを添付した申告書を提出しました。

●住宅取得等資金に対する贈与税の特例

贈与税は発生しませんでした。ふつう、１３１０万円の贈与があれば２９０万円もの贈与税がかかります。マイホームを持てたうえに、贈与税が無税ですんだということに、二郎さん夫婦も太郎さんも大変喜びました。

無税ですんだのは「特例」が適用されたからですが、それは次のような仕組みになっています。

二郎さんの取得したマイホームは、消費税が10％のときに購入した省エネルギー対策等級が４の良質な住宅用家屋でした。このばあい、令和2年3月までに太郎さんとその贈与に係る契約をし、贈与を実行し、翌年の3月15日までにそのマイホームを取得及び居住すれば、３０００万円まで、贈与税が非課税だったのです。さらに、暦年課税における基礎控除が１１０万円ありますから、なんと合計して３１１０万円まで非課税でした。

●住宅取得等資金贈与の特例をうけられる条件

この住宅資金贈与の「特例」の適用をうけるには、次のように、一定の条件をみたす必要があります。二郎さんは、その条件をみたしたのです。

住宅資金をうけることのできる者については、

①日本国内の居住者であること。

②その年の所得が２０００万円以下であること。

③贈与を受けた年の1月1日において20歳以上であること。

④平成21年分から平成26年分においてこの特例をうけたことがない者であること。

⑤父母や祖父母から、新築、中古住宅または、増改築を行なうために金銭の贈与をうけた者であること。

住宅の条件としては、

①家は国内であること。

②一棟の家屋の床面積が50平方メートル以上２４０平方メートル以下であること。

③区分所有するばあいは、区分所有する部分の床面積が50平方メートル以上２４０平方メートル以下であること。

④家屋の2分の1以上が居住の用に供されていること。

●翌年以後、土地は家族の共有にして贈与をうける

贈与を受けた年の翌年のことです。甲野二郎さんは、父親から無償使用ということで借りている土地の、贈与をうけたいと願っています。

土地の評価額は、50坪で１４００万円。贈与税は３２６万円です。とても手の届く金額ではありません。

そこで一つの思案がうかびました。二郎さんは、妻と子２人の４人の共有にしてもらうことを考えたのです。つまり、父親の太郎さんから土地を４分の１ずつ贈与してもらうことにしたのです。

こうすると贈与税は、１人当たり26万円ずつです（次ページの表参照）、合計１０４万円、二郎さん１人で贈与をうけるより２２２万円も節税になったのです。

(2)　購入した土地に子の家を建てさせるばあい

甲野太郎さんは、都会のサラリーマンへお嫁にいった娘夏子さんが気がかりです。娘さんには３人の子がいて、都会の中のアパート暮らしです。甲野太郎さんは、どうにかして、娘や孫のためにも、陽のあたる住居を持たせてやりたいと願っていました。こうしたある日、郊外に25坪ほどの古い空家があると知人が知らせてくれました。私鉄の沿線の駅の近くです。娘さんの御主人の会社への通勤時間が１時間かかるところです。

土地は家族４人共有にして贈与をうける――贈与税は半分以下になる！

甲野二郎さんの家の建っている土地

50坪	評価額 1400万円
贈与税	326万円

⇩

4分の1ずつ贈与をうけると

甲野二郎	妻
$\frac{1}{4}$ 350万円 贈与税26万円	$\frac{1}{4}$ 350万円 贈与税26万円
長男	**長女**
$\frac{1}{4}$ 350万円 贈与税26万円	$\frac{1}{4}$ 350万円 贈与税26万円

4人の贈与税　104万円

●土地は自分名義で購入、娘に７００万円の住居資金

甲野太郎さんは、孫たちの健康と、自然に親しむ心を養うためにも、この土地を購入することにしました。

甲野さんは自分に言いきかせました。

「自分たちは土とともに真黒になって生きてきた。これから生きる子どもたちの心を自然の恵みとともに育ててやるのが年寄りの使命だ」

こう決心して25坪の郊外の土地を２５００万円で、甲野太郎の名義で購入しました。住宅は、夏子さんの夫と夏子さんが共有名義で建てることにしました。

夏子さんの夫は、労金で７００万円借りました。

夏子さんは父親の太郎さんから住宅資金の贈与を７００万円うけました。こうして１４００万円で、小さな庭のついた陽のあたる家が建ちました。

●「特例」の適用をうけるために必要な書類

①贈与をうけた年の所得額が２０００万円以下であることを証明するもの（収入ではなく所得）。

夏子さんは子が３人いる専業主婦です。夫の源泉徴収票に妻が扶養されていることが書かれているので、源泉徴収票を揃えました。
②贈与を受けた年の１月１日において20歳以上であること、及び父母や祖父母からの贈与であることを証明する書類として夏子さんの戸籍謄本を添付しました。
③父から７００万円の贈与をうけたことの証拠書類としては、夏子さん名義の預金通帳に父親の口座のある金融機関から振込みをしてもらうとわかりやすい。また夏子さんは、父親から振込みをうけた通帳からお金を引き出して、同額の金額を大工さんに支払って、その領収書の写しを申告の時に添付しました。

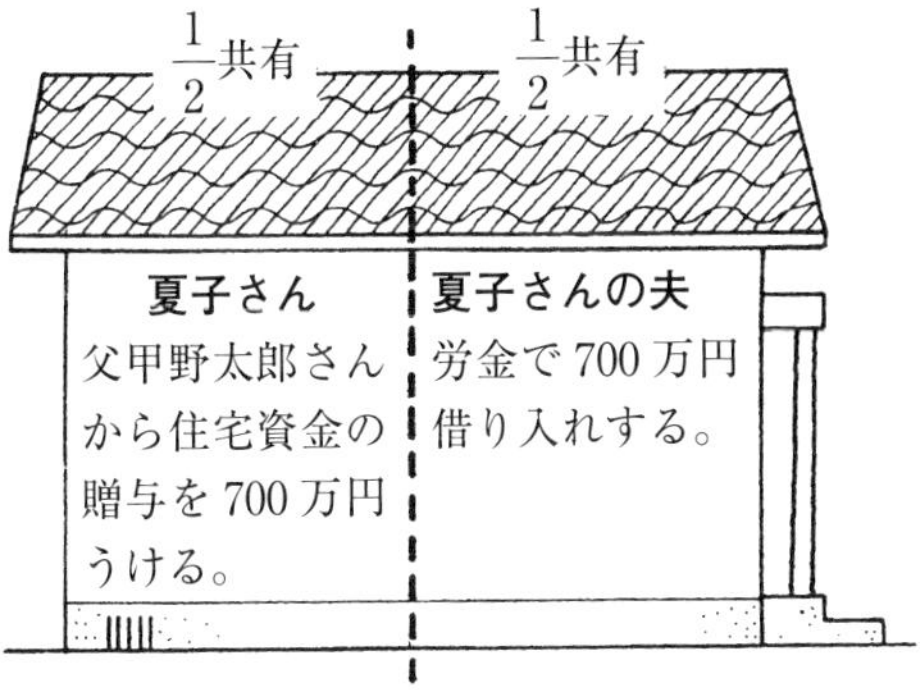

1/2共有
1/2共有
夏子さん
父甲野太郎さんから住宅資金の贈与を700万円うける。
夏子さんの夫
労金で700万円借り入れする。

土地は甲野太郎名義に娘夫婦が無償使用

住宅資金が有効に生かされる住宅の条件は次の通りです。
●家は国内であること。
●一棟の家屋の床面積が50平方メートル以上２４０平方メートル以下であること。
●区分所有するばあいは、区分所有する部分の床面積が50平方メートル以上２４０平方メートル以下であること。
●家屋の２分の１以上が居住の用に供されていること。

こうして、すべての条件がととのったので、住宅取得等資金の贈与を受けたばあいの非課税制度の適用により贈与税は無税ですが、要件であるため、3月15日までに贈与税の申告書を提出しました。

●「特例」を生かすために申告期限を守る

税務署への申告は、期限を守ることが大事なことです。もし、1日遅れて申告すると、この非課税制度の適用受けることができません。

また、今回の贈与は基礎控除110万円がまだ残っているため、700万円とは別にもう110万円贈与できます。

●マイホームの敷地も翌年に贈与してもらう予定

夏子さんたちは、住宅取得資金の贈与のあった年の翌年に父の甲野太郎さんから、共有でマイホームの敷地を贈与してもらうことを考えています。

25坪の敷地は評価額で900万円でした。

夏子さんは試行錯誤をしました。将来のことも考えて節税の案をつくりました。土地を夫と夏子さんと長男の3人の共有財産にすることにしたのです。つまり、3分の1ずつ、3人が贈与をうけるのです。こうすることで、夏子さんが1人で贈与をうけると贈与税が147万円なのにたいし、57万円ですみます。

ちなみに、贈与は法定相続人にしばられることなく、孫（贈与されたということがわかるような年頃）にも、嫁あるいはムコにも自由にできることになっています。

5　配偶者への居住用財産贈与の特例を生かす（１６２〜１６７ページも参照）

⑴　特例の対象と条件

女性の使命は、嫁いだ家の屋台骨となることでした。舅・姑とも仲良く暮らし、夫とともに農作業をし、子を育てて嫁ぎ先の土になることでした。今の社会においても、その根本は変わっていないのではないでしょうか。

婚家先の家を守り、子を育てる女性の役割は、永遠に変わることはないでしょう。

税法においては、婚姻期間20年以上の夫婦の間で、〝居住用財産を取得するための資金として、２０００万円を贈与しても贈与税がかからない〟という優遇措置がうけられるようになっています。

相続税対策に苦しむ農家にとっては、この配偶者への「居住用財産に対する贈与税の特例」を上手に利用することは、相続税の節税対策の大きな一助につながります。

この特例の対象になるのは、居住用財産であるわけですが、現金や受取人が妻である生命保険金の満期金でも該当しますし、また現在住んでいる家屋でも、その土地でも該当します。なお、現金や預金等で2000万円を貰ったばあいには、そのお金で居住用の建物や土地を購入しなければなりません。したがって、マイホームも土地も先祖から受けついでいる農家のばあいには、土地や建物など居住用不動産の贈与ということになります。

この妻への2000万円の贈与に、基礎控除の110万円も加えることができ、2110万円が控除されることになります。

この特例は、お嫁入りしてから20年以上の妻へのプレゼントとも言えます。20年といいますが、婚姻の届け出をだした日を起点とします。すなわち、「入籍した日を起算日として、満20年を経過していること」が、配偶者への居住用財産にたいする贈与税の特例を受けるための、第一要件です。

●居住用の不動産を贈与するばあいの留意点

家屋でも土地でも借地権でも、居住しているものであれば、どれも特例の対象になります。

家屋のばあい　わが家を贈与しようとするばあいは、家屋の固定資産税の評価証明書を市役所の固定資産税課で取り寄せます。家屋の固定資産税の評価額が、贈与の額になるからです。

農家のばあい　注意しなければならないのは、母家の評価額が贈与の額になるということ。例えば、母家の評価額が600万円であったとすると、母家だけを贈与すれば600万円の贈与になりますが、2000万円にまだ達しないからといって、作業小屋等を贈与に加えても認められません。作業小屋は事業用財産として取り扱われているので、こうしたばあいは、2000万円に達しなくても、作業

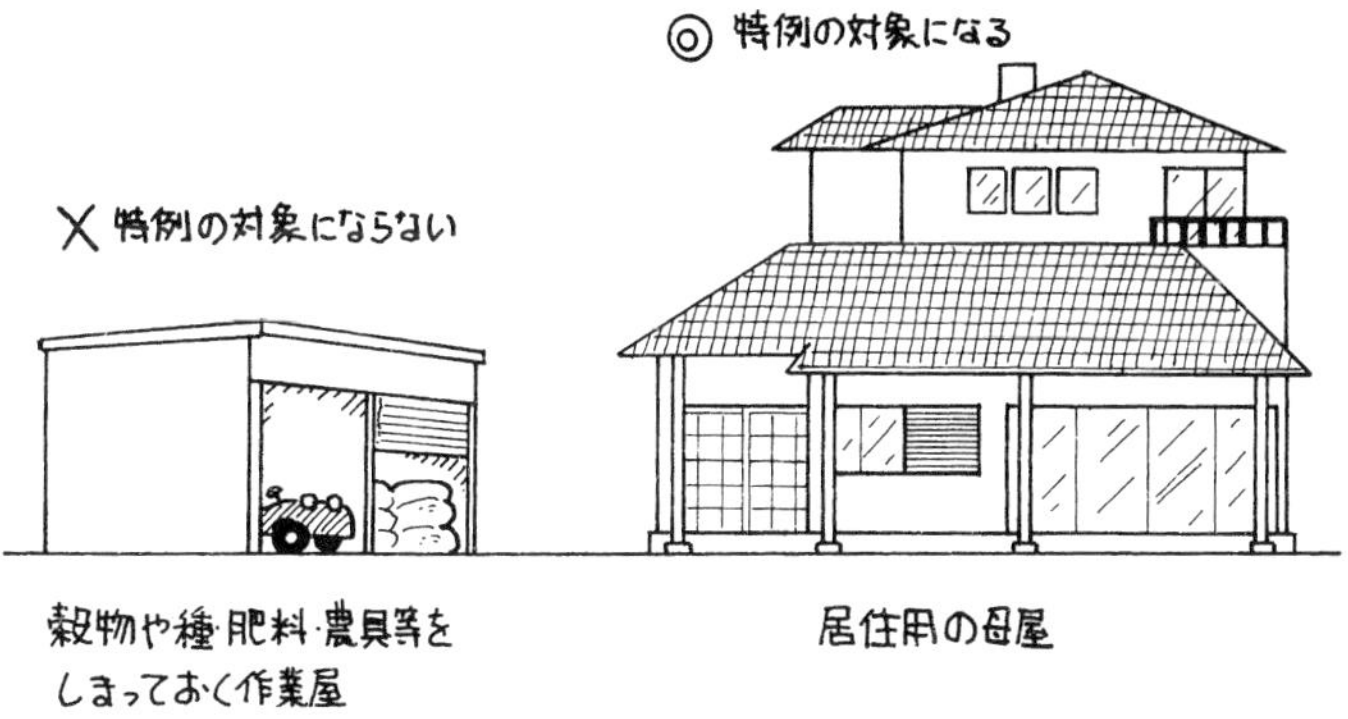

小屋については、贈与税がかかってきます。注意しなければなりません。特例を利用して贈与するばあい、居住用財産で２０００万円になるようにしたいものです。

居住用の土地のばあい　居住用の土地を贈与するばあいは、国税局で定められている土地の評価方法にしたがって、評価額を算出しなければなりません。贈与税における評価は、相続税における評価と、まったく同じです。土地の評価方法には２通りあります。道路に評価額を付して土地の評価をおこなう路線価方式と、固定資産税の評価額を倍数する倍率方式とあります。

まず、わが家の評価方式はいずれの方式かということを税務署で尋ねてみることです。また国税庁ホームページでも確認できます。一般に、商業繁華街や、都市においては路線価方式がとられており、農村部では倍率方式がとられています。

なお、この特例は、贈与を受けたその年に夫が死亡しても有効です。結婚して20年すぎたらなるべく元気なうちに、プレゼントとしておこなうのが得策です。

(2)　農家の居住地を贈与するばあい

●農家の居宅地は事業用財産でもある

まず固定資産税の評価証明書を市役所や役場で取りよせます。

農家の居宅地は、収穫物を乾したり、出荷したり、脱穀したりする作業も兼ねています。ですから、サラリーマンの住宅と異なり、広い敷地になっています。もちろん、固定資産税の評価額も高い金額になっています。倍率地域では、必ず固定資産税の評価額の何倍という額になり、それが贈与税を計算する基本価額になります。

例えば面積が300坪あって、固定資産税の評価額が2500万円であったとします。そして贈与税の評価額は、固定資産税の評価額の2倍であると仮定すると、贈与税の評価額は5000万円になります。このばあい、数字上は評価額の5分の2ですが、配偶者への贈与税の特例の2000万円に該当することになります。

だからといって、単純に居宅地分の5分の2の持分価額が2000万円の評価額であるからと考えて、居宅地の持分の5分2を贈与すれば配偶者の居住用財産の2000万円控除に該当する、と考えるのは誤りです。

なぜなら、私たちが自宅といっている宅地には、次ページの図のように作業小屋があり、トラック

土地を贈与するばあいの留意点
――単純に按分するのは損するもと――

農家の居住用宅地図

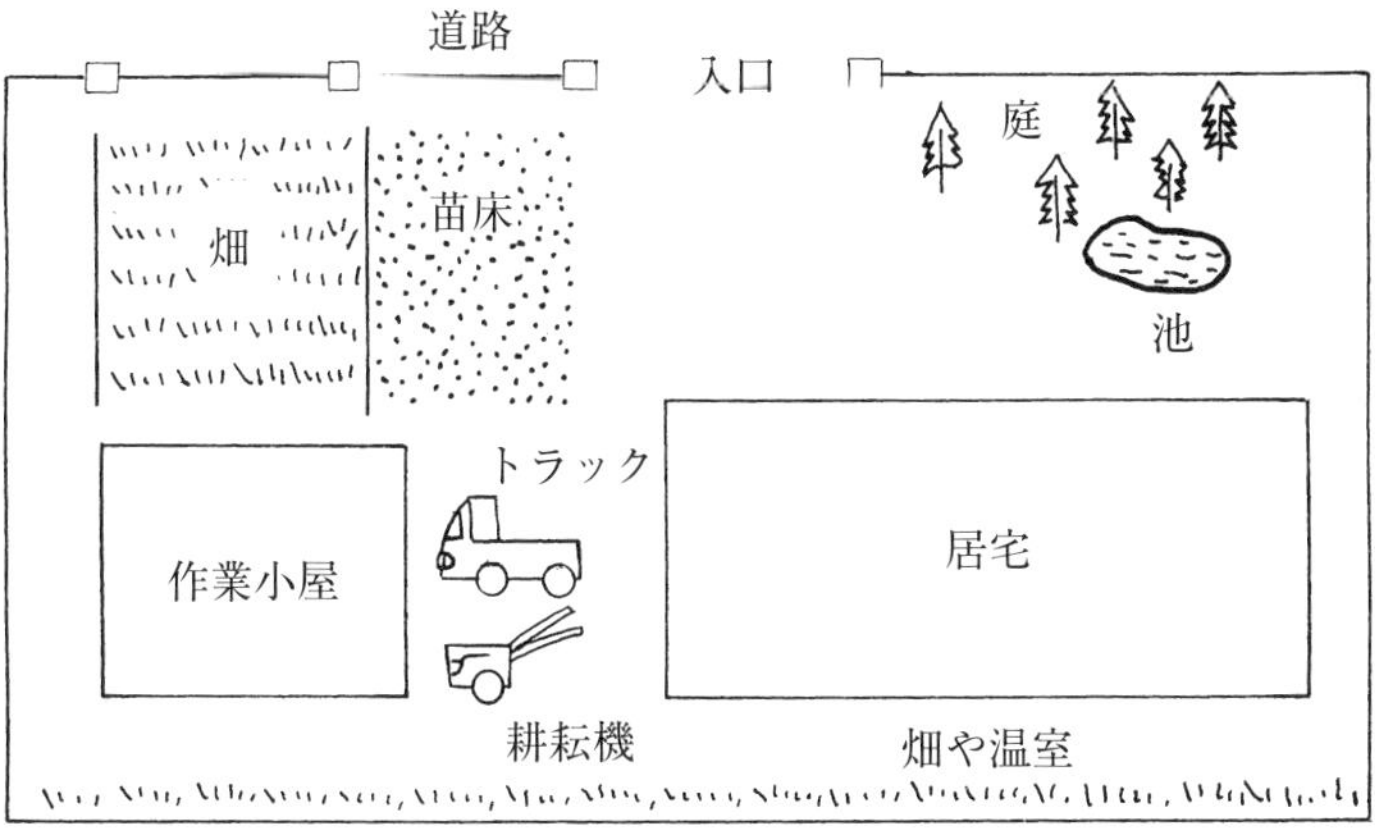

作業小屋などは事業用財産。居宅部分（建物、土地）だけが「特例」の対象となる。

や耕耘機を収納してあり、苗床や小さな畑もあります。税法からみれば、居宅の半分は事業用に使われていることになります。こうした居宅地のばあいは、半分の面積は居住用の土地とはみなされません。50％は事業用地とみなされます。

●事業用財産には特例は適用されない

仮に、贈与税の評価額が５０００万円であるから、２０００万円の贈与は５分の２にあたると考えて、持分の５分の２を贈与したと仮定します。持分５分の２ということは、その居住地のいずれの場所においても５分の２の持分ということになります。したがって、50％が事業用地とみなされれば、その持分の半分は事業用財産であるということになります。

こうして、単純に持分5分の2として2000万円の配偶者居住用財産の贈与をしますと、この2000万円の贈与の中に含まれる事業用部分は〝居住用ではない〟として、一般の贈与税がかかることになるので要注意です。今の例に従いますと、50％分は事業用が含まれると解されます。1000万円分が居住用財産でないとされます。1000万円の贈与税は、夫婦間は一般贈与財産の税率で計算しますので231万円です。

このようにサラリーマンの住宅地と異なり、農家のように居住宅地としてだけでなく、事業用にも使用しているばあいは、慎重に考えてから贈与に踏みきることにしましょう。

なお、妻への贈与は、一般の贈与と違う点があります。一般の贈与は、相続が発生すると、その3年前にさかのぼって贈与財産が相続財産に加算されます。そして相続税で、贈与税も精算されるのですが、贈与税のほうが、支払う相続税より多いばあいには精算されません。

配偶者にたいする贈与は、贈与された翌年に夫の相続が発生しても、一般の贈与と異なり、2000万円分にたいしては加算の必要はありません。したがって、大変便利な相続税の節税法なのです。

●居宅用財産は分筆登記しそれを贈与する

それでは居住用財産を贈与するばあいどうしたらよいでしょうか。

農家の居宅地を贈与するばあいには、まず居住用の建物とその周辺を分筆登記します。そして純粋に居住用の土地だけにして、それを贈与するようにします。

その際、わが家の評価額を計算して、居住用財産の２０００万円に近いところに、贈与の焦点をあてるのはもちろんです。

次ページの図は、家も土地も３分の１ずつ持分共有で２０００万円のばあい（後述の山田花子さんがこのケース）。

では、こうした金額をどのようにしてはじきだしたらよいか――。

●山田花子さんのばあいでみる――家、土地とも３分の１持分共有

贈与税における評価は、相続税における評価と同じになります。土地の評価額は、倍率地域では、固定資産税の評価額に税務署で決められた倍数をかけあわせれば答がでてきます。

山田花子さんのばあいでみてみます（家、土地とも３分の１ずつ持分共有）。居宅地のみ分筆した後の、固定資産税の評価額は２０００万円。山田さんのところは倍率方式で、２・４倍です。これから計算すると、相続税・贈与税の評価額は４８００万円になります。

ここまでできれば、あとはしめたもの。花子さんの持分共有を３分の１とすれば、１６００万円ということになります。

建物のばあいは、固定資産の評価額がそのまま相続税、贈与税の評価額になります。固定資産税の評価額が１２００万円ですから、相続税、贈与税の評価額はやはり１２００万円。持分共有３分の１

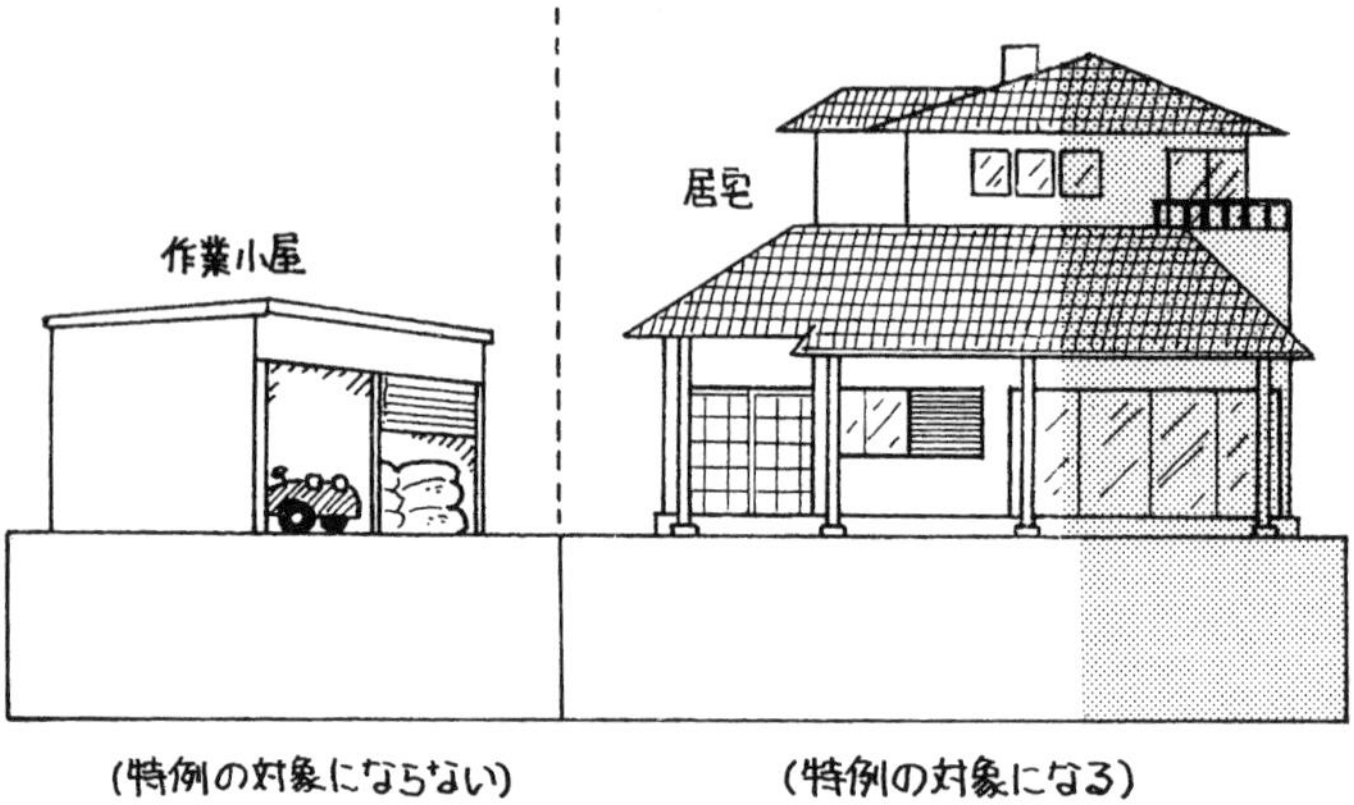

※この図は、家・土地とも3分の1特分共有

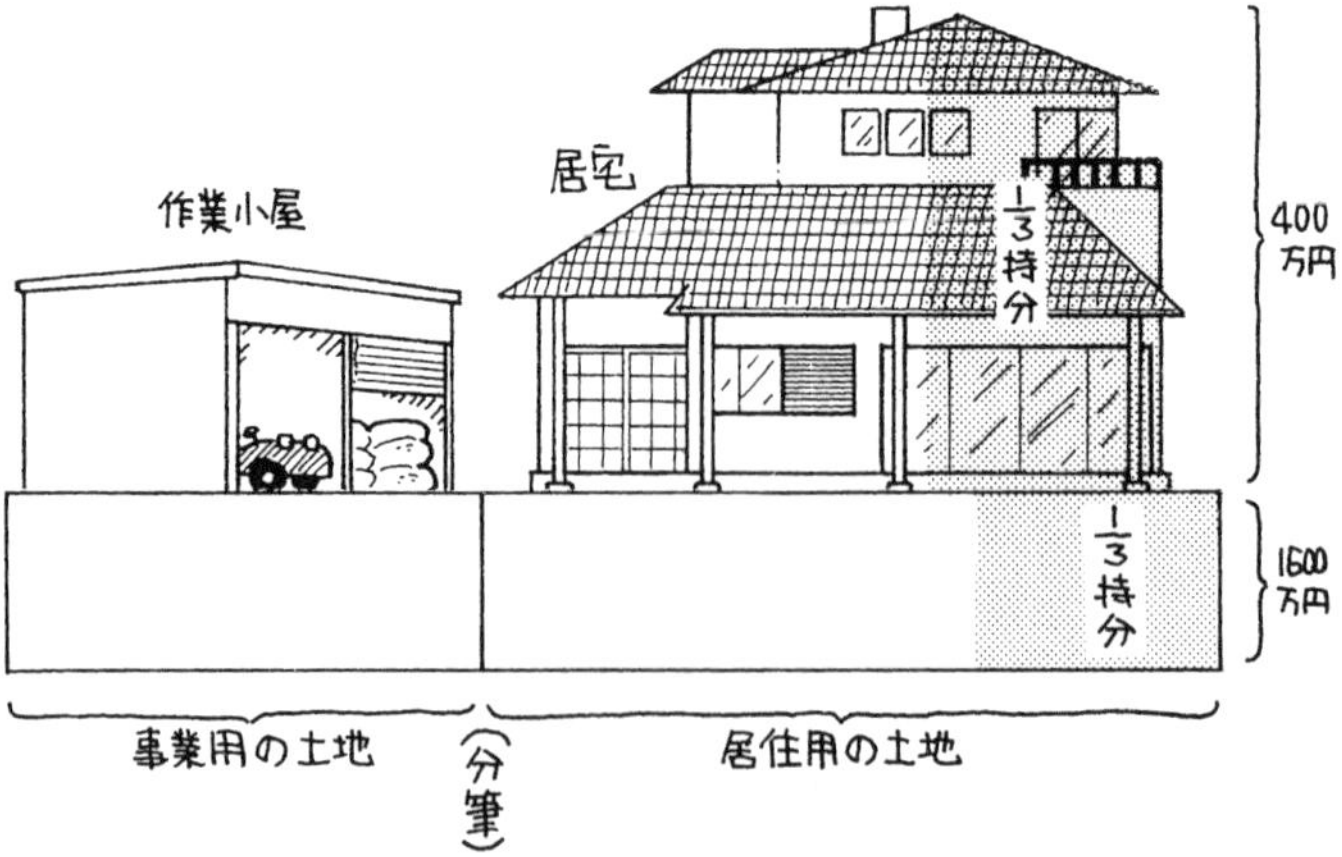

ですので、400万円になります。

この居宅地分1600万円、建物分400万円、計2000万円が、山田花子さんへの居住用財産の贈与であり、これには税金がかかりません。

こうして花子さんは、夫・太郎さんの財産から無税の贈与を受けました。

(3)　特例の適用をうけるための手続き

贈与税の申告は、贈与があった年の翌年の2月1日から3月15日までです。

申告時に必要な書類は次のものです。

イ、贈与をされた登記簿の謄本

山田花子さんは、土地の登記簿謄本と建物の登記簿謄本を揃えました。

令和○年○月○日　贈与　持分1／3

山田花子

土地の登記簿謄本にも、家の登記簿謄本にも記されてありました。

ロ、戸籍謄本と戸籍の附票の写し

贈与をうけた日から10日を過ぎている謄本を提出します。

ハ、住民票の写し

これも、贈与をうけた日から10日をすぎている住居票を提出します。

ただし、戸籍の附票の写しに記載されている住所が居住用不動産の所在場所であるばあいには、住民票の写しの添付は不要です。

ニ、贈与税の申告書

ⓐこの申告書の配偶者控除額の欄に贈与をうけた居住用不動産の価額を記入します。

ⓑまた、〝私は、今回の贈与者からの贈与について、初めて贈与税の配偶者控除の適用を受けます。〟という箇所にチェックをします。

こうしてマイナンバー制度導入に伴う個人番号カード等を持参して税務署に行き、贈与税の申告書を提出して、それがつつがなく通過してはじめて、有効な配偶者の贈与がおこなわれたと言えるのです。

6 法人化による節税メリット

(1) 法人化はなぜ節税につながるか

甲野太郎さん（55歳）は、都市近郊で養豚の一貫経営をおこなっています。常時1200頭の豚がいて、毎月１８０頭ずつ肉豚を出荷、糞尿の処理施設も完備していて、売上げもあがっています。廃豚売上げも含めて年間の収入は６０００万円。家族は妻と長男と長男の嫁の４人です。

最近甲野さんは、養豚経営を合同会社（法人）にすれば、相続のとき、豚（現在１２００頭）も、豚舎も、糞尿の処理施設も、個人の相続財産に入れなくてよいことを知りました。

豚舎の敷地は個人の相続財産だが、会社が地代の支払いをしていれば、相続税の評価額の80％になること、そして差額の20％は、相続税の計算においては、会社の資産に計上して、相続時における合同会社の出資金の評価額として計算すればよいということも教えてもらいました。

さらに、会社にたいする相続は、死亡した人の出資金の持分の評価が相続財産になることも学びました。

こういうことを知れば知るほど甲野さんは、「養豚を合同会社（法人）にすれば、相続税の節税ができる」と考えるようになりました。

●個人経営と法人経営では相続税はどれ位ちがうか

個人経営のばあいの相続税と法人経営のばあいの相続税が、それぞれどれ位になるか計算してみました。

甲野さんは養豚の一貫経営に取り組むとともに、水田50アールと畑１００アールを耕作しています。法定相続人は、妻と子４人の計５人です。

個人経営のままですと、甲野さんの相続財産は5億5000万円で、相続税は1億2875万円にもなります。これは相続財産の23％にあたります。

それにたいし、養豚を法人経営にしますと、相続財産が5億2012万円に減少します。豚舎とか、飼育している豚（現在1200頭）など経営資産、それに豚舎の敷地等養豚経営のすべての財産が、法人の出資の評価のおきかわり、さらに死亡した人の出資の割合だけが相続財産に入るため、相続財産は減少するのです。

すなわち、養豚のすべての財産が出資者たちの出資割合に分散されることに起因するのです。

まず、豚舎の敷地の評価額について、個人経営のばあいと法人経営にしたばあいでどうちがうのかみてみます。豚舎の敷地は3000平方メートル（3反）、1億5000万円の評価です。個人経営のままですと、この1億5000万円全額が相続財産になります。それにたいし法人経営にして豚舎の敷地を太郎さんと賃貸借契約を結び個人から借りることにします。このばあい借地権の問題が浮上してきますから、借地権の無償返還届を税務署に届け出て、地代の支払をしますと相続の時に80％の評価額になります。また、評価額の低いところでは相当の地代である年6％の賃料を支払ってもよいのです。いずれのばあいも、相続時の評価額は80％になり、あとの20％は会社の方の出資の評価額に組入れられることになります。

太郎さんのばあいは評価額の80％すなわち1億2000万円が相続財産になり、差額20％、すなわ

甲野さんの養豚経営

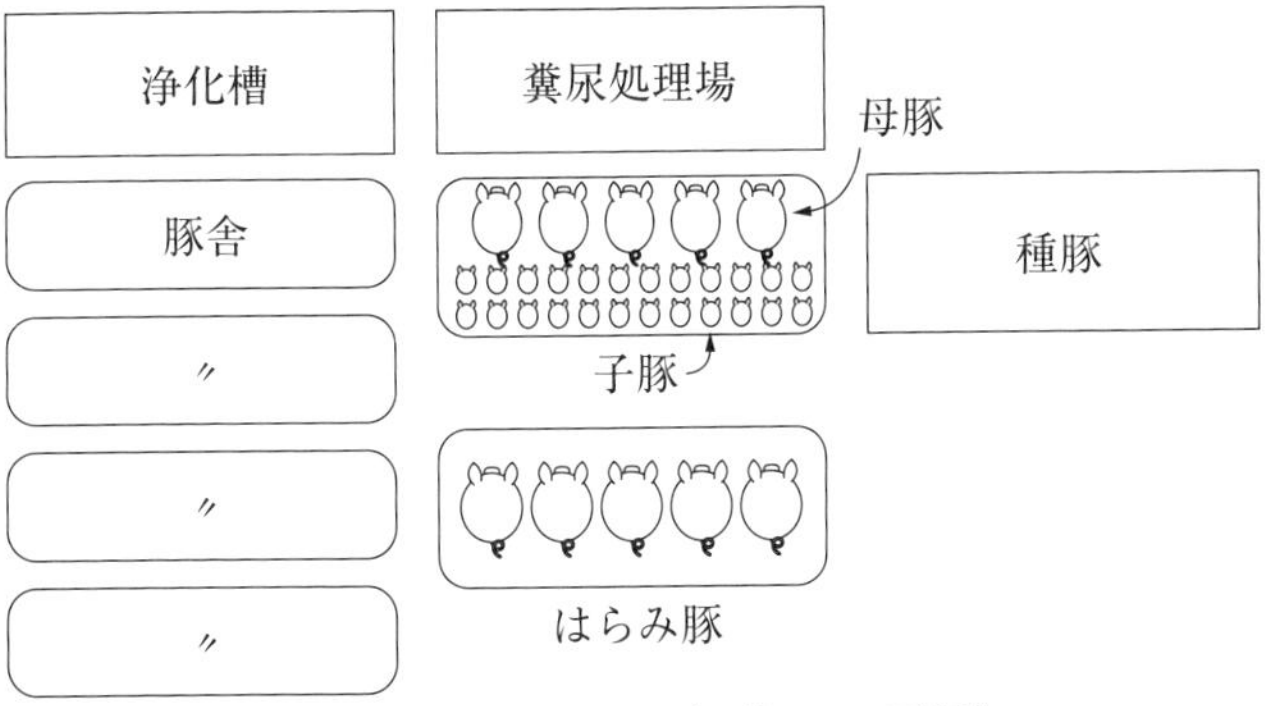

豚舎の敷地：3000㎡（1億5000万円）

●経営資産	5440万円	●債務	4440万円
肉豚（育成中1200頭）	1200万円	近代化資金など借入金	4140万円
豚舎	2000〃	飼料代金未払分	300〃
糞尿処理施設など	1000〃		
機械	200〃		
トラック（2台）	300〃		
現金や売掛金	740〃		

個人経営では、相続においては、豚舎や肉豚やトラック、糞尿処理施設などすべて評価され、経営資産として計上される。借入金や買掛金は債務になる。

ち３０００万円は会社の相続財産に入り、太郎さんの出資金の割合により評価計算されることになるのです。

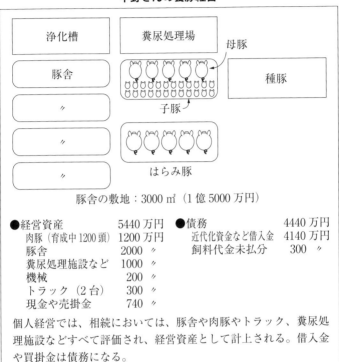

　次に豚舎、肉豚（１２００頭）、糞尿処理施設などの経営資産の評価額はどうなるのでしょうか。個人経営のままですと、豚舎や肉豚など経営資産が５４４０万円、近代化資金や飼料未払分など債務が４４４０万円ですから、その差額１０００万円が相続財産になります。

　これを法人経営にすると、やはり太郎さんの出資分だ

甲野太郎さんの相続財産と相続税
――個人経営と法人経営でどれだけ違うか――

	個人経営のばあい	法人経営のばあい	個人経営と法人経営の差
相続財産	5億5000万円	5億2012万円	2988万円
相続税額 法定相続人　妻と子4人	1億2875万円	1億1753万円	1122万円
納税猶予の特例適用のばあい	4億1290万円	3億8302万円	2988万円
納税猶予の特例適用のばあいの納付税額	8087万円	7190万円	897万円
納税猶予額	4788万円	4563万円	225万円

甲野家の水田50aは5000万円、畑は100aで1億円評価額とした。これらの農地を納税猶予の適用をうけることによって、水田は10a90万円になり、畑は10a84万円の評価額になりました。

けが、相続財産となります。上の表および次ページの表は甲野さんの養豚経営を資本金1000万円（経営資産－債務）の法人とし、太郎さんの出資金を350万円としたばあいの相続財産を計算したものです。法人経営における太郎さんの出資の割合の相続財産評価額は1011万5000円ということになります。

このように、養豚部門を法人経営にすることで相続財産は5億2012万円に減少し、相続税は1億1753万円となります。1122万円の減額です。

●水田や畑には納税猶予の特例をうける

法人化することで大幅に節税できるとはいうものの、この額ではちょっと払いきれません。甲野さんは水田50アールと畑100アー

甲野太郎さんの養豚部の相続財産
――個人経営のばあいと法人経営にしたばあいの違い――

個人経営のばあいの相続財産評価額（豚舎、肉豚などの相続資産）	1000万円	法人経営にしたばあいの相続財産評価額（豚舎敷地の20％分3000万円も加えて評価する）	1011.5万円[注3]
個人経営のばあいの豚舎敷地の評価額	1億5000万円	法人経営にしたばあいの豚舎敷地の評価額	1億2000万円
合計	1億6000万円	合計	1億3011.5万円

注1. 法人経営は資本金1000万円とし、太郎さんの出資額350万円とする。
2. 甲野太郎さんの相続財産は、このほかに住居、水田（50a）、畑（100a）など3億9000万円。
3. $\{1000万円+（3000万円-3000万円\times37\%）\}\times\frac{350}{1000}$で算出される。

ルにたいし、相続税の納税猶予の特例を受けることにしました。

そうすると個人経営のままのばあい、相続財産は4億1290万円、相続税は8087万円になります（納税猶予額は4788万円）。一方法人経営にしますと、相続財産は3億8302万円、相続税は7190万円になります（納税猶予額は4563万円）。

すなわち、法人経営にすることで、相続税は897万円の節税になるのです。さらに、養豚が個人経営のままで、しかも田畑にたいし納税猶予の特例をうけないばあいと比べると、その節税額は5685万円にもなるのです。

相続税のことを考えたとき、法人経営

にすることに大きなメリットがある、ということがおわかりいただけたと思います（それだけでなく所得税でも有利）。

では、法人経営にするためには、どのようにすればよいのか。また、どんな要件をととのえる必要があるのか。

(2) 合同会社設立の手続き

甲野さんは、養豚を法人経営にする決心をし、さっそく法人成りに必要な勉強を始めました。そして、安価でスピーディーに会社が作れ、かつ利点の多い合同会社にすることにしたのでした。

会社設立について家族会議を開いたところ、妻の花子さん、長男の一郎さん、嫁の春子さんも、みんな大賛成です。その場で、合同会社の代表社員に甲野太郎さん、業務執行社員に長男の一郎さんがなること、そして資本金を1000万円にすることを決めました。

そうと決まったら、あとは合同会社を設立するために必要な手続きをすすめることです。次のような手続きをします。

(1) 定款を作成する。

ただし、合同会社は、作成した定款を、公証人役場の公証人に認証してもらう必要はありません。

(2) 社員に出資金の払込みをさせる（銀行や農協に会社の口座をつくり、そこへ入金する）。

(3)　法務局（登記所）へ行って設立登記を行なう。

(4)　税務署、県庁、役場へ合同会社設立の届出をする。

これらの手続きが無事すむと、合同会社が誕生し、営業活動にどんどん邁進していけます。

なお、合同会社設立に必要な費用は、

●定款の原本に　4万円の印紙（電子定款は印紙不要）

●定款の認証料　0円

●会社の実印作成とゴム印　約2万円

●登録免許税　資本金の1000分の7。甲野さんのばあい、7万円

登録免許税は資本金の1000分の7ですが、最下限が定められており、6万円以上ということになっています。

●合同会社設立の費用●

定款の原本に　4万円の印紙（電子定款は印紙不要）

定款の認証料　0円

会社の実印作成とゴム印　約2万円

登録免許税　資本金の1000分の7。甲野さんのばあい、7万円（資本金1000万円）

甲野さんが合同会社を設立するにあたって必要な費用は、以上の合計で、約13万円。

なお、登録免許税は資本金の1000分の7と決まっているが、最低限が定められており、6万円以上ということに定められている。

●合同会社設立に必要なこと

合同会社を設立するに際し、最も重要な、そして気が重いのは定款の作成ですが、それに先立って決めておか

なければならないことがいくつかあります。

①会社の称号　家族会議の結果、「合同会社甲野畜産」にしました。類似商号規制は廃止されていますが、同一の住所に同じ名称の会社があれば、使うことができません。

甲野さんは、合同会社甲野畜産という〝類似商号〟があるかどうかを調べるため、登記所へ出かけました。そして、登記してある商号を閲覧して、同じ名称の商号がないことを確かめました。また、やましい目的で、有名な会社と同じ名前や誤認されるような名前を使うことは、会社法で禁止されています。

②会社の目的　次に合同会社甲野畜産の仕事の内容を定めることになります。

イ、肉豚の生産と販売

ロ、子豚の生産・育成と販売

ハ、イ・ロに付帯する一切の業務

甲野さんは、会社の業務はイ・ロ・ハにしぼられると考えました。糞尿の処理や、糞を発酵させて売上げることも、ハの業務に含まれると考えました。

③本店の所在地　甲野さんは、会社の本店の所在地を自宅の住所地に決めました。

④出資金について　甲野さんは、合同会社甲野畜産の出資金額の総額を１０００万円に定めました。

⑤出資者と出資金額　甲野太郎　出資金額３５０万円／甲野花子　出資金額１００万円／甲野一郎　出資金額４５０万円／甲野春子　出資金額１００万円

甲野さんは、妻の花子さんから１００万円、長男の一郎さんから４５０万円、長男の嫁の春子さんから１００万円の出資金を、各人の口座から会社設立の際にもうけた会社の普通預金口座に振り込んでもらいました。払込みが完了したら、通帳の表紙、氏名と口座番号のページ、そして入金が記帳されているページをとっておきます。

甲野さんは数年前から青色申告をやっており、家族のそれぞれに専従者給与を支払っていたので、各人の蓄えから出資してもらったのです。

〈名義株について注意〉

甲野太郎さんは、出資金のことで大変勉強になったことがあります。それは法人成りの際に、実際に出資の払い込みをしていない人たちが合同会社の出資者として名前をつらねていても、その人たちは出資金を出していないことになるということです。

例えば、山田太郎　出資額３００万円、山田花子　出資額50万円、山田一郎　出資額１００万円、山田春子　出資額50万円、と明記されていても、実際には、それぞれの名義でお金の払い込みがおこなわれていないばあいがあります。

ましで法人成りのばあいは、資産と負債の差引き高を資本の額とみるばあいも多いので、実際に個人別の資本金の振り込みはないことがあります。こうしたばあい、山田太郎さん以外の人は出資金を出していないことになり、全金額が山田太郎さんの名義株になってしまうのです。この名義株は、山田太郎さんの相続税を計算するとき、合同会社の全出資額を相続財産に入れなければなりません。せっかくの節税対策もフイになってしまいます。法人成りすると節税になるというのも、持株が分散されるからなのですからこの名義株には注意が必要です。

⑥決算期の選定　甲野さんは、会社の決算期をいつに決めたらよいかを家族と相談し、比較的帳簿の整理がしやすい暇な月を選ぶことにしました。実際問題、何月が決算でも、いつも忙しいのでとくに指定する月はありませんが、「夏のほうが日が長いのでいいだろう」と6月の決算に決めました。

6月に帳面を締めて、2ヵ月後の8月に社員総会を開き、8月末日までに決算の結果をまとめた財務諸表等を貼布して所轄の税務署に法人税の申告書を提出します。県税事務所や市町村役場にも申告書を提出します。

⑦会社の社員　甲野さんは、合同会社の社員は1名以上であれば、合同会社としての要件を満たすことを学びました。合同会社の社員とは、出資者であり経営者でもあります。世間一般で言う従業員のことではありません。

合同会社甲野畜産では、甲野太郎、花子、一郎、春子の4人全員が社員で、そのうち1名・甲野太郎さんを代表社員に選任。業務執行社員が甲野一郎さんということにしました。

合同会社甲野畜産
定　款

平成○○年○○月○○日作成

合同会社甲野畜産　定款

第１章　総　則

（商　号）
第１条　当会社は、合同会社甲野畜産と称する。

（目　的）
第２条　当会社は、次の事業を行うことを目的とする。
1. 肉豚の生産と販売
2. 子豚の生産・育成と販売
3. 1. 2. に付帯する一切の業務

（本店の所在地）
第３条　当会社は、本店を○○県○○市に置く。

（公告方法）
第４条　当会社の公告は、官報に掲載して行う。

第２章　社員及び出資

（社員及び出資）
第５条　当会社の社員は、全て有限責任社員とし、その氏名・名称及び住所並びに出資の目的及びその価額は次の通りである。
1. ○○県○○市○○番地
甲野太郎　金 350 万円
2. ○○県○○市○○番地
甲野花子　金 100 万円
3. ○○県○○市○○番地
甲野一郎　金 450 万円
4. ○○県○○市○○番地
甲野春子　金 100 万円

第３章　業務執行権及び代表権

（業務執行社員）
第６条　河野太郎、甲野一郎は業務執行社員とし、当会社の業務を執行するものとする。

（代表社員）
第７条　業務執行社員甲野太郎は、会社を代表する。

第４章　計　算

（事業年度）
第８条　当会社の事業年度は、毎年７月１日から翌年６月 30 日までとする。

第５章　附　則

（設立時の資本金の額）
第９条　当会社の設立に際して出資される財産の全額を資本金とし、その額を金 1000 万円とする。

（定款に定めがない事項）
第 10 条　本定款に定めのない事項については、すべて会社法その他の法令の定めるところによる。

以上　合同会社甲野畜産の設立のため、この定款を作成し、
社員が次に記名押印する。
平成○○年○○月○○日
○○県○○市○○番地
甲野太郎　㊞
○○県○○市○○番地
甲野花子　㊞
○○県○○市○○番地
甲野一郎　㊞
○○県○○市○○番地
甲野春子　㊞

⑧定款の認証　定款は、会社の憲法といわれる大切なものです。また、合同会社は株式会社と異なり、公証役場での定款認証は不要です。

定款は２通（会社保存用と登記用）作成します。その２通の定款には、最後の１ページに各人の実印で捨て印を押します。定款のページの継ぎ目にも、各人の割り印を押します。また、原本になる

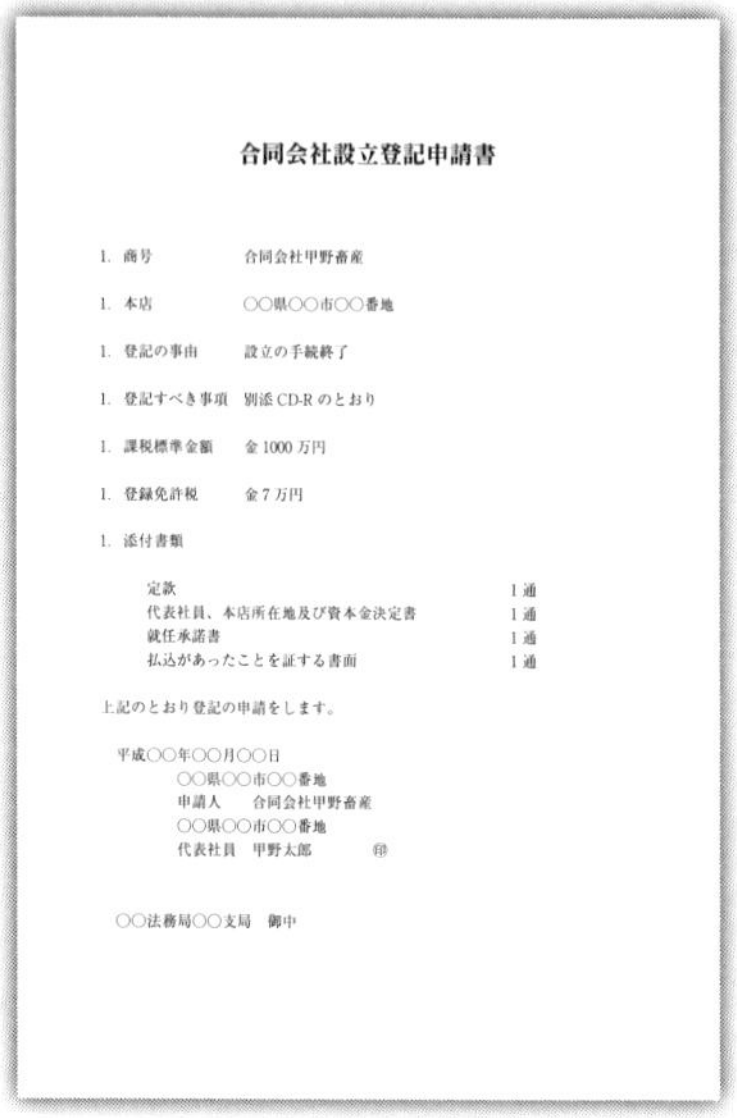

合同会社設立登記申請書

1. 商号　　合同会社甲野畜産

1. 本店　　○○県○○市○○番地

1. 登記の事由　　設立の手続終了

1. 登記すべき事項　別添 CD-R のとおり

1. 課税標準金額　　金 1000 万円

1. 登録免許税　　金 7 万円

1. 添付書類

定款	1 通
代表社員、本店所在地及び資本金決定書	1 通
就任承諾書	1 通
払込があったことを証する書面	1 通

上記のとおり登記の申請をします。

平成○○年○○月○○日
○○県○○市○○番地
申請人　　合同会社甲野畜産
○○県○○市○○番地
代表社員　甲野太郎　　㊞

○○法務局○○支局　御中

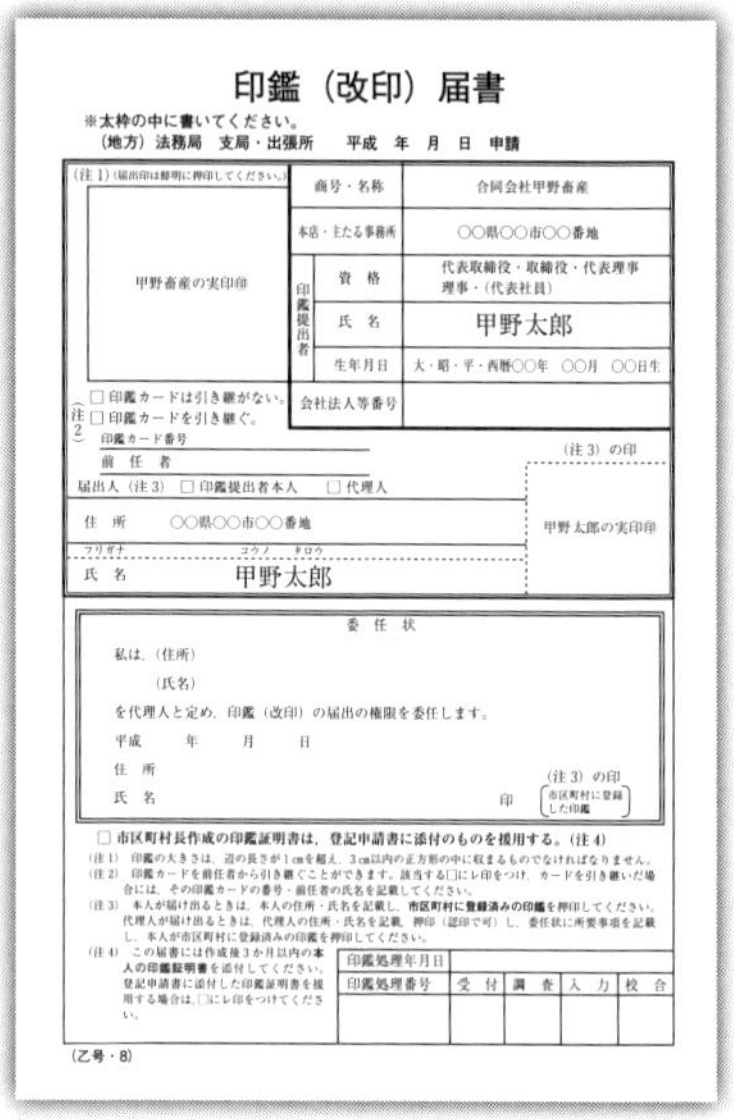

印鑑（改印）届書

※太枠の中に書いてください。
（地方）法務局　支局・出張所　　平成　年　月　日　申請

（注 1）（届出印は鮮明に押印してください。）

甲野畜産の実印㊞

商号・名称		合同会社甲野畜産
本店・主たる事務所		○○県○○市○○番地
印鑑提出者	資格	代表取締役・取締役・代表理事 理事・（代表社員）
	氏名	甲野太郎
	生年月日	大・昭・平・西暦○○年　○○月　○○日生
会社法人等番号		

（注 2）□ 印鑑カードは引き継がない。
□ 印鑑カードを引き継ぐ。
印鑑カード番号
前任者

届出人（注 3）□ 印鑑提出者本人　□ 代理人
住所　　○○県○○市○○番地
フリガナ
氏名　　甲野《コウノ》太郎《タロウ》

（注 3）の印
甲野太郎の実印㊞

委任状

私は、（住所）
（氏名）
を代理人と定め、印鑑（改印）の届出の権限を委任します。
平成　年　月　日
住所
氏名　　印　（注 3）の印（市区町村に登録した印鑑）

□ **市区町村長作成の印鑑証明書は、登記申請書に添付のものを援用する。（注 4）**

（注 1）　印鑑の大きさは、辺の長さが 1 cmを超え、3 cm以内の正方形の中に収まるものでなければなりません。

（注 2）　印鑑カードを前任者から引き継ぐことができます。該当する□にレ印をつけ、カードを引き継いだ場合には、その印鑑カードの番号・前任者の氏名を記載してください。

（注 3）　本人が届け出るときは、本人の住所・氏名を記載し、**市区町村に登録済みの印鑑**を押印してください。代理人が届け出るときは、代理人の住所・氏名を記載、押印（認印で可）し、委任状に所要事項を記載し、本人が市区町村に登録済みの印鑑を押印してください。

（注 4）　この届書には作成後 3 か月以内の**本人の印鑑証明書**を添付してください。登記申請書に添付した印鑑証明書を援用する場合は、□にレ印をつけてください。

印鑑処理年月日				
印鑑処理番号	受付	調査	入力	校合

（乙号・8）

甲野畜産の実印（例）⇨

⇩甲野畜産のゴム印（例）

定款の表紙に4万円の収入印紙を貼付し、ここにも各人の消し印を押します。

⑨印鑑の作成　合同会社設立のためには、会社（代表社員）の実印が必要です。甲野太郎さんは、ハンコ屋さんへ出かけました。代表社員の実印は、規格が決まっていて、直径3センチ以下となっています（それ以上のものは認められない）。甲野さんは、図のような実印をつくってもらうことにしました。ハンコ屋さんは心得たもので、実印を注文したところ、取りあえず必要なものということで、ゴム印もつくって

払込みがあったことを証する書面

当会社の資本金については、以下のとおり全額の払込みがあったことを証明します。

払込みを受けた金額　　金1000万円

平成○○年○○月○○日

合同会社甲野畜産

代表社員　甲野太郎　　㊞

代表社員、本店所在地及び資本金決定書

平成○○年○○月○○日、当会社設立事務所において社員全員が出席し、その全員の一致により下記の事項を決定した。

記

1. 本店の所在場所を次のとおりとする。

本店　　○○県○○市○○番地

2. 代表社員を次のとおりとする。

代表社員　　○○県○○市○○番地
甲野太郎

3. 資本金の額を次のとおりとする。

資本金　　金1000万円とする。

上記事項を証明するため、社員全員は、次のとおり記名押印する。

平成○○年○○月○○日

合同会社甲野畜産

社員　　甲野太郎　　㊞

社員　　甲野花子　　㊞

社員　　甲野一郎　　㊞

社員　　甲野春子　　㊞

登記すべき事項と同一の用紙

(CD-Rに入れて、そのCD-Rを提出します。)

「商号」合同会社甲野畜産
「本店」○○県○○市○○番地
「公告をする方法」当会社の公告は、官報に掲載して行う。
「目的」
1. 肉豚の生産と販売
2. 子豚の生産・育成と販売
3. 1. 2. に付帯する一切の業務
「資本金の額」金1000万円
「社員に関する事項」
「資格」業務執行社員
「氏名」甲野太郎
「資格」業務執行社員
「氏名」甲野一郎
「資格」代表社員
「住所」○○県○○市○○番地
「氏名」甲野太郎
「登記記録に関する事項」設立

就任承諾書

私は、平成○○年○○月○○日、合同会社甲野畜産の代表社員に定められたので、その就任を承諾します。

平成○○年○○月○○日

住　所　　○○県○○市○○番地
氏　名　　甲野太郎　　㊞

合同会社甲野畜産　御中

普通法人と農事組合法人の税率を比べると
――農事組合法人の方が税率が低い――

法人税の税率一覧表

（単位　%）

所得区分 ＼ 法人		年800万円以下	年800万円超
普通法人および人格のない社団等	資本金1億円以下・人格のない社団等	15	23.2
	資本金1億円超・相互会社	23.2	
協同組合等		15	19
公益法人等		15	19

（注）特定の協同組合等の所得のうち10億円を超える部分に係る税率を22%とする（措法68①）

くれました。なお、会社の実印は、法務局（登記所）で登録することになります。

定款を作成し、そして、会社の実印がつくられ、かつ出資金の払込みがすんだら、次は、いよいよ法務局へ行って設立登記をおこなうことになります（合同会社設立登記申請書、定款など持参）。

登記がすんだら次は、税務署、県（都道府県）庁、市（町村）役所に、合同会社の設立届出を提出します。ここまで無事すみますと、誕生した新会社は、どんどん営業活動に邁進していけるのです。

(3)　合同会社と農事組合法人はどちらが有利か

●農事組合法人の特色を知る

①設立に、お金がかからない

定款の認証料は必要ありませんし、登記料も不要です。

②法人税の税率が低い

農事組合法人は、協同組合法による法人なので、普通法人と比べれば、法人税の税率は低い。普通法人と農事組合法人（協同組合等）の所得金額に対する税率の違いは、表のとおりです。

表では、ちょっとごちゃごちゃしていますが、端的にいえば、所得額にたいして普通法人は15または23・2％、農事組合法人は15または19％の税率が適用されるのです。

これまでの①、②では、農事組合法人にするのが得、ということになるでしょう。内容を掘り下げていきましょう。

③農事組合法人の要件——農民3人以上集まることが必要

1、農民であること。3人以上。

2、役員は理事（とくに監事はなくてもよい）。

農事組合法人は、農業の共同化を目標として、農民が3人以上集まって農業生産をおこなうためにひらかれたみちです。農業経営がいつも黒字であるばあいには、共同経営もたしかにメリットが多い。しかし、農業経営が赤字をかかえたばあいに、共同経営は果して結束していけるでしょうか。重要な問題点です。

④相続税の納税猶予制度がうけられない——これは合同会社も同じ

農事組合法人と合同会社
――１人当たりの所得税を比べると――

	農事組合法人（従事分量配当）	合同会社（月給）
１年間の組合員・社員の報酬	Ａさん　240万円 Ｂさん　240万円 Ｃさん　240万円 Ｄさん　240万円 Ｅさん　240万円	給与所得 Ａさん　240万円…150万円 Ｂさん　240万円…150万円 Ｃさん　240万円…150万円 Ｄさん　240万円…150万円 Ｅさん　240万円…150万円
確定申告における１人当たりの税額	控除される額を60万円としたばあい	控除される額を60万円としたばあい
	240万円－60万円＝180万円 所得税※　9万1800円	150万円－60万円＝90万円 所得税　4万5900円

※復興特別所得税を含む

組合員の１人が死亡しますと、相続税の申告をしなければならないばあいが生じます。死亡した組合員が、農地を農事組合法人に出資しているばあいは、農事組合法人の出資の評価額を計算し、そのうちの彼の出資口数の評価額が相続税の対象額となります。死亡した組合員が、農地の耕作権を出資しているばあいもまったく同じです。農事組合法人の出資の評価額を計算し、彼の出資口数の評価額が相続税の対象額になります。

この点が相続税において問題なのですが、農地を出資したばあいでも、耕作権を出資したばあいでも、相続に際し法人に出資したものは納税猶予制度の対象にはなりません。

耕作権のばあいでいうと、個人地主は耕作権を法人・会社に出資してありますから、地主側においては貸付地となり、農地等の納税猶予制度をうけることはできないのです。

⑤活動が農業に限定される

農事組合法人は、農業の生産と、その生産物の販売はできます。しかし、その活動が「農業」に限定されることに問題があります。仮に赤字がつづいたばあい、他の産業をも取り入れて多角経営にすれば、新しい展望がひらかれるかもしれないばあいにも、農事組合法人は農業に関することに限られてしまうのです。

⑥農業者年金の受給に問題――これは合同会社も同じ

農地または耕作権を会社に出資したばあいは、その個人は農業者年金基金法に基づく、経営移譲年金の支給がうけられなくなります。

⑦報酬に給与所得控除が適用されない

農事組合法人の組合員の報酬は、従事分量配当という形で支給されます。経理面においては、組合員がその労働の報酬としてうける額は従事分量配当という勘定科目で損金算入されますが、これは、給料でもなく、かといって配当でもありません。これを受けた組合員の人々は、事業所得として申告することになります。このため給与所得控除（最低額65万円。ただし、令和2年分以降は最低額55万円）が適用されません。配当控除もありません。

甲野さんは合同会社にしたばあいの給料と、農事組合法人にしたばあいの従事分量配当に対する税金の比較をしてみました。280ページの表のようです。1人当たりの所得税が、年収240万円として約4万6千円もちがうことがわかりました。これを前提にして、さらに市民税のことを考慮に入れますと、1人当たりの税金の差はさらに開くことになります。

●税金のことを考えたらやはり合同会社が有利

甲野太郎さんは、農事組合法人は設立にお金がかからないので、農事組合法人のことをこまかく調べてきました。それが以上に述べてきたことです。こうしたことを参考に甲野さんが合同会社に踏みきった理由は、次の二つです。

①合同会社は農業経営が可能で広く多角経営もおこなえる

合同会社は農業経営も可能です。農地の出資も耕作権の出資も可能です。さらに農業経営ばかりでなく、広く多角経営をおこなうことができます。営利も追求できます。

それに比べて、農事組合法人は事業範囲が限定されてしまい、会社の危機にそなえて突破口がありません。

②合同会社のほうが所得税で節税できる

合同会社は月給制をとることができ、農事組合法人より節税できること。このため、同族会社の体質を強くしていくことができると、確信したこと。

なお、合同会社でも農地を出資したばあいは、相続税において納税猶予制度がうけられないことは、農事組合法人と同じです。耕作権を出資したばあいもまったく同じです。これらにおける相続税の評価額は、出資の持分に応じて出資口数にたいする評価額となるからです。

甲野太郎さんは養豚経営なので、豚舎の敷地以外は、合同会社に入れることにしないで、農地は個人で耕作することに決めました。こうして、相続税においても納税猶予制度がうけられるように道をひらいておきました。

したがって、農業者年金法に基づく経営移譲年金もうけられます。

このようなことは農事組合法人でも可能です。しかし現実には、農業者年金——経営移譲年金の支給がストップしたり、相続税の納税猶予制度がうけられないことを理由に農事組合法人を解散する例がかなりみられます。甲野太郎さんは、相続税に支障のないように対策をねりました。そして合同会社甲野畜産だけを会社経営にし、相続のばあいは持分の評価ですませるよう節税をもととした会社をつくったのでした。

第7章

相続税の申告と納め方

被相続人の死亡から10ヵ月以内に相続税の申告・納付をおえなければならない。そこに至るまでやらなければいけないことが山ほどある。順を追って解説しました。

被相続人が死亡してから相続税の申告、納付までを図示すると次ページのとおりです。ポイントは三つ。
●3ヵ月以内に相続を放棄するか限定承認するかを決める。だまっていると単純承認（負債も全額引き継ぐ）したとみなされる。
●4ヵ月以内に被相続人の所得税を申告する。
●10ヵ月以内に相続税の申告書を提出し、税金を納める。
以下、順を追って説明いたしましょう。

1 相続の開始＝死亡＝枕経・通夜・お寺の費用・葬儀費用

葬儀にかかった費用は相続税の申告における必要経費控除になるので、領収書は大事に保管すること。火葬場の費用・お手伝いに支払った費用は経費に入りますが、初七日・香典返しの費用は経費に入りません。

死亡届の提出は死亡した日から7日以内に死亡診断書を添付して市区町村役場に提出します。

2 相続の放棄または限定承認●3ヵ月以内

家庭裁判所に相続放棄または限定承認を申し立てる。正式に相続放棄しますと、対社会にはその人

相続が始まったら——タイムスケジュール

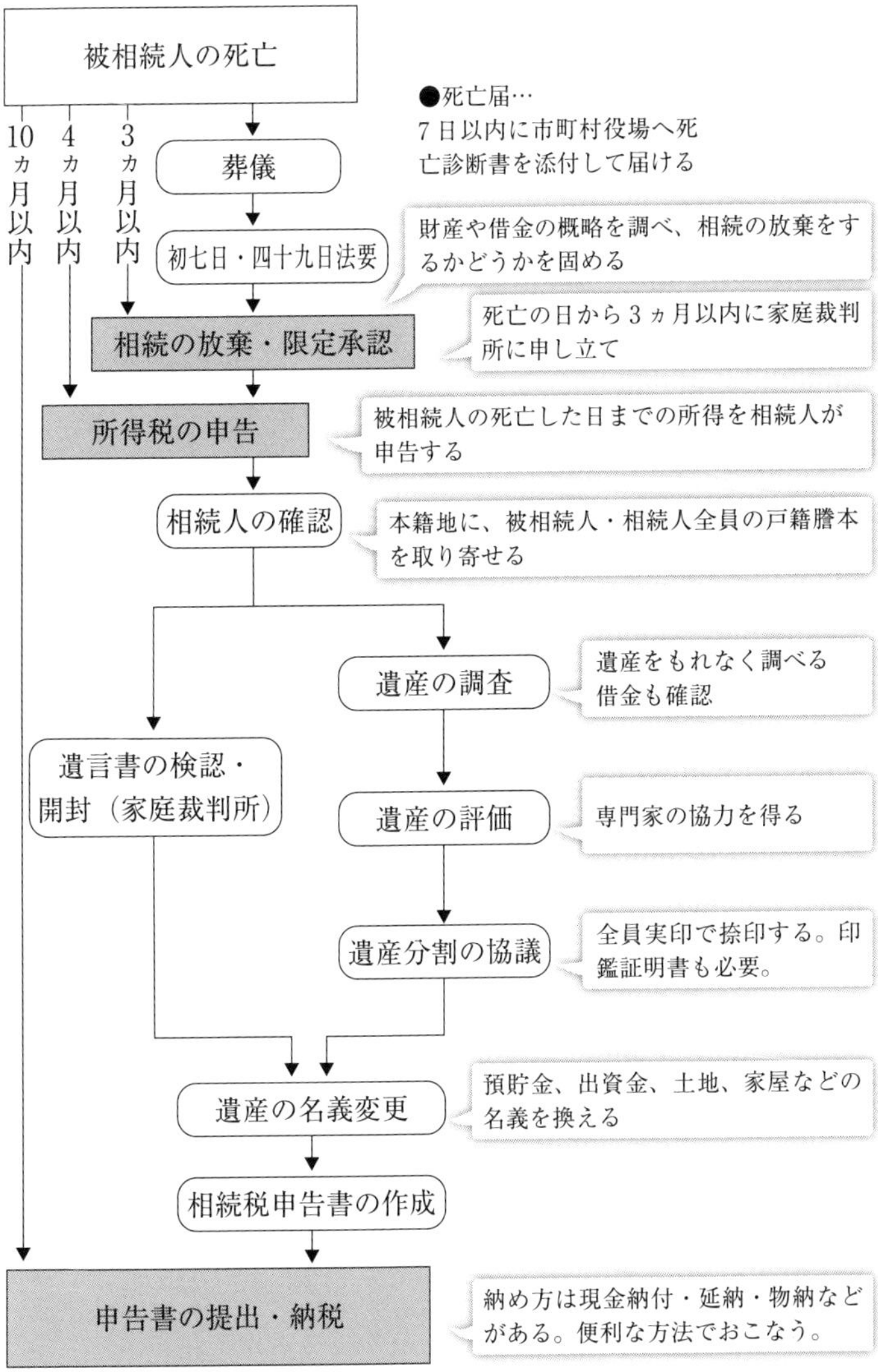
被相続人の死亡
10ヵ月以内
4ヵ月以内
3ヵ月以内
●死亡届…
7日以内に市町村役場へ死亡診断書を添付して届ける
葬儀
初七日・四十九日法要
財産や借金の概略を調べ、相続の放棄をするかどうかを固める
相続の放棄・限定承認
死亡の日から3ヵ月以内に家庭裁判所に申し立て
所得税の申告
被相続人の死亡した日までの所得を相続人が申告する
相続人の確認
本籍地に、被相続人・相続人全員の戸籍謄本を取り寄せる
遺産の調査
遺産をもれなく調べる
借金も確認
遺言書の検認・開封（家庭裁判所）
遺産の評価
専門家の協力を得る
遺産分割の協議
全員実印で捺印する。印鑑証明書も必要。
遺産の名義変更
預貯金、出資金、土地、家屋などの名義を換える
相続税申告書の作成
申告書の提出・納税
納め方は現金納付・延納・物納などがある。便利な方法でおこなう。

の相続人ではなくなるので、債務が多いばあいには、債務を引き継がなくてよいことになります。

相続放棄した人が出ることによって法定相続人にくり上がる人が出てくることがあります。

例えば被相続人の妻と子全員が、借金が多額のため相続放棄すると、親がいるばあいは親、親がいないばあいは被相続人の兄弟が法定相続人に浮上します。そうすると、債権者は、新しく浮上した法定相続人に借金を払ってくれと迫ることができます。これを避けるためには、相続放棄する人は次の順位の相続人にも事前にあるいはすみやかにその旨を知らせ、その人たちも3ヵ月以内に相続放棄の申立てができるようにしなければなりません。

3 所得税の申告と納付●4ヵ月以内

被相続人の死亡日までの所得税の確定申告書を提出しなければなりません。

被相続人が青色申告者のばあいにこの日までに引き継ぐ相続人が、青色申告申請書を提出すると、年の途中でも青色申告が引き継がれることになります。ただし、その年の9月1日～10月31日に相続があったばあいにはその年の12月31日に、その年の11月1日以後に相続があったばあいはその年の翌年2月15日になります。

準確定申告も終わり、相続の申告もあと6ヵ月になりました。

4 遺産の調査、申告の準備にピッチを上げる

被相続人がどのような財産を残していたのか、関係書類を整理、収集します。

〈土地・家屋〉

●固定資産税の評価証明書2通、1通は登記のため、1通は税務署申告添付用

●登記済証　●賃貸借契約書など

〈有価証券〉

●株券や債券、または預り証　●売買報告書

〈預貯金〉

●預貯金の残高証明書　●預金通帳

〈退職金〉

●退職金計算書類　●株主総会、取締役会議事録

〈生命保険、共済など〉

●生命保険契約権利金の証明書　●建物更生共済解約返戻金の証明書　●生命保険金が交付されたばあいはその明細書

〈マイナスのもの〉

●当年の固定資産税の未払分があるかどうか　●市民税の未払分があるかどうか　●所得税の予定申告額や準確定申告の額　●葬式費用の明細　●借入金の残高証明書

〈農業相続人の適格者証明書〉

農業相続人が農業に取りくんでゆくために猶予制度をうけるばあいに添付します。猶予に入れる農地の地目、地積、現況を書き入れます。これには農業委員の印鑑を必要とします。従って2ヵ月ぐらい前から用意して農業委員会に提出、農業委員の現地検証という厳しい審査を経て農業相続人の適格者証明書をもらうことができるのです。こうして添付書類をそろえます。

5 遺産分割協議書の作成

財産の明細ができ上ったら相続人全員に財産目録を提示して、各人の相続財産の取り分を決めます。そして遺産分割協議書を作成し、相続人全員の実印を押印します。

なお、ここで左の太郎、花子のように未成年者がいるばあいは、その人は実印を押印することはできません。未成年者は、社会的に行為能力がないとされていますから、特別代理人の選任を家庭裁判所に申請することになります。認められると特別代理人の選任許可通知書が交付され、未成年者に代って、未成年者の特別代理人として遺産分割協議書に押印します。

この特別代理人には、相続について利害関係のある人はなれません。相続に全然利害関係を持たな

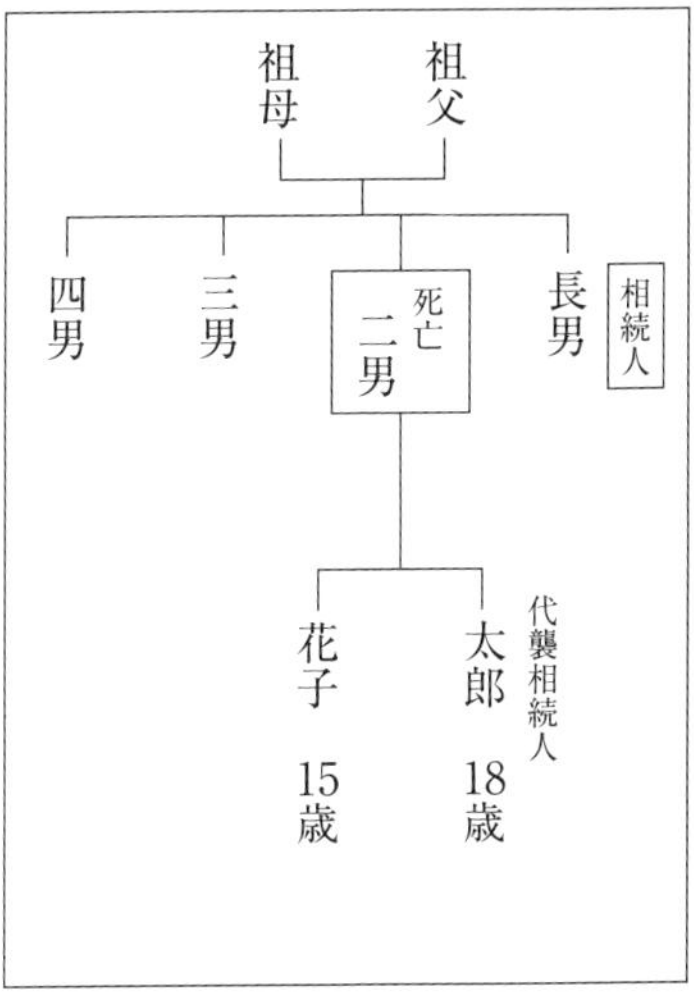

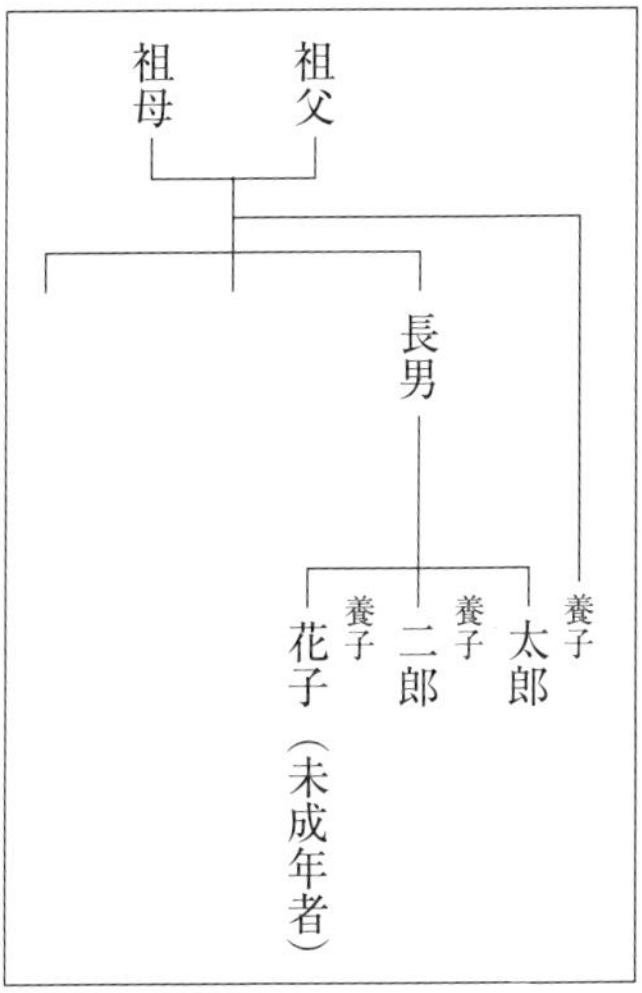

い親族の人がなることが多いようです。こうした書類をととのえるにも2ヵ月ぐらいの月日を要します。

さらに最近は次のことにも留意することになります。上の図で、おじいさんの養子である花子さんが未成年者のばあい後見人の申請をして後見人の就任、その後、特別代理人の選任となりますから日時を要します。未成年者の相続人がいるばあいは早くから手続をしておくことが必要です。とくに、猶予農地の適用をうけるばあいは、半年以内に分割取得し、農業経営に従事することが要件です。特別代理人の選任手続が完了しなければ、遺産分割協議書も、有効な効力を持つとはいえません。とにかく期限内にすべてととのえるように努力しなければなりません。

遺産分割協議書に実印を押印しますが、この時までに各相続人の方は次の書類を本家まで届けていただくことになります。

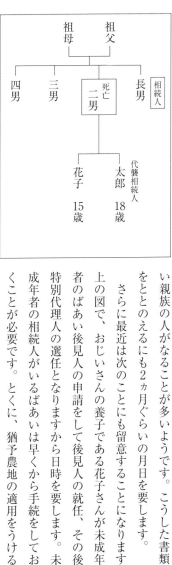

●各相続人の戸籍謄本　2通　1通は登記所　1通は税務署
●住民票　1通　登記所
●印鑑証明書　2通　1通は登記所　1通は税務署
●被相続人の生まれてから死ぬまでの戸籍謄本　2通

これは「改正原戸籍」と「独立した時の戸籍」と、「現在の戸籍」と、3通りぐらいでやっと1セットということになります。相続税は本当に最近の先祖の戸籍までつけることになり、先祖があって、現在があることを教えられます。

また、マイナンバー制度導入に伴い、相続人全員のマイナンバー（個人番号）を相続税申告書に記載する必要があります。

6 相続税の申告書の作成

納付税額が算出されたら、各人いかに税金を納付するか現金納付、延納・物納の検討に入ります。猶予農地の申告をして農業相続人になった人は猶予農地の明細をはっきり頭の中にたたきこんでおくことです。何となれば、翌年からの確定申告においては恒久的に農業経営を行なうために、申告した農地の面積は全部耕作していなければいけないからです。相続の時に税金を安く算出できるという考えだけから、特例制度の適用をうけることは、許されないことです。

平成21年12月15日以降の相続について、三大都市圏特定市以外の市街化区域内では、20年営農をつづけることにより、特例農地の猶予税額は免除になります。しかし、平成30年9月1日以降の相続について、三大都市圏特定市以外の市街化区域内の生産緑地地区は終身営農が求められます。

農業相続人は、農業委員会で許可をいただいた特例農地を20年間はっきりと覚えていただきたいところです。

また、三大都市圏特定市の生産緑地地区は終身営農が求められます。

7 相続税の申告と納付●10ヵ月以内

例えば令和元年10月23日に亡くなったばあいは、令和2年8月23日が申告の期限です。

1、相続税の申告書に日付、押印をうけます。

2、次に猶予農地を担保に入れる手続をします。実印・印鑑証明書を用意します。

3、延納するばあいは延納手続をします。土地等の担保を提供する者は印鑑証明書を必要とします。延納の申請をする人は実印を必要とします。延納は遺産の種類や割合によって最長20年認められます。

また、利子税が延納の期間に応じて原則として1・2～6・0％かかります。

4、物納申請もこの時に行なうことになります。

税金は、金納を原則としているので、金納の困難なばあいは物納申請書を提出します。物納にふさわしくない財産は戻されてしまいます。

なお、猶予農地の担保手続が終わり、延納や物納の申請が終わったら一段落します。即納する納税額があれば、その日のうちに税務署、あるいは郵便局、農協、銀行どこでもいいので納付します。

考えてみれば先祖の土地や家を、相続税で購入することになるような錯覚にとらわれるとよく人々はいいますが、相続人たちは相続税の納付を完了してはじめて、先祖のものを受け継ぐことになるのであって、猶予のばあいも延納のばあいも、みな国家の担保になっているので、借金と同じです。納付をおこたれば、国家のものになります。先祖のものを受け継ぐ相続人は一生懸命働いて、少しでも、先祖のものを減らさないようにして、相続税を納付し、次の世代へと渡してゆかなければならないのです。

8 遺産の名義変更

遺産分割協議書にもとづいて、預貯金・出資金、土地・家屋の名義を相続人に名義に換えることになります。

一世代は終わりました。新しい世代の人が、先祖のものを守って生きてゆくことになります。

第8章 民法（相続法）改正

38年ぶりに変わった「相続法」を徹底解説
相続の何が、どう変わり、私たちの生活にどのような影響が出るのでしょうか？

(1) 民法改正の概要

相続に関するトラブルを防ぐために、民法では、誰が相続人となり、また、何が遺産にあたり、被相続人の権利義務がどのように受け継がれるかなど、相続の基本的なルールが定められています。この民法の相続について規定した部分を「相続法」と言います。

相続法は、昭和55年（1980年）に改正されて以降、大きな改正は行なわれていませんでしたが、高齢化が進み、パソコンやインターネットが生活の必需品となり、家族の形態や考え方など社会環境が大きく変化しました。

このような状況で、平成30年7月に相続法が改正されたのです。

この改正は、このような社会情勢に対応したもので、改正項目は幅広くありますが、主として、残された配偶者が安心して安定した生活を過ごせるようにするための方策などが設けられました。配偶者居住権や自筆証書による遺言書の保管制度など新たな制度です。

それでは、より具体的に、今回の相続法の改正の主な内容を見ていきましょう。知らなきゃ損する内容が満載です。

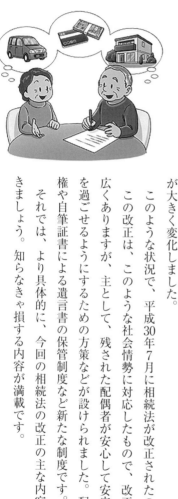

⑵　配偶者短期居住権の新設

配偶者短期居住権は、配偶者が相続開始時に被相続人が所有する建物に居住していたばあいに、遺産の分割がされるまでの一定期間、その建物に無償で住み続けることができる権利です。

配偶者短期居住権は、被相続人の意思などに関係なく、相続開始時から発生し、原則として、遺産分割により自宅を誰が相続するかが確定した日（その日が相続開始時から６か月を経過する日より前に到来するときには、相続開始時から６か月を経過する日）まで、配偶者はその建物に住むことができます。

また、自宅が遺言により第三者に遺贈されたばあいや、配偶者が相続放棄をしたばあいには、その建物の所有者が権利の消滅の申入れをした日から６か月を経過する日まで、配偶者はその建物に住むことができます

※配偶者短期居住権を取得したばあいでも、遺産分割の対象とはなりません。つまり、配偶者短期居住権を取得して自宅に住んでも、他に相続する財産が減るわけではありません。

⑶　配偶者居住権の新設

配偶者居住権は、配偶者が相続開始時に被相続人が所有する建物に住んでいたばあいに、終身または一定期間、その建物を無償で使用することができる権利です。

これは、建物についての権利を「負担付きの所有権」と「配偶者居住権」に分け、遺産分割の際などに、配偶者が「配偶者居住権」を取得し、配偶者以外の相続人（例えば、長男）が「負担付きの所有権」を取得することができるようにしたものです（負担付きとは、「配偶者居住権付き」と同義です）。上述のとおり、配偶者居住権は、自宅に住み続けることができる権利ですが、完全な所有権とは異なり、人に売ったり、自由に貸したりすることができない分、評価額を低く抑えることができます。このため、配偶者はこれまで住んでいた自宅に住み続けながら、預貯金などの他の財産もより多く取得できるようになり、配偶者のその後の生活の安定を図ることができます（300〜301ページの図を参照）。また、配偶者居住権は登記が必要なので、長男が所有権を第三者に売却しても、配偶者居住権は守られます。併せて、配偶者居住権が設定された敷地について、要件を満たしたばあい、小規模宅地等の特例の対象となります。

例：相続人が妻と子1人、遺産が自宅（2000万円）と預貯金3000万円だったばあい

妻と子の相続分＝1：1　妻2500万円、子2500万円

※配偶者居住権を取得したばあい、その財産的価値相当額を相続したものとして扱われます。

1　配偶者居住権の価値の計算については次のようになります。

①配偶者居住権

建物時価－建物時価×（残存耐用年数－配偶者居住権の存続年数）／残存耐用年数×存続年数に

応じた法定利率（３％）による複利現価率
②配偶者居住権が設定された建物所有権
建物時価－配偶者居住権（①）の価額
③配偶者居住権に基づく敷地利用権
土地等の時価－土地等の時価×存続年数に応じた法定利率（３％）による複利現価率
④配偶者居住権が設定された建物に係る敷地所有権
土地等の時価－配偶者居住権に基づく敷地利用権（③）の価額

２　具体例
①相続人⇒配偶者（女性70歳、平均余命20年）と長男
②建物（木造）の相続税評価額（固定資産税評価額）⇒４００万円
③土地の相続税評価額（路線価）⇒４０００万円
④配偶者居住権の存続期間⇒終身
⑤木造建物の法定耐用年数⇒22年×１・５＝33年
⑥木造建物（築10年経過）の残存耐用年数⇒33年－10年＝23年
⑦残存年数（平均余命）の３％の複利現価率⇒０・５５４
⑧配偶者居住権

400万円－400万円×（23年－20年）÷23年×0・554＝371万円

⑨配偶者居住権が設定された建物所有権

400万円－371万円＝29万円

⑩配偶者居住権に基づく敷地利用権

4000万円－4000万円×0・554＝1784万円

⑪配偶者居住権が設定された建物に係る敷地所有権

4000万円－1784万円＝2216万円

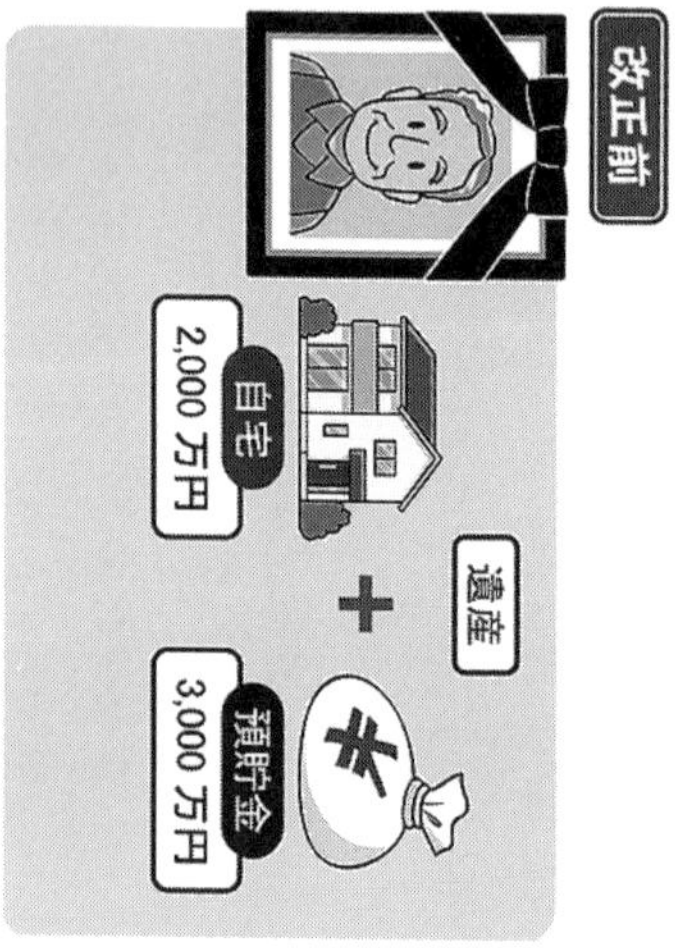

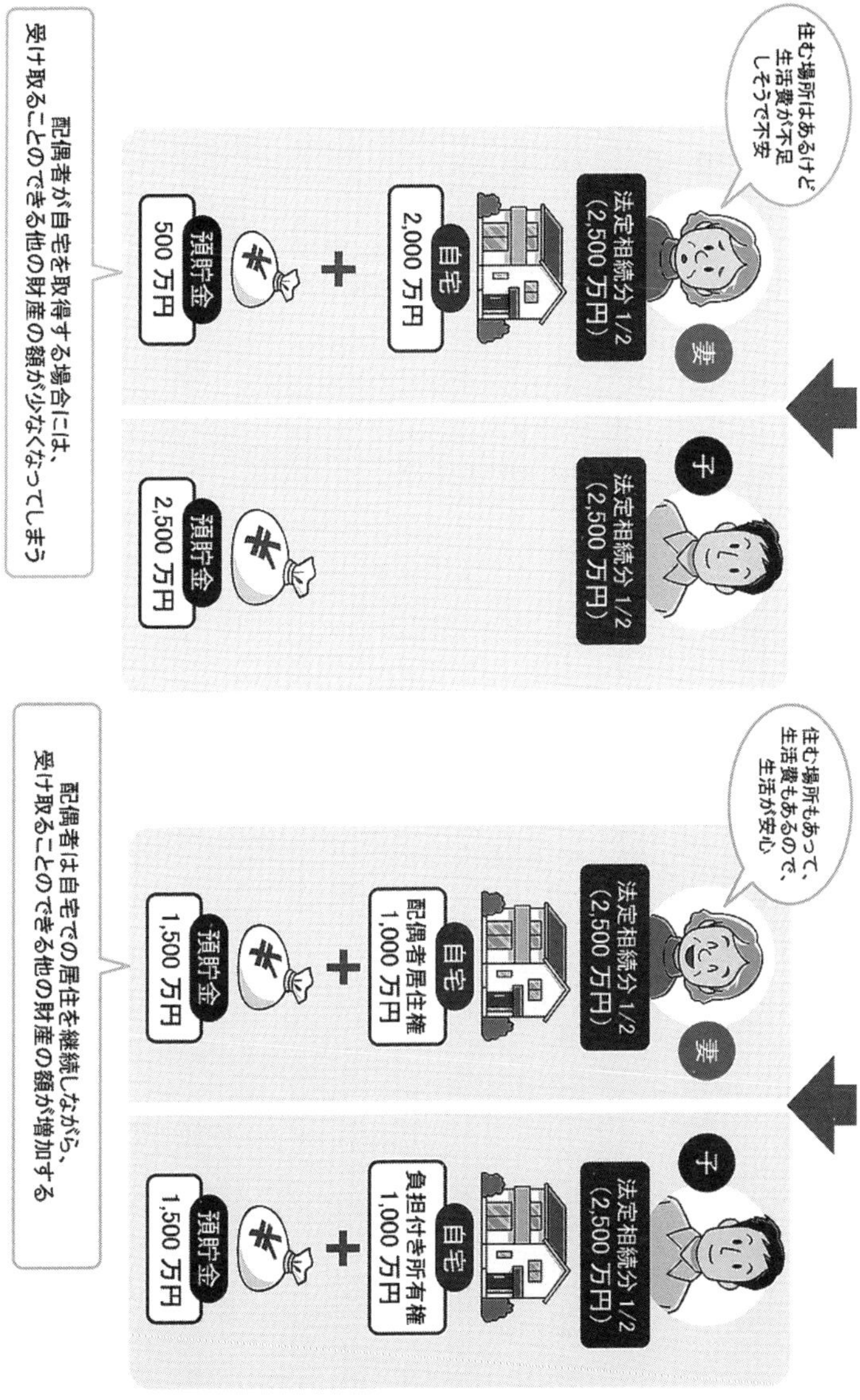
妻
法定相続分 1/2
（2,500 万円）
住む場所はあるけど
生活費が不足
しそうで不安
自宅
2,000 万円
+
預貯金
500 万円
子
法定相続分 1/2
（2,500 万円）
預貯金
2,500 万円
配偶者が自宅を取得する場合には、
受け取ることのできる他の財産の額が少なくなってしまう
妻
法定相続分 1/2
（2,500 万円）
住む場所もあって、
生活費もあるので、
生活が安心
自宅
配偶者居住権
1,000 万円
+
預貯金
1,500 万円
子
法定相続分 1/2
（2,500 万円）
自宅
負担付き所有権
1,000 万円
+
預貯金
1,500 万円
配偶者は自宅での居住を継続しながら、
受け取ることのできる他の財産の額が増加する

(4) 自宅の生前贈与が特別受益の対象外になる方策（遺産分割の対象外に）

結婚期間が20年以上の夫婦間で、配偶者に対して自宅の遺贈または贈与がされたばあい（いわゆる、おしどり贈与）には、原則として、遺産分割における計算上、遺産の先渡し（特別受益）がされたものとして取り扱う必要がないこととしました（３０４～３０５ページの図を参照）。

すなわち、改正前には、被相続人が生前、配偶者に対して自宅の贈与をしたばあいでも、その自宅は遺産の先渡しがされたものとして取り扱われ、配偶者が遺産分割において受け取ることができる財産の総額がその分減らされていました。そのため、被相続人が、自分の死後に配偶者が生活に困らないようにとの趣旨で生前贈与をしても、原則として配偶者が受け取る財産の総額は、結果的に生前贈与をしないときと変わりませんでした。

今回の改正により、自宅についての生前贈与を受けたばあいには、配偶者は結果的により多くの相続財産を得て、生活を安定させることができるようになります。

(5) 遺産分割前の払戻し制度の創設等（遺産の分割前に被相続人名義の預貯金が一部払戻し可能に）

改正前には、生活費や葬儀費用の支払い、相続債務の弁済など、お金が必要になったばあいでも、相続人は遺産分割が終了するまでは被相続人の預貯金の払戻しができないという問題がありました。口座の名義人（つまり被相続人）が亡くなったことがわかると、金融機関がその口座を凍結していたからです。そこで、このような相続人の資金需要に対応することができるよう、遺産分割前にも預貯金債権のうち一定額については、次の二つの方法で、金融機関で払戻しができるようにしました。

①家庭裁判所の判断を経ないで、預貯金の払戻しを認める方策

各共同相続人は、遺産に属する預貯金債権のうち、各口座ごとに以下の計算式で求められる額（ただし、同一の金融機関に対する権利行使は、150万円を限度）を他の共同相続人の同意がなくても単独で払戻しをすることができます。

【計算式】

単独で払戻しをすることができる額＝相続開始時の預貯金債権の額×3分の1×当該払戻しを求める共同相続人の法定相続分

例えば、銀行預金が600万円で、相続人が長男と次男の二人のばあい、600万円×3分の1×2分の1＝100万円まで払い戻せます。

②家事事件手続法の保全処分の要件を緩和する方策

預貯金債権の仮分割の仮処分については、家事事件手続法第200条第2項の要件（事件の関係人の急迫の危険の防止の必要があること）を緩和することとし、家庭裁判所は、遺産の分割の審判また

改正前
被相続人
生前に住居を贈与
配偶者
計算上、相続財産となる
相続財産
住居
評価額 2,000 万円
+
その他財産
6,000 万円
改正後
被相続人
生前に住居を贈与
配偶者
計算上、相続財産とならない
相続財産
その他財産
6,000 万円

配偶者
2,000 万円
2,000 万円
法定相続分 1/2
（4,000 万円）
長女
法定相続分 1/4
（2,000 万円）
長男
法定相続分 1/4
（2,000 万円）
配偶者
遺産分割外
2,000 万円
法定相続分 1/2
（3,000 万円）
長女
法定相続分 1/4
（1,500 万円）
長男
法定相続分 1/4
（1,500 万円）

は調停の申立てがあったばあいにおいて、相続財産に属する債務の弁済、相続人の生活費の支弁その他の事情により遺産に属する預貯金債権を行使する必要があると認めるときは、他の共同相続人の利益を害しない限り、申立てにより、遺産に属する特定の預貯金債権の全部または一部を仮に取得させることができます。

このばあい、払い戻しに、時間と費用が掛かることに注意が必要です。葬儀費用の支払いなど緊急のばあいには適しませんが、まとまった生活資金の引き出しには有効です。

(6) 遺産の分割前に遺産に属する財産が処分されたばあいの遺産の範囲

遺産の分割前に遺産に属する財産が処分されたばあいの遺産の範囲に関する規律の要点は、以下のとおりです。

①遺産の分割前に遺産に属する財産が処分されたばあいであっても、共同相続人全員の同意により、当該処分された財産を遺産分割の対象に含めることができる。

②共同相続人の一人または数人が遺産の分割前に遺産に属する財産の処分をしたばあいには、当該処分をした共同相続人については、①の同意を得ることを要しない。

遺言書

別紙目録一及び二の不動産を法務一郎に、別紙目録三及び四の不動産を法務花子に相続させる。

平成二十九年一月五日
法務太郎　印

＋

別紙目録

一　土地
所在　東京都…
地番　…
地目　…
地積　…

二　建物
所在　東京都…
家屋番号　…
種類　…
床面積　…
（↑PC で作成）

法務太郎　印

三　土地
所在　大阪府…
地番　…
地目　…
地積　…

四　建物
所在　大阪府…
家屋番号　…
種類　…
床面積　…
（↑PC で作成）

法務太郎　印

●パソコンで目録を作成
●通帳のコピー、登記事項証明書等を添付

(7)　自筆証書遺言の方式緩和（自筆証書遺言に添付する財産目録の作成がパソコンで可能に）

これまで自筆証書遺言は、添付する目録も含め、全文を自書して作成する必要がありました。その負担を軽減するため上図のように、遺言書に添付する相続財産の目録については、パソコンで作成した目録や通帳のコピーなど、自書によらない書面を添付することによって自筆証書遺言を作成することができるようになります。

財産目録の各ページに自署・押印をしなければいけませんので、注意してください。

(8)　遺言執行者の権限の明確化等

遺言執行者の権限の明確化等の要点は、以下のとおりです。

①遺言執行者の一般的な権限として、遺言執行者がその権限内において遺言執行者であることを示してした行為は相続人に対し直接にその効力を生ずることを明文化する。

②特定遺贈または特定財産承継遺言（いわゆる相続させる旨の遺言のうち、遺産分割方法の指定として特定の財産の承継が定められたもの）がされたばあいにおける遺言執行者の権限等を、明確化する。

(9) 法務局における遺言書の保管等（法務局で自筆証書による遺言書が保管可能に）

自筆証書による遺言書は自宅で保管されることが多く、せっかく作成しても紛失したり、捨てられてしまったり、書き換えられたりするおそれがあるなどの問題がありました。そこで、こうした問題によって相続をめぐる紛争（いわゆる争族）が生じることを防止し、自筆証書遺言をより利用しやすくするため、令和2年7月10日から、法務局で自筆証書による遺言書を保管する制度が創設されました（次ページ図参照）。

(10) 遺留分の減殺請求は金銭で支払うことに

民法は、相続でもらえる財産の目安として法定相続分を定めていますが、さらに、生活保障の観点から最低限度もらえる遺留分も定めています。被相続人が、この遺留分を考慮せずに遺言を作成した

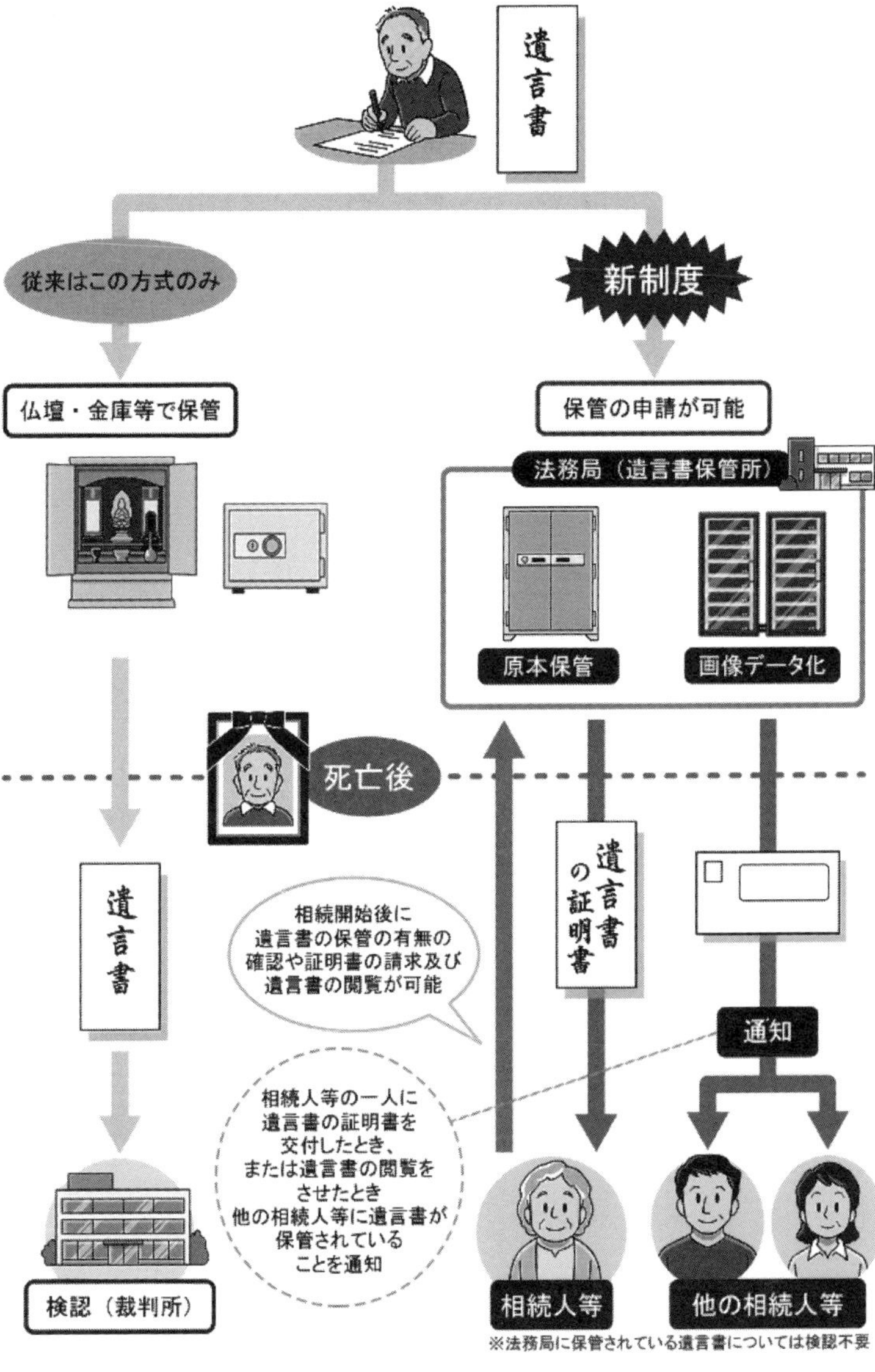
遺言書
従来はこの方式のみ
新制度
仏壇・金庫等で保管
保管の申請が可能
法務局（遺言書保管所）
原本保管
画像データ化
死亡後
遺言書
相続開始後に
遺言書の保管の有無の
確認や証明書の請求及び
遺言書の閲覧が可能
遺言書の証明書
通知
相続人等の一人に
遺言書の証明書を
交付したとき、
または遺言書の閲覧を
させたとき
他の相続人等に遺言書が
保管されている
ことを通知
検認（裁判所）
相続人等
他の相続人等
※法務局に保管されている遺言書については検認不要

ため、遺留分を侵害された相続人は、この侵害された遺留分を請求できます（60ページ参照）。

今回の遺留分制度に関する見直しの要点は、以下のとおりです。

①従来は、遺留分の請求により土地や建物が共有状態になり、第三者に譲渡することが困難になるケースがありました。そこで、遺留分減殺請求権の行使によって当然に物権的効果が生ずるとされている現行法の規律を見直し、遺留分に関する権利の行使によって遺留分侵害額に相当する金銭債権が生ずることとなりました。

②遺留分権利者から金銭請求を受けた受遺者または受贈者が、金銭を直ちには準備できないばあいには、受遺者等は、裁判所に対し、金銭債務の全部または一部の支払いにつき期限の許与を求めることができます。

⑾　特別寄与料の新設（被相続人の介護や看病に貢献した親族は金銭請求が可能に）

高齢化社会で避けて通れないのが介護をめぐる問題です。相続人ではない親族（例えば長男の配偶者など）が被相続人の介護や看病をするケースがありますが、改正前には、遺産の分配にあずかることはできず、不公平であるとの指摘がされていました。

今回の改正では、このような不公平を解消するために、相続人ではない親族も、無償で被相続人の

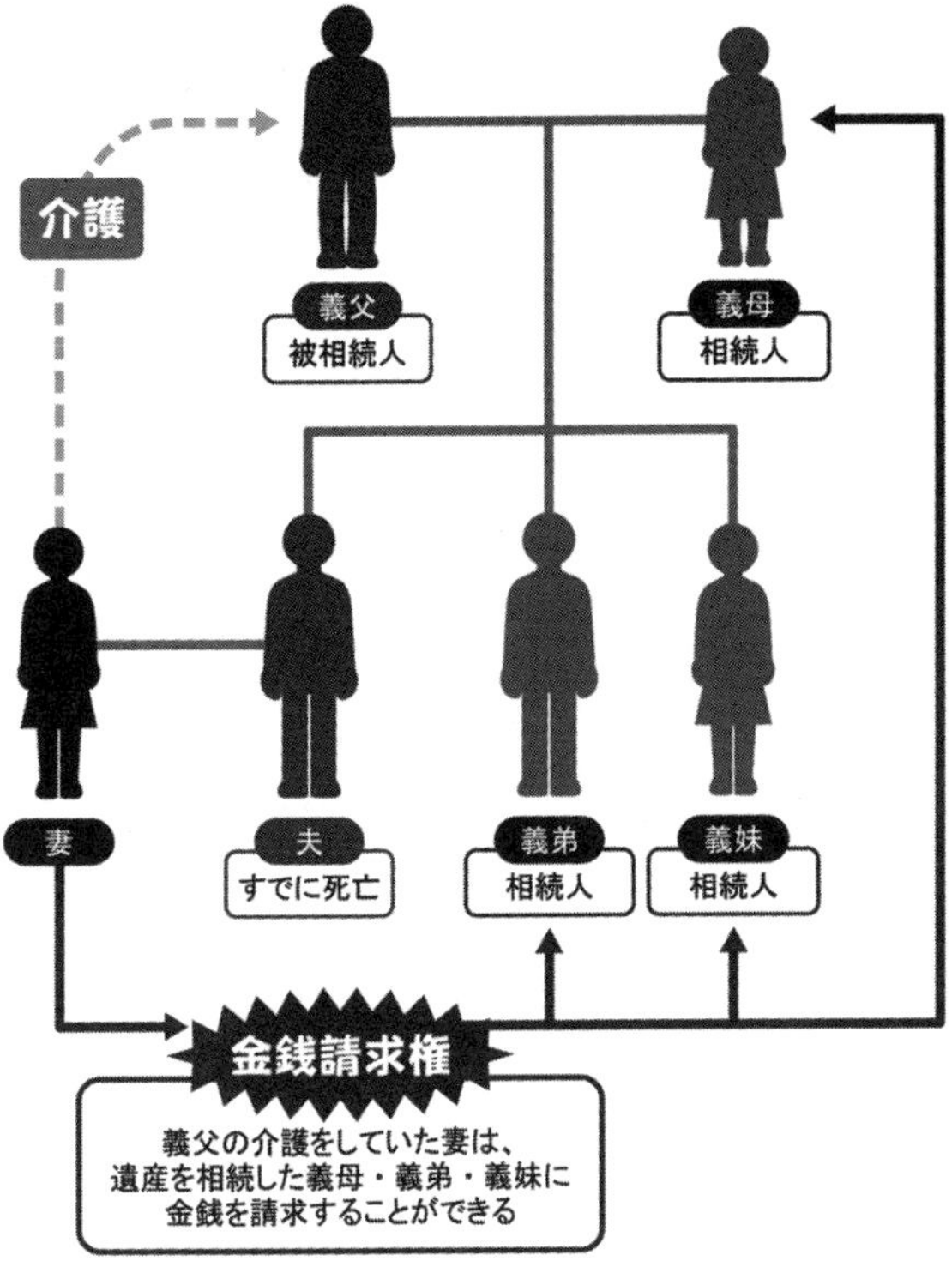

介護や看病に貢献し、被相続人の財産の維持または増加について特別の寄与をしたばあいには、相続人に対し、金銭の請求をすることができるようにしました（上図参照）。

常日頃から介護の状況について親族内で情報を共有したり、介護の内容（いついつ何をした、どんなお金がかかった）をノートや介護日記帳に記録しておくとよいでしょう。金額の計算は、ヘルパーなどの第三者の事業者に払ったとしたらどの程度なのかが判断材料になります。

トラブルを避けるためには、あらかじめ介護や看病に貢献した親族に財産の一部を生前贈与したり、遺言を残すことがベターですね。

また、相続税の観点からは、この特別寄与料は、相続税の課税対象となることと、本来相続人でない者が遺産を受け取るため、いわゆる2割加算の対象となることに注意が必要です。

(12) いつから施行されるのでしょうか？

平成31年（2019年）1月13日から段階的に施行されています。新たな相続法の施行期日は、以下のとおりです。

①自筆証書遺言の方式を緩和する方策……平成31年（2019年）1月13日

②遺産分割前の預貯金制度の見直しなど……令和元年（2019年）7月1日（原則的な施行期日）

③配偶者居住権および配偶者短期居住権の新設……令和2年（2020年）4月1日

④法務局における自筆証書遺言に係る遺言書の保管制度……令和2年（2020年）7月10日

詳しくは、法務省HP資料「相続に関するルールが大きく変わります」を参照ください。

付1 遺言書の書き方、つくり方

遺言の内容

遺言書に書く内容としては次のようなものがあります。

一、身分に関する事項

認知　民法七八一条②

未成年者の後見人の指定　民法八三九条

後見監督人の指定　民法八四八条

二、相続に関する事項

相続人の廃除、及び廃除の取消　民法八九三条、八九四条②

相続分の指定及びその委託　民法九〇二条

特別受益者の相続分　民法九〇三条

遺産分割方法の指定及びその委託　民法九〇八条

5年間以内の遺言分割の禁止　民法九〇八条
遺留分侵害額請求権　民法一〇四七条
相続人相互の担保責任の指定　民法九一四条

三、財産に関する事項

財産の処分　民法九六四条
財産の拠出の履行　法人法一五七条
贈与または遺贈に関する規定の準用　法人法一五八条
信託の設定　信託法二条

四、遺言の執行に関する事項

遺言執行者の指定及びその委託　民法一〇〇六条

遺言の効力とは、遺言によってなしうることができる力です。これは法律的な効果をもたらすことができるので、要式行為、すなわち法律で必要な要件を備えていなければ無効となります（民法九六〇条）。日付や署名押印がその主なものです。

遺言により、婚姻外で生れた子供を認知することができます。こうして、遺言によって認知された子は法定相続人となります。その法定相続分は、法定相続人である子どもの2分の1となっていましたが、平成25年9月4日の最高裁判所の違憲判決により、その後民法が改正され、婚姻外で生れた子が婚姻により生れた子と等しい相続分を持つことになりました。

一方、生前のトラブルを遺言で収めたいばあいには、法定相続人を廃嫡することもできます。

遺言書の種類

自筆証書
公正証書　──3種類の遺言があります（普通方式）
秘密証書

①自筆証書による遺言
自分で遺言書を書き、日付を記入して署名、押印します。日付を記入しない遺言書、署名、押印のしていないものは無効です。自筆証明の遺言書は、遺言書を書いたことを親族なり、親しい人に話をしておいたり、託しておかないと、遺言書があるかどうか相続人たちにわからないばあいがあります。家庭裁判所の検認申請を必要とします。また、民法（相続法）の改正により、令和2年7月10日から法務局による遺言書の保管が始まりました。詳しくは308ページをご参照ください。
②秘密証書による遺言書
本人または代理人が書いた後、封をして、さらに公証人役場で証明してもらいます。公証人役場には本人と証人二人がおもむいて自署押印します。遺言書を開くばあいには、家庭裁判所の検認申請を

必要とします。

③公正証書による遺言書

公証役場で作成してもらうものです。本人と証人二人が必要。病気等のばあいには出張してくれます。本人の印鑑証明書と実印。証人は認印でかまいません。本人も証人も公正証書の原本に自署、押印をします。家庭裁判所の検認は必要としません。遺言の内容が明確であることが大切です。

- 特別方式
  - 危急時遺言
    - 一般危急時遺言方式
    - 難船危急時遺言方式
  - 隔絶地遺言
    - 一般隔絶地遺言方式
    - 船舶隔絶地遺言方式

交通事故等にあい病院で緊急にきとく状態におちいり、遺言を必要とするばあいには、医師が立会人になって遺言書を作成することができます。また、航海中において緊急のばあいには船長が立会人になって作成します。

特別方式の遺言のばあいは、社会より隔絶し、死が危急に迫っているばあいに行なうことができるのであって、このような状態から脱却した時には、6ヵ月を経過すると特別方式の遺言は無効になります。

なお、公正証書、秘密証書による遺言において保証人になれない人は、次の人たちです。

①未成年者
②推定相続人、受遺者、及びその配偶者、直系血族
③公証人の配偶者、四親等内の親族、書記、雇人

自筆証書による遺言書
　遺言者山田太郎は、次のとおり遺言する。
一、長男　山田一郎に、次の財産を相続させる。
一、〇〇〇〇〇番地
　畑　一〇〇〇〇平方メートル
一、同所　〇〇〇番地
　田　一〇〇〇〇平方メートル
一、同所　〇〇〇番地
　山林　一〇〇〇〇平方メートル
一、同所　〇〇〇〇番地
　宅地　一〇〇〇平方メートル
一、同所　〇〇〇番地

家屋番号　〇〇番〇号
木造二階建瓦葺　居宅
一、〇〇〇農業協同組合
普通貯金　口座番号　〇〇〇番
定期貯金　同　〇〇〇番
出資金　〇〇〇口
建物更生共済　〇〇〇番
二、二男山田二郎に次の財産を相続させる。
一、〇〇〇〇〇番地
宅地　三三〇平方メートル
三、三男山田三郎に次の財産を相続させる。
一、〇〇〇〇〇番地
宅地　三〇〇平方メートル
四、妻　花子に前各項一、二、三、に記載されていない財産のすべてを相続させる。
令和二年二月十一日
遺言者　山田太郎㊞

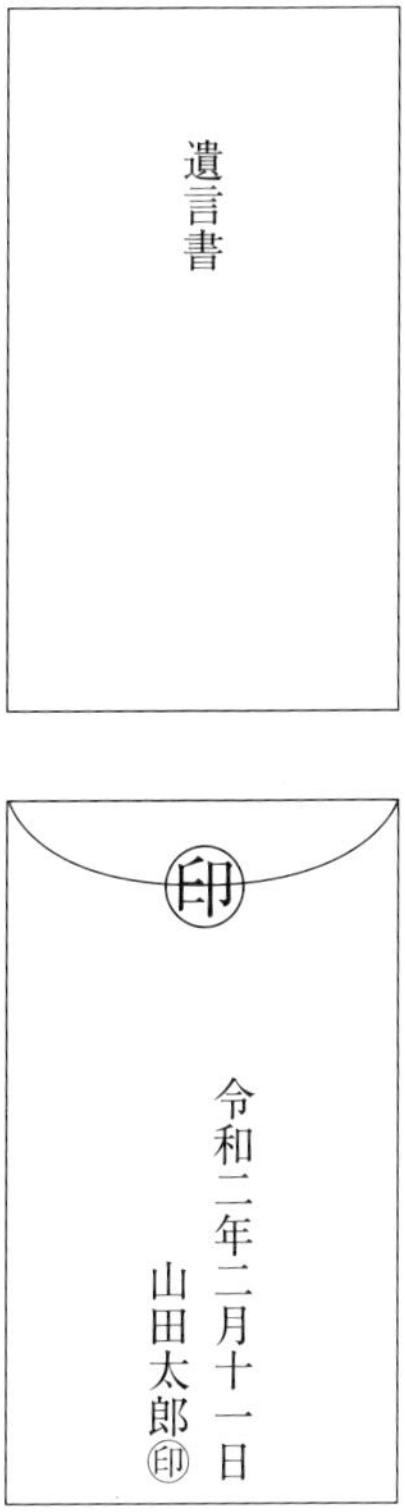

自筆の遺言書は、親しい人に託しておくか、家族に遺言書の所在を話しておく必要があります。せっかく書いても誰も知らなければ、そのままになってしまうからです。

遺言書は、日付の新しい遺言書が有効となります。二つ以上出てきたばあいには死亡日に近いものが有効ということです。日付のことですが、「銀婚式にあたり作成する」「古稀の誕生日に作成する」ということも有効とされています。

自署、押印ですが、印は、実印、認印、三文判、拇印でも有効です。書体は自筆ということが大事なことなので、タイプ、ワープロ、録音テープ、点字機等は無効になります。

付2 相続税に関する問い合わせ先

遺言・相続等に関する法制度や相談窓口についての問合せは

●日本司法支援センター（法テラス）

https://www.houterasu.or.jp/

法テラス・サポートダイヤル　**0570-078374**

（IP電話からは　**03-6745-5600**）

公正証書遺言については

●日本公証人連合会

http://www.koshonin.gr.jp

法律専門家（弁護士）に相談したいばあいは

●日本弁護士連合会のHP（法律相談のご案内）

https://www.nichibenren.or.jp/contact.html

遺産分割等の調停・審判を行なうための手続き、必要書類、費用等については

●最寄りの家庭裁判所

各裁判所の所在地および電話番号については、裁判所ウェブサイトをご確認ください。

●裁判所ウェブサイト

http://www.courts.go.jp

●法務省民事局参事官室（民法等の改正について）

●法務省民事局総務課（遺言書保管法について）

Tel　**03-3580-4111**

HP　http://www.moj.go.jp

●著者紹介

藤崎幸子（ふじさき ゆきこ）

税理士。東京・日本橋生まれ。昭和33年 法政大学法学部卒。36年 同大学院修士課程修了。昭和40年 税理士試験合格。税理士業務のかたわら神奈川県農業近代化協会、神奈川県農住都市建設協会、神奈川県農協中央会等の専門診断員などとして農家、農協の税務相談に応じてきた。

高久悟（たかく さとる）

税理士、相続診断士、認定経営革新等支援機関。昭和44年 新潟県生まれ。新潟大学経済学部卒。外資系企業で経理業務全般に携わるかたわら、税理士試験に合格。その後、税理士法人にて社員税理士として税理士業務を行なっていたが、現在、高久悟税理士事務所にて税理士業務を行なっている。

知らなきゃ損する
新　農家の相続税

2020年10月10日　第1刷発行

著　者　藤崎　幸子
　　　　高久　悟

発行所　一般社団法人　農山漁村文化協会
〒107-8668　東京都港区赤坂7丁目6-1
電話　03（3585）1142（営業）　03（3585）1145（編集）
FAX　03（3585）3668　振替　00120-3-144478
URL　http://www.ruralnet.or.jp/

ISBN 978-4-540-20144-8
〈検印廃止〉

Printed in Japan
乱丁・落丁本はお取り替えいたします。

DTP制作／ふきの編集事務所
印刷／㈱新協
製本／根本製本㈱
定価はカバーに表示